―― 図　説 ――
世界の木工具事典
【第2版】

世界の木工具研究会 編

海青社
Kaiseisha Press

はじめに

　2013(平成25)年は60年に一度の出雲大社の「平成の大遷宮」と20年に一度の伊勢神宮の「式年遷宮」が重なった年であった。両社の改築と建て替えで古来より続く伝統的な木造建築技術が次世代に継承されたことは、誠に喜ばしいことと言える。我々日本人の祖先は、大陸や朝鮮半島から渡来した建築、指物、木工技術と大工道具、木工具を使って、世界で最も古い木造建造物で知られる法隆寺をはじめとする多くの木造建築物や、飛鳥時代に象徴される美しい仏像、そして樹木が持つ様々な特性を生かした多くの木製工芸品を残している。わが国日本が木の文化の国と言われる由縁である。このような木造建築物、木製工芸品を造りだすことができたのは、国土が亜寒帯から亜熱帯に及ぶ地帯に、また、気候帯がモンスーン地域に位置するため、世界にも稀ともいえる程の多くの樹種を含む森林に囲まれ、そこから種類の異なる木材を豊富に手に入れることができたことにも一因する。これらの木造建築物や木製工芸品を作るのに使われた大工道具、木工具も木の文化を創り出すのに一役買ったことも忘れてはならない。大工道具は江戸時代中期頃より建築技術が飛躍的に向上したのと時を同じにして考案、普及したと言われ、文明開化の時に西洋の影響を少しは受けたものの、わが国日本独特の大工道具、木工道具が現在も使われており、その種類、数は鋸、鉋、鑿だけでも200を超える。

　戸建て住宅に住む中産階級のアメリカ人は地下室または納屋に木工室を持つことをステータスシンボルの一つとしている。その木工室には、鋸、鉋、鑿などの大工道具、庭を手入れする芝刈り機、剪定鋏など一式が電動工具と一緒に備え付けられている。当然彼らは日曜日にはそれを使って庭の手入れや、様々な家具を造り、家の改築さらには建造までを楽しんでいる。いわゆるDIYをゆとりある生活の一部として取り入れている。ホームセンターに入ると、DIYを実現させるための資材や、多くの様々で機能的な道具が所狭しとばかりに並んでいる。また、ヨーロッパ南部では、煉瓦、石造りの建物が多いことに一因して、ヨーロッパは石の文化といわれているが、住居の内装には木材を多く使用するため、大工道具、木工具の種類、数は日本と変わらないほど多い。

　一方、道具、工具の保存に目を向けると、千年以上も前に造られた古い木造建築物、木製工芸品は、先人の努力により今日まで保存されているが、それらを造るのに必需品であった筈の道具、工具類は、時々、神社仏閣の屋根裏から創建当時の道具が見つかったという新聞記事を見る程顧みられず、僅かに博物館で目にする程度である。

　江戸時代に飛躍的に向上した鋸、鉋、鑿などの大工道具の製造は、明治以降、刀鍛冶から刃物鍛冶に転向した職人により、その技法は現在まで継承されてはいるが、後継者不足が深刻な状態に陥っており、製造そのものが困難となる可能性が出始めている。その上、建築工法の多様化、電動工具の普及、さらに、プレカット機械による刻み作業が世に認められ、大工道具の生産額は全盛期の70%(三条市50%)程度にまで落ち込み、太柄決り鉋、四分一金槌、屋根屋槌、柄罫引、台湾の曲頸鑿などのように、現在入手が困難な道具も多く出始めており、大工道具の生き残りは厳しい状態になっている。そこで、従来から使用されている大工道具、木工具がまだ入手し易い内に、現存する大工道具、木工具を諸外国の大工道具、木工具と対比させ冊子にまとめることとした。

　本書の大きな特徴は以下の通りである。世界各国で現在使われている、大工道具、木工用手工具をその使用目的ごとに日本の大工道具、木工用手工具と対比させ記述したこと。このことにより、日本

では普及していない欧米の大工道具、木工用手工具が何にどういう目的で使用されるかがわかる。大工道具、木工用手工具の図示に多くの写真を用いたこと。このことにより、大工道具、木工用手工具の形状を鮮明にした。さらに、日本の大工道具、木工用手工具がどのようにして作られているかを写真で示したことである。

　本書の題名を「図説 世界の木工具事典」とした。"世界"をつけた理由は、現在、日本、中国、台湾、欧米各国において大工仕事、家具作りを始めとする様々な木工作業で使用されている必要な主だった大工道具、木工用手工具が東南アジア、中・南米でも汎用され、その国固有の手作業の道具、工具であって、必需品として使われているものの数が極めて少ないからである。"事典"としたのは、大工、木工用手工具の作業目的、特性や諸元だけでなくその使い方や起源、製造法にも触れたためである。なお本書では、現在作業の主流となっている電道工具は取り扱っていない。

　本書は、各章を構造、製造工程、種類の三本立てとした。各道具、工具の由来に始まり、構造ではその道具、工具を構成する各部の名称、その特性など、共通する基本的な事項を、製造工程では各道具、工具がどのような方法と順序で作られるかを、種類では日本の道具、工具とそれに対応する世界各国の道具、工具を使用目的ごとにまとめ、その使い方、特徴、寸法や角度などの諸元を記述した。

　第1章では、44種類の尺度、第2章では28種類の角度定規、第3章では18種類の罫引、第4章では5種類の墨壺、第5章では102種類の鋸、第6章では212種類の鉋、第7章では107種類の鑿、第8章では34種類のやすり、第9章では27種類の錐、第10章では110種類の槌類、第11章では17種類の十字ねじ回し、総数700を超える多くの道具、工具を、大工仕事や木工作業の作業工程の順番に取り上げた。最後の12章では、伝統的な22作の木製工芸品を取り上げ、これらを造るのに使用する道具、工具を、何代にもわたって引き継いでいる一流の職人の技法と共に紹介した。

　最後になりますが、本書の出版を快諾された海青社代表宮内　久氏および企画から編集まで終始ご助言とご助力をいただいた編集部の福井将人氏に厚く御礼申し上げます。

　本書により、木工に興味を持ち江戸時代より使われている大工道具、木工用手工具を利用する愛好者やDIY愛好者が増えることを切望しております。

第2版刊行にあたって

　本書を出版して5か月、幸いにして好評をもって迎えられ、日本図書館協会の選定図書にも指定され、第2版を刊行することとなりました。編者、執筆者一同喜びに耐え得ません。第2版では、事典という機能を一層高めるために、索引に多くの工具名を追加し、索引からも工具の特性を調べることができるように工夫致しました。本書が読者諸賢の御叱正と御支援を仰ぎつつ、さらに良書となることを願っております。

平成27年10月18日　　編者を代表して　　田 中 千 秋

——— 図　説 ———
世界の木工具事典
【第2版】

> 目　次

はじめに 1

第1章　尺　　度 7

1.1　構　　造 7
   1.1.1　尺度の構造 7
1.2　製造工程 8
   1.2.1　竹尺の製造工程 8
   1.2.2　曲尺の製造工程 9
1.3　種　　類 10
   1.3.1　直　　尺 10
   1.3.2　折　　尺 12
   1.3.3　コンベックスルール 13
   1.3.4　曲　　尺 15
   1.3.5　ノギス 20
   1.3.6　キャリパ 23
   1.3.7　テーパーゲージ 23

第2章　角度定規 24

2.1　構　　造 24
   2.1.1　角度定規の構造 24
2.2　製造工程 24
   2.2.1　直角定規の製造工程 24
   2.2.2　留め定規の製造工程 25
2.3　種　　類 26
   2.3.1　直角定規 26
   2.3.2　留め定規 27
   2.3.3　直角兼留め定規 28
   2.3.4　斜角定規 30
   2.3.5　直角兼斜角定規 34
   2.3.6　蟻勾配定規 34

第3章　罫　　引 35

3.1　構　　造 35
   3.1.1　罫引の構造 35
3.2　製造工程 36
3.3　種　　類 36
   3.3.1　筋罫引 36
   3.3.2　鎌罫引 39
   3.3.3　柄罫引 40
   3.3.4　割罫引 41
   3.3.5　溝罫引 43
   3.3.6　白　　書 43
   3.3.7　鉛筆罫引 44

第4章　墨　　壺 45

4.1　構　　造 45
   4.1.1　墨壺の構造 45
   4.1.2　墨差の構造 45
4.2　製造工程 45
4.3　種　　類 46
   4.3.1　墨　　壺 46
   4.3.2　チョークライン 47
   4.3.3　墨　　差 48

第5章　鋸 49

5.1　構　　造 49
   5.1.1　鋸の構造 49
   5.1.2　鋸歯の構造 50
5.2　製造工程 51
   5.2.1　鍛造鋸の製造工程 51
   5.2.2　プレス鋸の製造工程 52
5.3　種　　類 53
   5.3.1　伐木用鋸 53
   5.3.2　枝払い用鋸 54
   5.3.3　製材用鋸 56
   5.3.4　木取り用鋸 58
   5.3.5　造作用鋸 62
   5.3.6　その他の鋸 69

第6章　鉋 73

6.1　構　　造 73
   6.1.1　鉋の構造 73
   6.1.2　鉋身と裏金の構造 74
   6.1.3　鉋台の構造 75
   6.1.4　裏金の役割 76
6.2　製造工程 76
6.3　種　　類 79
   6.3.1　平面削り用鉋 79
   6.3.2　際削り用鉋 88
   6.3.3　溝削り用鉋 92
   6.3.4　脇削り用鉋 97
   6.3.5　角(面)削り用鉋 99
   6.3.6　曲面削り用鉋 105
   6.3.7　その他の鉋 109
   6.3.8　昔のイタリアの鉋 111

第 7 章　鑿 113
7.1　構　造 113
7.1.1　鑿の構造 113
7.2　製造工程 114
7.3　種　類 116
7.3.1　叩き鑿 116
7.3.2　突き鑿 122
7.3.3　その他の鑿 125

第 8 章　やすり 130
8.1　構　造 130
8.1.1　やすりの構造 130
8.1.2　紙やすりの構造 131
8.2　製造工程 131
8.2.1　やすりの製造工程 131
8.2.2　紙やすりの製造工程 131
8.3　種　類 132
8.3.1　木工用やすり 132
8.3.2　紙やすり 135
8.3.3　天然研磨材 136

第 9 章　錐 137
9.1　構　造 137
9.1.1　錐の構造 137
9.2　製造工程 137
9.3　種　類 138
9.3.1　手揉み錐 138
9.3.2　手回し錐 139
9.3.3　ねじ錐 140
9.3.4　打込み錐 140
9.3.5　器械錐 141

第 10 章　槌 144
10.1　構　造 144
10.1.1　槌の構造 144
10.2　製造工程 145
10.3　種　類 145
10.3.1　玄　能 146
10.3.2　金　槌 148
10.3.3　木　槌 156
10.3.4　ソフトハンマー 158
10.3.5　釘締め 159
10.3.6　釘抜き 160

10.3.7　喰い切り 162

第 11 章　十字ねじ回し 163
11.1　構　造 163
11.1.1　十字ねじ回しの構造 163
11.2　製造工程 164
11.3　種　類 164
11.3.1　手回しドライバー 164
11.3.2　押し込みドライバー 167
11.3.3　打撃ドライバー 167

第 12 章　日本の木材工芸品などの製作に見る 木工具 169
1. 天童将棋駒(山形県) 170
2. 笹野一刀彫(山形県) 171
3. 江戸折箱(東京都) 172
4. 雨城楊枝(千葉県) 173
5. 高島扇骨・近江扇子(滋賀県) 174
6. 吉野杉箸(奈良県) 175
7. 大塔坪杓子(奈良県) 176
8. 岡山菓子木型(岡山県) 177
9. 倉敷竹筆(岡山県) 178
10. 福山琴(広島県) 179
11. 府中桐下駄(広島県) 180
12. 府中桐箱(広島県) 181
13. 戸河内刳物(広島県) 182
14. 宮島杓子(広島県) 183
15. 宮島大杓子(広島県) 184
16. 宮島木匙(広島県) 185
17. 丸亀団扇(香川県) 186
18. 博多曲物(福岡県) 187
19. 太宰府木鷽(福岡県) 188
20. 別府黄楊櫛(大分県) 189
21. 日向榧碁盤・将棋盤(宮崎県) 190
22. 都城木刀(宮崎県) 191

主な参考文献・引用文献 192
索　引 196
謝　辞 207

第1章　　尺　　度

　尺度は寸法を正確に測るのに使用する。計量法に基づいて作られている。ものさしの歴史は古く、インドでは紀元前3000年前に、エジプトでは紀元前千数百年前にすでに使用され、中国では黄帝に始まり周時代に大成したと言われている。日本では、西暦700年頃にはすでに存在し、大宝律令にはものさしに関する規定が見られる。

　長さの尺度は統一されていなかったが、身体の各部を利用した。尺は、広げた手の親指から中指の先までの長さ、18 cmで現在の尺の6割程の長さである。フート（フィート）(foot)は、足の大きさに由来する。手工業の時代には、必要としなかったが、大量生産の時代に入ると統一することが求められ、1889年に開催された第1回国際度量衡総会にて断面Xの白金イリジウム合金に間隔1mの長さを刻んだ線度器を「国際メートル原器」としてメートル基準にした。その後メートル基準は変更され、現在では、1メートルは、1秒の299,792,458分の1の時間に光が真空中に伝わる行程の長さとしている。

　現在、尺度として直尺、折尺、コンベックスルール、曲尺、ノギス、キャリパ、キャリパゲージ、テーパーゲージなどが使用される。

1.1　構　　造

1.1.1　尺度の構造

　尺度は、金属、竹、プラスチックなどの板材料に、メートル法、尺貫法、ヤードポンド法に基づいた目盛が刻んである。

　直尺は長さを測る細長いものさしであり、ステンレス鋼製、アルミニウム製あるいは竹製がある。クリップやストッパーを取り付け、深さ、段差を測ることができるのもある。

　折尺は木製、プラスチック製、ステンレス鋼製、アルミニウム製があり、折りたたみができ、90°と180°で固定できるのもある。

　コンベックスルールは、ケースの中に鋼鉄製のテープをゼンマイバネで巻き取る仕組みになった巻尺である。テープが出た状態を保持するロック機構を付けたのもある。テープの断面は樋形である。テープとばねの材質は日本工業規格(JIS)で定められており、SK85～95相当の高炭素鋼の焼入、焼戻組織で極めて高硬度(600HV)である。爪は硬度が低い(169HV)フェライト系、ステンレスSUS430である。直立性に優れ、ケースから引き出した時にテープが折れ曲がらず直線状になる。その先端の爪に目盛方向に移動するガタを設け、スライドさせてゼロ点補正を行う構造になっている。

　曲尺はL型の細長いステンレス鋼材の両面に目盛を刻んだものさしである。長さの測定、寸法取り、直角の罫書きに使用する。その材質は、耐食性に優れ、熱膨張変化が少ないマルテンサイト系ステンレス鋼SUS403やSUS410である。また、直尺の材質は焼入、焼戻されたマルテンサイト系ステンレス鋼420J2であり、曲尺より2倍程度硬く（硬度436HV）調整されている。アルミニウム製の直尺は、時効硬化合金が用いられている。

　ノギスは、ものさしとパスを組み合わせた寸法測定工具である。目盛が刻まれたステンレス鋼製あるいはプラスチック製の本尺、副尺、外側用ジョウ、内側用ジョウ、デプスバー、指かけを持つ。外

側用ジョウで厚さと外径を、内側用ジョウで内径と溝幅、デプスバーで深さと段差を測定する。読み取りには、本尺と副尺を利用する他に、副尺にダイヤルゲージを取り付けたダイヤル目盛式、電子ディジタル式がある。電子式ディジタル表示の場合、本尺を基準としてスライダの移動量を検出し、これを電子回路によって計数して表す数値を読む。ノギスは日本語であり、ドイツ語あるいはオランダ語のNoniusが転訛（てんか）したと言われている。

キャリパは外パスに目盛を付けた構造であり、厚さ、外形、内径を測定する。ステンレス鋼製である。キャリパゲージ(Caliper Gauge)にはダイヤルキャリパゲージとディジタルキャリパーゲージがあり、厚さと外形を測定する。本体は鋼鉄製である。読み取りは、ダイヤル目盛式と電子ディジタル式である。テーパーゲージは炭素鋼製、ステンレス鋼製あるいはプラスチック製の形がテーパー状のゲージであり、穴径や溝幅を測定する。

1.2 製造工程

1.2.1 竹尺の製造工程

竹尺の製造工程は次の通りである。

❶ 節取り：ベルトサンダーで節の盛り上がりを取り除く（図1-1 ①）。
❷ 幅決め：所定幅に切断する（同②）。
❸ 裏削り：竹の内側を平らにする（同③）。
❹ ニス塗り：節にニスを塗る。
❺ 目盛入れ：専用機械で目盛線を刻む（同④）。
❻ ケ引き（けびき）：筋罫引（すじけびき）で目盛線に対して直角方向の線を2本刻む。
❼ 渦入れ：二重円あるいは二重半円を刻む。
❽ 黒紋入れ：浅い止まり穴をあける（同⑤）。
❾ 墨入れ・ふき上げ：墨汁（ぼくじゅう）で目盛を刻んだ面全体を着色し、布で不要な着色部分の墨を落とす。
❿ 赤紋入れ：浅い止まり穴をあける（同⑥）。
⓫ 朱入れ：赤紋を刻んだ位置に刷毛（はけ）で朱墨（しゅぼく）を塗る（同⑦）。
⓬ ふき上げ：布で不要な着色部分の墨を落とす。
⓭ 寸法決め：所定の長さに切断する（同⑧）。
⓮ 横の墨落とし：着色している両側面を鉋で削る。
⓯ 溝入れ：目盛が片側の竹尺に溝を入れる。
⓰ 仕上げ：裏面を削って平らに仕上げる。
⓱ 裏塗装：竹尺の裏面を塗装する。

図1-1 竹尺の製造工程

1.2.2　曲尺の製造工程

曲尺（さしがね）の製造工程は次の通りである。材料はステンレス鋼板である。

❶ 切断：曲尺の形状よりも少し幅広に打抜き切断する（図1-2①）。

❷ 幅よせロール加工：長枝と短枝の幅を狭くする（同②）。

❸ 平延しロール加工：長枝と短枝を延ばし、真っ直ぐにする。竿の中央部に窪みを付ける（同③）。

❹ 焼入れ：焼入れをして硬くする（同④）。

❺ 荒狂い取り：玄能で叩（たた）いて長枝と短枝との角度をほぼ90°にする（同⑤）。

❻ 幅研削：短枝を研削して幅を揃（そろ）える。

❼ 荒角度合わせ：コーナー部を叩いて角度を粗く合わせる（同⑥）。

❽ 磨き：布バフで表面研磨し、脱脂後水洗する（同⑦）。

❾ 写真目盛加工：表面に感光剤を塗り、目盛を焼き付ける。

❿ エッチング加工：目盛部分を腐食させる。

⓫ 黒目盛・赤文字印刷加工：腐食した部分にインクを塗る。

⓬ 仕上げ角度検査：❼と同じ方法で角度をJISの規定以内に調整する（同⑧）。

⓭ シルバーメッキ加工：メッキをして耐食性を向上させる。

図1-2　曲尺の製造工程

(a) 曲尺目盛手切機盛金属板　　　(b) 目盛金属板

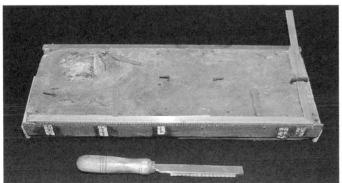

図1-3　曲尺目盛手切機

現在の曲尺の製造における目盛の付け方は、上記の写真目盛加工である。すなわち、目盛を焼き付け、エッチング処理を施して目盛部を腐食させ、黒目盛と赤文字を印刷加工する。この技術は比較的新しく、昔は図1-3(a)の曲尺目盛手切機が使用され、この作業は目盛手切と呼ばれた。曲尺を台上に載せて固定し、歯振を落とした金切り鋸で曲尺に目盛を刻んだ。1寸（30.3mm）を10等分した1分（3.03mm）間隔に切れ目が入った図1-3(b)の目盛金属板をガイドにした。

1.3 種 類

尺度には、直尺、折尺、コンベックスルール、曲尺、ノギス、キャリパ、テーパーゲージがある。

1.3.1 直 尺

直尺には、金属製と竹製があり、さらにフックルール（Hook Rule）がある。中国、台湾では、それぞれ直尺、直尺と表記する。

日本の金属製直尺にはステンレス鋼製と、その表面に硬質クロムメッキ（シルバー加工）を施して表面の反射を押さえて目盛を読みやすくした、シルバーと呼ばれる2種がある。さらに、アルミニウム製もある。直尺の全長は、1m未満のものは15、30、60cmがあり、1m以上のものには1、1.5、2mがある。さらに長いものに、3、4、5、6mがある。

長さが30cmの直尺の例を図1-4に示す。(a)はメートル目盛の一般的な直尺である。目盛ピッチは、上段下段ともに1mmである。(b)はメートル目盛と尺相当目盛が併用の直尺である。目盛ピッチは上段は10cmまでは0.05mm、10cm以上では1mmである。下段は5寸までは0.5分（1/20寸）、5寸から10寸（1尺）までは1分（1/10寸）である。(c)は細幅のメートル目盛の直尺である。厚さが薄く容易に湾曲させることができるので、曲線の寸法測定も可能である。(d)は上段目盛の右端を曲げてつまみやすくした、つまみ付き直尺である。(c)(d)の目盛ピッチは上下段ともに1mmである。(e)はアルミニウム製の直尺である。目盛ピッチは1mmである。アルミ直尺あるいはアルミスケールと呼ばれる。錆びにくく軽いのが特徴であるが、アルミニウムは温度変化にともなう伸縮が大きいので、精度を有する長さ測定には不適である。断面の形状は薄板状のステンレス製の直尺とは異なり、図1-5のような形状で、幅方向の中央部は押さえ面で窪んでいる。その裏面は、すべり止めにスポンジを貼り付けたのもある。寸法目盛が刻まれたスケール面の反対側はカッティング面と呼び、カッ

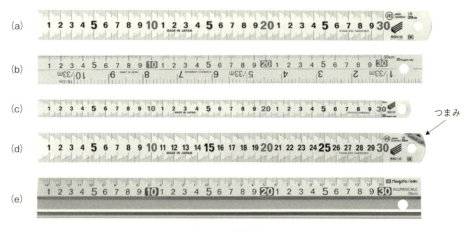

図1-4 直尺（日）

ターの刃を当てながら移動させることにより紙を切断することができる。カッティング面よりも高い危険防止壁によって、カッターの刃が移動中に滑っても乗り越えにくい構造になっており、作業者を怪我から守っている。カッティング面と危険防止壁の間の溝引きは、マジックインキや筆など直接定規に当てることができない場合、直線を引く時に使用する。

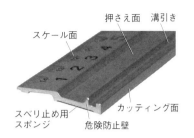

図1-5　アルミニウム製直尺の断面

欧米の金属製の直尺はベンチルール（Bench Rule）と呼ばれる。ドイツのベンチルールには、メートル目盛と、メートル目盛とインチ目盛の併用目盛の2種がある。前者は厚さ0.5mmが一般的であり、長さ10、15、20、30、50cmの直尺は幅13mm、長さ1、2、2.5、3、4、5、6mの直尺は幅18mmである。これよりも幅の広いのが後者に該当しワイドルール（Wide Rule）と呼ばれ、インチ目盛との併用目盛になっている。幅30mmの直尺は厚さ1mm、長さ1m、幅40mmの直尺は厚さ2mm、長さ1mと2mである。

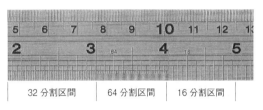

図1-6　ベンチルールのインチ目盛ピッチ

1インチは1フィートの1/12であり、25.4mmである。インチ目盛では、一般に1インチを16分割した精度で読み取る。より正確な長さ測定では、1インチを32分割した精度で読み取る。例えば、32分割目盛で読み取った値が2インチと4/32であれば、2 4/32" あるいは 2 1/8" と表記する。さらに精度を上げる場合は、64分割目盛で読み、これに対応したベンチルールもある。**図1-6**にベンチルールの目盛板の1インチが16分割、32分割、64分割されている区間を示す。

図1-7　クリップ付き直尺（日）

図1-8　ストッパー付き直尺（日）

日本にはその他に、クリップ付き直尺と、ストッパー付き直尺がある。前者の測定長は15cmであり、後者の測定長は15、30cmである。前者

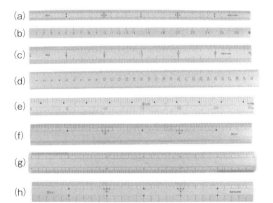

図1-9　竹尺（日）

はクリップを、後者はストッパーをそれぞれ直尺上をスライドさせることによって、長さ、深さ、奥行き、段差などを測定することができる。また、寸法取りと罫書きにも利用できる。クリップ付き直尺と、ストッパー付き直尺を**図1-7**、**図1-8**に示す。15cm長のクリップ付き直尺は持ち運びに便利である。ストッパーの材質はシンチュウ、アルミニウムである。クリップ付き直尺は欧米にもあり、ポケットルールウイズスライディングフック（Pocket Rule with Sliding Hook）と言う。

竹尺とかね尺は寸法を測定するものさしである。端面から目盛が刻まれているので深さを測ることもできる。竹尺の長さは30、50、100cmがあり、**図1-9**は長さ30cmの竹尺である。(a) (b)は

幅13mmで、(a)は両目で目盛ピッチは1mmである。(b)は片目で目盛ピッチは14cmまでは1cm、それ以上では2cmである。(c)(d)(e)は幅23mmで、(c)(d)の目盛ピッチは1mmであるが、目盛の数字の向きが異なる。(e)はメートル目盛と尺相当目盛の併用である。メートル目盛の目盛ピッチは10cmまでは1mm、それ以上で2mmである。尺相当目盛の目盛ピッチは1分(3.03mm)である。(f)(g)(h)は幅27mmで、(f)は片目、(g)は両目で、目盛ピッチは1mmである。(f)に見られる溝は直線を引くための溝引きである。(h)は両目で目盛ピッチは1mmと1cmである。その他に、メートル目盛とインチ目盛併用のものさしもある。かね尺は尺相当目盛の竹製ものさしであり、1尺(30.3cm)、2尺(60.6cm)、3尺(90.9cm)の長さがある。目盛ピッチは1分(3.03mm)である。竹尺を中国、台湾では竹尺、欧米ではバンブールール(Bamboo Rule)と言う。

図1-10 フックルール(米)

直尺の端にフックを付けた欧米の定規をフックルールと言う。**図1-10**のようにフックの内側を材料の端面に当てると、材料端面からの寸法測定や寸法取りが容易にできる。

図1-11 木製折尺(日)

1.3.2 折　尺

折尺は折りたたみ式の直尺であり、折りたたんで短くできるので携帯に便利である。たたみ尺とも言う。中国では折尺、木折尺、四折尺、台湾では摺尺、展開折尺、木折尺、六折尺と言う。材質

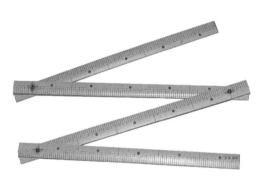

図1-12 竹製折尺(日)

は**図1-11**の木製あるいはグラスファイバー製が一般的である。その他に、日本にはステンレス鋼製が、欧米にはアルミニウム製がある。また、日本では古くは**図1-12**の竹製折尺も見られた。長さは1mあるいは2mであり、前者は6折あるいは10折、後者は10折である。なお、木製の折尺は、折り尺の両端に金具が取り付けられており、両端が壊れないように保護されている。

折尺は元々一直線になりにくいので、正確に測ることは不適であった。しかし、近年のグラスファイバー製の折尺には接合部の工夫によって一直線(180°)あるいは直角(90°)に固定できるのもある。

目盛はメートル目盛が普通であるが、メートル目盛と尺相当目盛の併用もある。太平洋戦争前には、片面に尺目盛とメートル目盛が、他面にインチ目盛が刻まれた、三国目と称する折尺が日本に存在した。

フォールディングルール(Folding Rule)は、日本式折尺タイプであるジグザグルール(Zig-zag Rule)と、欧米特有の四つ折りタイプである**図1-13**のフォーフォールドルール(Four-Fold Rule)の2種がある。目盛は片面がメートル目盛、他面がインチ目盛である。とくに数字が大きく読みやすくなっているのをブラインドマンズルール(Blindman's Rule)と呼ぶ。

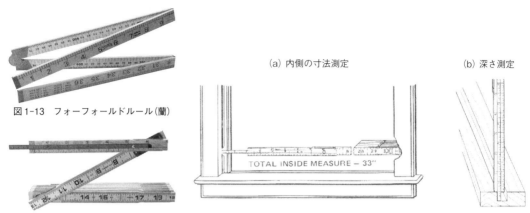

図1-13 フォーフォールドルール(蘭)

図1-14 エキステンションルール(米)

(a) 内側の寸法測定

(b) 深さ測定

図1-15 エキステンションルールの使用方法[113]

図1-14のエキステンションルール(Extension Rule)は、ジグザグルールの一種である。目盛の刻まれた細長いシンチュウ棒が最も外側の面の中央を自由に移動でき、寸法を測定することができる。**図1-15**(a)のように内側の寸法測定、また、(b)のように深さ測定も可能である[113]。目盛はインチ目盛である。ルールの多くは目盛板側面と平行方向に数字が記されているが、直角方向に記されたのもある。

1.3.3 コンベックスルール

コンベックスルールはテープルール(Tape Rule)、テープメジャー(Tape Measure)とも言う。中国では巻尺、鋼巻尺、台湾では鋼捲尺、捲尺と言う。その目盛は、メートル表記、尺相当表記、インチ表記の3種がある。これらの目盛表記の組み合わせによって種々のコンベックスルールがある。その他に、魯班尺が併記されたコンベックスルール、インチ目盛で中点を求めることができるセンターファインディングテープ(Center Finding Tape)がある。

コンベックスルールには、爪の部分に小さな横長の穴があり、釘に爪を引っかけて測ることができる。テープ先端には、**図1-16**のゼロ点補正爪があり、爪の厚さ分移動するようになっている。爪を引っ掛けて測定するか、爪を突き当てて測定するかによって生ずる爪の厚さ分の誤差を補正する。日本のコンベックスルールのテープ長さとテープ幅を**表1-1**に示す。テープ長さは2〜10mであるが、2、3.5、5.5、7.5mが一般的である。テープ幅は13〜27mmであり、テープ幅の種類はテープ長さ5.5mが多い。

(1) メートル目盛コンベックスルール 最も一般的な**図1-17**の左基点のメートル目盛コンベックスルールの目盛は**図1-18**の通りである。コンベックスルールは自動巻き戻し機構を有するので、測

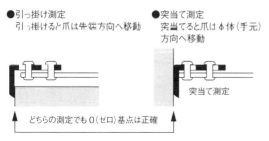

図1-16 コンベックスルールのゼロ補正爪[126]

表1-1 日本のコンベックスルールのテープ長さとテープ幅[11),23),43),49)]

		テープ長さ(m)							
		2	3	3.5	5	5.5	6.5	7.5	8	10
テープ幅(mm)	13	○	○	○		○				
	16	○		○		○				
	19			○	○	○		○		
	22					○		○		○
	25				○	○	○	○	○	○
	27					○				

図1-17 コンベックスルール(メートル目盛)(日)

図1-19 コンベックスルール(尺相当目盛)(日)

図1-18 メートル目盛

図1-20 尺相当目盛

定時に引き出したテープを止める必要がある。これを作業者が手で行うコンベックスルール、ロックボタンで行うコンベックスルールがある。さらにコンベックスが自動的に行うのもあり、セルフストップと呼ばれる。その他に、右基点のメートル目盛コンベックスルール、表が左基点、裏が右基点の両面目盛コンベックスルール、水準器付きで内測も可能なコンベックスルール、測定値をディジタル表示するコンベックスルールがある。なお、欧米では、左基点をL to R、右基点をR to Lと表記する。

図1-21 コンベックスルール(インチ目盛)(加)

(2) **尺相当目盛コンベックスルール** 図1-19の尺相当目盛コンベックスルールはセンチ目盛併用表記になっている。左基点が一般的であり、尺相当目盛コンベックスルールの目盛は**図1-20**の通りである。テープの上段が尺相当目盛、下段がメートル目盛である。右基点もある。測定時に引き出したテープを止める方法は、メートル目盛コンベックスルールの3つの方法と同じである。

(3) **インチ目盛コンベックスルール** 図1-21のインチ目盛のコンベックスルールは欧米で使用される。左基点が一般的であるが、右基点もある。目盛は、上段、下段ともにインチ目盛、上段がインチ目盛で下段がメートル目盛の併用表記がある。前者のコンベックスルールの目盛は**図1-22**の通り

図1-22 インチ目盛

図1-23 インチ・メートル併用目盛

であり、とくに数字が大きいコンベックスルールはブラインドマンズテープ(Blindman's Tape)と呼ばれる。後者の併用表記の目盛は図1-23の通りである。その他に、本体上部の窓で値を読むコンベックスルールや、表面も裏面も左基点の両面目盛コンベックスルールもある。

(4) **風水魯班尺コンベックスルール** 図1-24は魯班尺が記された風水魯班尺コンベックスルールである。寸法目盛は、上段が尺相当目盛、下段がメートル目盛である。左基点である。

図1-24 コンベックスルール(風水魯班尺目盛)

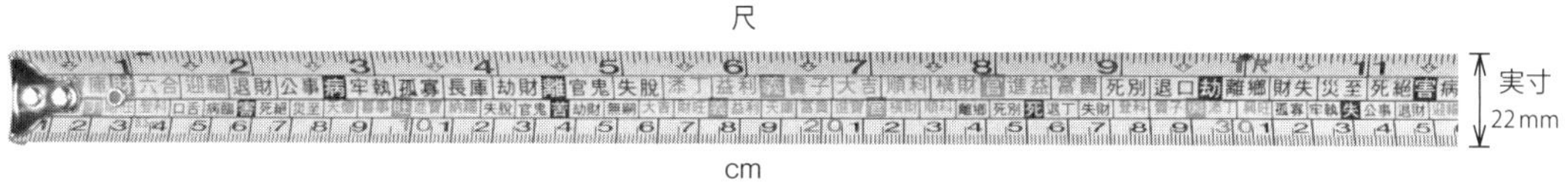

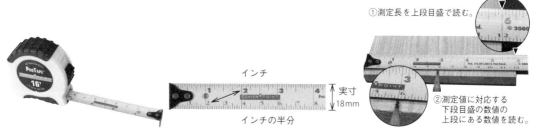

図 1-25　風水魯班尺目盛

図 1-26　センターファインディングテープ(米)

図 1-27　センターファインディングテープの目盛

図 1-28　センターファインディングテープの使い方

主に中国、台湾で使用されている。中国ではとくに建築時に、門の寸法の吉凶を決めるために使されてきた。**図 1-25** のように約 43 cm を 8 分割して、4 つの吉寸法「財、義、官、本」と 4 つの凶寸法「病、離、劫、害」、計 8 つの文字がテープ上に記されている。風水魯班尺コンベックスルールで測ると、長さの吉凶がすぐに判断できる。

（5）センターファインディングテープ　材料の罫書き作業において中点（2 分割点）を求めたい場合がある。これを容易にする**図 1-26** のコンベックスルールが欧米にあり、センターファインディングテープと呼ぶ。寸法目盛は左基点で、**図 1-27** のように上段がインチ目盛であり、下段が 1/2 倍インチ目盛である。したがって中点を求めるときは、1/2 倍の値を計算してその値の点を目盛上で求める必要はなく、**図 1-28** のように直接上段の目盛に対応する下段の目盛を選べばよい。

1.3.4　曲　尺

曲尺は直角に曲がっている金属製の物差しである。差金、指金、指矩とも表記する。中国では曲尺、直角尺、台湾では曲尺、長角尺と言う。長い方を長枝（長手）、短い方を短枝（妻手）と言う。**図 1-29** のように長枝を上側に、短枝を右側に位置させた時の曲尺の面が表、その裏側の面が裏である。両面ともに、外側（出隅側）に刻まれた目盛を外目盛、内側（入隅側）に刻まれた面を内目盛と言う。内目盛が刻まれていない曲尺もある。左きき用の曲尺もある。

曲尺の長枝と短枝は竿とも言い、竿の幅 15 mm、厚さ 1.3 mm あるいは 1.4 mm である。その材質は直尺と同じように、ステンレス鋼製とステンレス鋼表面に硬質クロムメッキ（シルバー加工）を施した 2 種がある。昔は鋼製、鉄製、シンチュウ製も見られた。

日本の曲尺の長枝と短枝の主な呼び寸法を**表 1-2** に示す。呼び寸法は曲尺の表の外目盛の長さがその値まで測定できる寸法である。曲尺の長枝の呼び寸法は、メートル目盛の 50 cm、30 cm、15 cm 以下、尺相当目盛の 1 尺 5 寸、1 尺 6 寸、1 尺、5 寸以下の計 6 種に大きく分類される。短枝の呼び寸法は長枝の概ね 1/2 である。曲尺の実際の長さは、長枝と短枝の呼び寸法に余長が加わる。

竿の断面を**図 1-30** に示す。(a) の形状の竿は、中央部は沢と呼ばれ、両面ともに指で押さえやすいように窪んだ形状である。面は側面に向けて次第に薄くなっており、材料の上に曲尺を載せて密着させた時に側面が浮く構造になっている。この構造によって墨差で罫書くときに墨汁がにじむことを

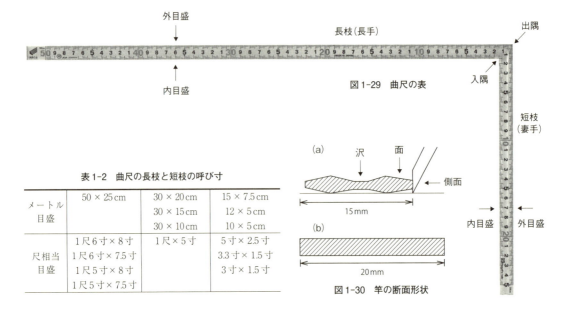

図1-29 曲尺の表

図1-30 竿の断面形状

表1-2 曲尺の長枝と短枝の呼び寸

メートル目盛	50×25cm	30×20cm 30×15cm 30×10cm	15×7.5cm 12×5cm 10×5cm
尺相当目盛	1尺6寸×8寸 1尺6寸×7.5寸 1尺5寸×8寸 1尺5寸×7.5寸	1尺×5寸	5寸×2.5寸 3.3寸×1.5寸 3寸×1.5寸

防いでいる。また、(b)のフラットな形状もある。フラットスコヤと呼ばれ、金属や石材用として使用される。幅20mm、厚さ1.0mmあるいは2.0mmである。この種の欧米の曲尺は、日本の曲尺よりも竿の幅が広く厚いラフタースクウェア（Rafter Square）である。これについては後述する。長枝と短枝のコーナーの形状には、**図1-31**(a)の竿の厚さよりも厚くなっている角厚と、(b)の竿と同じ厚さの同厚がある。

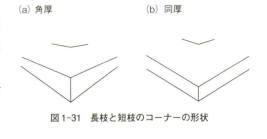

図1-31 長枝と短枝のコーナーの形状

竿の断面形状が**図1-30**(a)の形状で、**表1-2**の長枝と短枝の呼び寸法が50cmと25cmの曲尺について、表と裏別に長枝と短枝の外目盛と内目盛に刻まれた目盛を**表1-3**に示す。表中「－」表示は目盛が刻まれていないことを示す。内目盛に記載されている外基準と内基準については、外基準は**図1-32**(a)のように、外基準は目盛の読みの基点が曲尺の外目盛側、内基準は(b)のように曲尺の内目盛側である。

図1-32 曲尺の内目盛の外基準と内基準

曲尺は表と裏の長枝外目盛の組み合わせによって、**表1-3**のように表裏同目、併用目盛、角目併用の3種がある。表裏同目は表と裏が同じメートル目盛である。併用目盛は表がメートル目盛、裏が尺相当目盛である。角目併用は表がメートル目盛、裏が角目である。

角目はメートル目盛を$\sqrt{2}$倍した長さの目盛が刻まれており、裏目とも言う。**図1-33**のように丸太の直径を測ると丸太から採材できる角材の一辺の長さを求めることができる。さらに、角目併用目盛の曲尺には、裏の長枝の内目盛に丸目が刻まれたのもある。丸目は**図1-34**のように表目の目盛を円周率（3.14）倍した長さの目盛であり、この目盛で丸太の直径を測ると丸太の円周を求めることができ

1.3 種類

表1-3 曲尺の目盛

		表目盛				裏目盛			
		長枝		短枝		長枝		短枝	
	角部	外目盛	内目盛	外目盛	内目盛	外目盛	内目盛	外目盛	内目盛
表裏同目	角厚	50 cm	–	25 cm	–	50 cm	–	25 cm	–
		50 cm	外基準45 cm	25 cm	外基準20 cm	50 cm	ホゾ	25 cm	–
		50 cm	外基準50 cm	25 cm	外基準25 cm	50 cm	外基準50 cm	25 cm	外基準25 cm
	同厚	50 cm	外基準50 cm	25 cm	外基準25 cm	50 cm	外基準50 cm	25 cm	外基準25 cm
		50 cm	外基準45 cm	25 cm	外基準20 cm	50 cm	外基準40 cm・ホゾ	25 cm	外基準20 cm
併用目盛	角厚	50 cm	–	25 cm	–	1尺5寸	–	7.5寸	–
		50 cm	–	25 cm	–	1尺6寸	–	8寸	–
	同厚	50 cm	外基準45 cm	25 cm	外基準20 cm	1尺5寸	外基準1尺・ホゾ	7.5寸	外基準7寸
		50 cm	外基準45 cm	25 cm	外基準20 cm	1尺6寸	外基準1尺・ホゾ	8寸	外基準7寸
角目	角厚	50 cm	–	25 cm	–	角目	丸目・ホゾ	25 cm	–
		50 cm	–	25 cm	内基準23 cm	角目	丸目・ホゾ	25 cm	–
		50 cm	外基準45 cm	25 cm	外基準20 cm	角目	丸目・ホゾ	25 cm	–
		50 cm	外基準50 cm	25 cm	外基準25 cm	角目	丸目・ホゾ	25 cm	–
	同厚	50 cm	外基準45 cm	25 cm	外基準20 cm	角目	丸目・ホゾ	25 cm	–
		50 cm	外基準50 cm	25 cm	外基準25 cm	角目	丸目・ホゾ	25 cm	–

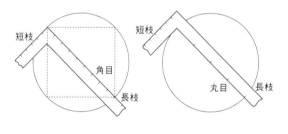

図1-33 曲尺の角目(裏目)　　図1-34 曲尺の丸目　　図1-35 曲尺による溝の深さ測定

る。ブリキ職人も利用する目盛である。**表1-3**の「丸目・ホゾ」の「ホゾ」の表記は、丸目の目盛と、丸目目盛の横に曲尺の端を基点とする**図1-35**のように柄穴の深さなどの深さ測定ができる目盛が一緒に刻まれた曲尺を意味する。

その他に、**表1-2**の尺相当目盛の曲尺には、長枝裏の内目盛に吉凶尺(きっきょうしゃく)を刻んだのもある。長枝裏面内目盛の1尺2寸の長さを8等分し、これに財、病、離、義、官、劫、害、吉の8文字が刻まれており、吉凶の占いに用いられる。

曲尺は、**図1-36**のように、長さの測定、寸法取り、直角の罫書き、勾配の罫書き、等分の罫書き、曲線の罫書き、平面の検査、直角の検査などを行うことができる。

長さの測定は、**図1-36**(a)のように曲尺の表の出隅を材料の右端に合わせ、材料の左端で長さを読む。曲尺の目盛は真上から見る。寸法取りは、(b)のように材料の左端に所定寸法の目盛を合わせ、曲尺の出隅に印を付ける。直角の罫書きは、(c)のように材料の木端に曲尺の長枝の内側に密着させて、短枝の外側に直角の線を引く。密着させないと直角な罫書き線を引くことはできない。勾配の罫書きもできる。(d)のように左右の目盛を1:1にして罫書くと、矩(かね)勾配(45°の勾配)の罫書きができる。(e)のような左右の目盛が2:1の5寸勾配の罫書きもできる。等分の罫書きは、(f)のように材料に曲尺を斜めに当て、読みやすい寸法で等分になるように印を付けて等分線を引く。曲線の罫書きは、(g)のように曲尺を湾曲させる。平面の検査は、(h)のように材料の上に曲尺を載せて光線をすかして行う。直角の検査は、(i)のように曲尺の長枝と短枝の外側を材面の内側に当てて行う。

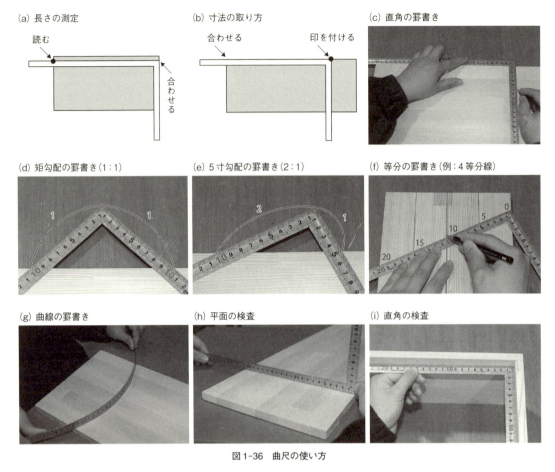

図1-36 曲尺の使い方

　欧米の曲尺はフレーミングスクウェア（Framing Square）と言い、スティールスクウェア（Steel Square）の一種である。**図1-37**(a)(b)は代表的なフレーミングスクウェア2種である。竿の断面形状は平らで、日本の曲尺よりも竿の幅は広く厚い。目盛は長枝に刻まれており、外目盛と内目盛のいずれもメートル目盛である。さらに、(a)の短枝と(b)の長枝には、5mmおきに穴があり、この穴を利用すると材料の端面と平行な線を引くことができる（3.3.7参照）。

　スティールスクウェアの一種に(c)のラフタースクウェアがある。ラフターは垂木を意味する。ラフターアンドフレーミングスクウェア（Rafter and Framing Square）とも呼ばれる。**図1-37**のラフタースクウェアの長竿の断面形状は平らで、日本の曲尺よりも竿の長さは長枝24インチ（61cm）、幅2インチ（5.1cm）、短枝14〜18インチ（35.6〜47.7cm）、幅1.5インチ（3.8cm）と広く、厚い。ラフタースクウェアの長枝表、短枝表の

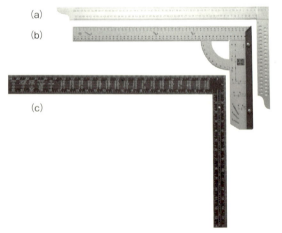

図1-37 (a)(b)フレーミングスクウェア(独)、(c)ラフタースクウェア(英)

外目盛は1インチを16分割、内目盛は8分割している。長枝裏の外目盛は1インチを12分割、長枝裏の内目盛は16分割、短枝裏の外目盛は12分割、短枝裏の内目盛は10分割している。長枝表にユニットレングスラフターテーブル(Unit Length Rafter Table)、短枝表にオクタゴンスケール(Octagon Scale)、長枝裏にエセックスボードメジャーテーブル(Essex Board Measure Table)、短枝裏にブレイステーブル(Brace Table)がある。オクタゴンスケールは正方形断面に正八角形面を描くのに使用する。その使用法は曲尺と同様である。

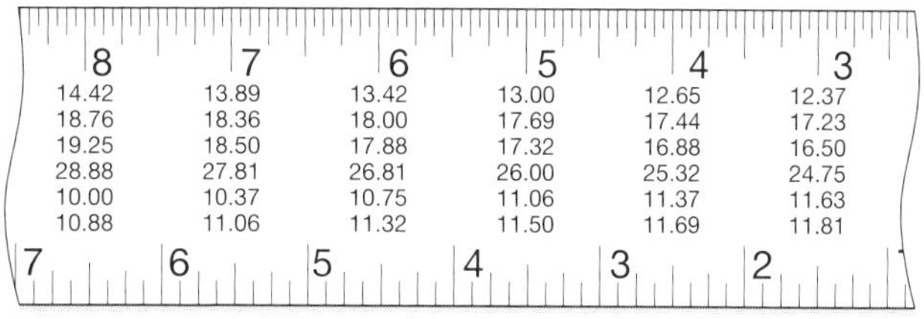

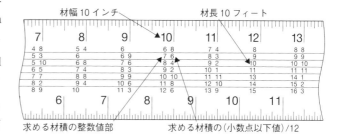

図1-38 ユニットレングスラフターテーブル[143]

図1-39 エセックスボードメジャーテーブル[137]

他に、長枝裏と短枝裏の外目盛と内目盛がメートル目盛で、エセックスボードメジャーテーブルとブレイステーブルのないラフタースクウェアもある。

図1-38のユニットレングスラフターテーブル[143]は、水平辺長1フィートあたりの垂直辺長が2～18インチの範囲にある屋根勾配の垂木長さを求めるための係数である。屋根の勾配が、12インチすなわち1フィート当たり6インチ(垂直辺長)であるとすると、インチ目盛6の下の数値13.42を読む。垂木長さを求めるには、水平辺長(屋根幅の1/2に軒下長さ)にこの数値(13.42)を乗ずればよい。従って建物幅が30フィートで軒下2フィートの場合、垂木長さは屋根幅34フィートの1/2すなわち17フィートに対応する長さとなり、17 × 13.42 = 228.14インチ、19フィートと計算できる。また、屋根の勾配が1フィート当たり6インチ、屋根幅が34フィートの屋根の軒下からの高さは同表を利用して6 × 17 = 102インチ、すなわち102/12 = 8.5フィート、8フィート6インチと計算できる。同表2列目は、谷木を求める時に使用する。その方法は垂木の場合と同じである。

図1-39のエセックスボードメジャーテーブル[137]は寸法が分かっている部材の材積(BF：ボードフィート)を求める時に使用する。エセックスボードメジャーテーブルに示すインチ目盛の数字(1, 2, 3, 4, …)は対象とする木材のインチ幅に対応する。目盛12の下に縦列に並んでいる8, 9, 10, 11, 13, 14, および15は対象とする木材のフィート長さに対応する。目盛12の横列は12フィート長さに対するインチ幅である。目盛12の下の列の数字が材積計算をするにあたっての起点となる。目盛12の下にあるエセックスボードテーブルの数列の中から対象木材のフィート長さの数値を選び出し、その行を平行移動させて、対象木材のインチ幅に対応するインチ数の数値の下にある数値を読む。この数値が厚み1インチの木材のBF値である。例えば、長さ10フィート、幅10インチ、厚さ1インチの木材の場合、目盛12インチの下の列の数字10の行を平行移動させ、インチ幅に対応する目盛10インチの下の数列から値から84を読む。8は8BF、4は4/12BFである。従って、材積は84/12 BF、8.33BFである。

長さが15フィート以上で、8～15フィートの倍数の場合8～15に対応するBFに倍数を乗ずれば求

まる。例えば、長さが33フィート、幅7インチ、厚さ1インチの場合、目盛12インチの下の列の数字11の行を平行移動させ、インチ幅に対応する目盛7インチの下の数列から値から65/12即ち6.42 BFを読む。これを3倍して求めるBFは6 5/12(6.42)×3、即ち19

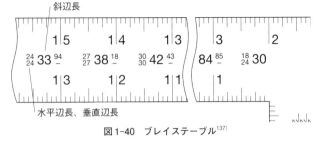

図1-40 ブレイステーブル[137]

3/12(19.26)となる。次に、長さが8〜15フィートの倍数でない場合、例えば、長さ25フィート、幅10インチ、厚さ1インチの場合、長さを10と15フィートに分割し幅10インチの下の数列からそれぞれ8 4/12(8.33)BFと 12 6/12(12.5)BFを読み取り、両者を加算して8 4/12(8.33) + 12 6/12(12.5)、即ち20 10/12(20.83)を得る。

図1-40のブレイステーブル[137](筋交い表)は、水平辺長と垂直辺長が等しい時の筋交い長さを求めるのに使用する。

水平辺長と垂直辺長が同じ場合の筋交い長さを24/24ユニットから60/60ユニットまで3ユニット毎に示している。筋交いが正直角三角形の斜辺であって、両辺長さが表のユニット内にある時、表より筋交い長さを求めることができる。その使い方は、例えば両辺長が24ユニットの場合、**図1-40**から筋交い長さは33.94、27ユニットでは38.18、30ユニットでは42.43などであることがわかる。即ち、両辺長が24フィートなら筋交い長さは33.94フィートである。両辺長が8インチの場合、ブレイステーブルから両辺長が24インチの場合、斜辺長が33.94インチであるから24/3＝8を利用して33.94/3＝11.31インチとなる。

正直角三角形の斜辺長が40インチの場合、ブレイステーブルより斜辺長が42.43インチに対する両辺長は30インチである。従って、30/42.43＝40/x、即ちおおよそ56.57インチである。

1.3.5 ノギス

ノギスは、厚さ、外径、内径、溝幅、深さの測定などを行うことができる。中国では卡尺、游标卡尺、台湾では游標卡尺、欧米ではヴァーニアキャリパー(Vernier Caliper)と言う。

木工作業で使用するノギスには、M形小型ノギス、M形ノギス、ダイヤル付きノギス、ディジタルノギス、デプス形ノギスがある。

図1-41のノギスは1mm刻みの本尺に副尺(ヴァーニヤ)の付いたスライダが取り付けられており、本尺とスライダには、測定面を持つ外側用ジョウと内側用ジョウがある。副尺の等分割による最小読み取り値を**表1-4**に示す。ノギスによる寸法測定は、本尺目盛の値に本尺目盛と副尺目盛が合った位置での副尺目盛の値を加える。すなわち、19mmを20等分した副尺のノギスを用いた

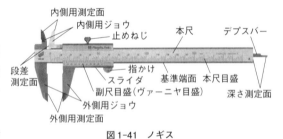

図1-41 ノギス

表1-4 ノギスの副尺目盛の種類

本尺	副尺	最小読み取り値
1mm	9mmを10等分	0.1 mm
1mm	19mmを20等分	0.05 mm
1mm	39mmを20等分	0.05 mm
1mm	49mmを50等分	0.02 mm

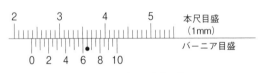

図1-42 ノギスの寸法の読み

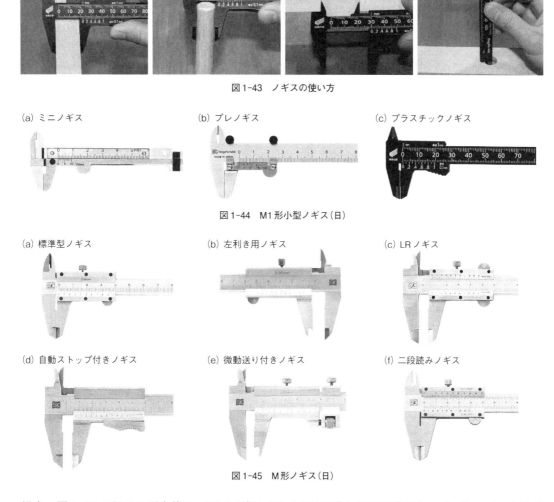

図1-43 ノギスの使い方

図1-44 M1形小型ノギス(日)

図1-45 M形ノギス(日)

場合、**図1-42**の例での測定値は、副尺目盛の6.5で本尺目盛と副尺目盛が合っているので、本尺目盛の23mmに副尺目盛の0.65mmを加えた23.65mmとなる。

　厚さと外径の測定は**図1-43**(a)(b)のように、外側用測定面で測定物を水平に挟み目盛を読む。溝幅の測定は(c)のように、内側用測定面を溝の両側面に当てて目盛を読む。深さの測定は(d)のように、本尺先端を材料の上面に当て、副尺をスライドさせてデプスバーを垂直に延ばして穴の底に当てて目盛を読む。

　(1) M形小型ノギス　**図1-44**のM1形小型ノギスは測定範囲が100mm以下と短い。いずれも副尺を微動させることはできない。測定範囲は、**図1-44**(a)のミニノギスは0〜50mm、(b)のプレノギスと(c)のプラスチックノギスは0〜100mmである。最小読み取り値はいずれも0.1mmである。

　(2) M形ノギス　M形ノギスで最も一般的なものは、**図1-45**(a)の標準型ノギスであり右利き用である。最大測定長100、150、200、300mmであり、600、1000mmと長いのもある。(b)は左利き用ノギスである。(c)のLRノギスはバーニア目盛が上下2段にあり、右利きと左利きの両用であ

図1-46　ダイヤルノギス(日)　　　　図1-47　ディジタルノギス(日)

(a) カルマデプスゲージ　　(b) ディジタルデプスゲージ　　(c) ディジタルデプスゲージ

図1-48　デプス形ノギス(日)

る。(d)の自動ストップ付きノギスは、測定時にノギスを外す時にジョウが動かない構造である。(a)～(d)のノギスは、副尺を微動することができないM1形である。最小読み取り値0.05 mmである。(e)の微動送り付きノギスは、副尺を微動することができ、M2形と呼ばれている。最小読み取り値0.02 mmである。(f)の二段読みノギスは、最小読み取り値が0.02 mmと0.05 mmの2段読みが可能である。副尺を微動させることはできない。欧米のM形ノギスには、インチ目盛、ミリ・インチ併用目盛もある。

(3)　**ダイヤル付きノギス**　　図1-46はダイヤルを組み込んだダイヤル付きノギスで、本尺目盛とスライダの移動量を歯車などで機械的に拡大し読み取ったダイヤル目盛を読取る。視差による読み取り誤差がなく、本尺目盛線とヴァーニア目盛線が合致した点を探す必要はない。最大測定長150、200 mm、最小読み取り値0.01 mmである。欧米のダイヤル付きノギスには、インチ目盛もある。中国では帯表卡尺、台湾では帯表游標卡尺、欧米ではダイヤルキャリパ(Dial Caliper)と言う。

(4)　**ディジタルノギス**　　ディジタルノギスは測定値をディジタル表示するノギスである。図1-47(a)のディジタルノギスは、最大測定長100、150、200、300 mm、最小読み取り値0.01 mmである。測定表示値を固定できるホールド機能がある。(b)のディジタルノギスはカーボンファイバー製であり、軽くて錆びない。最大測定長100、150 mm、最小読み取り値0.1 mmである。欧米のディジタルノギスには、インチ目盛あるいはミリ、インチ併用目盛もある。ディジタル表示をするため、電池を必要とする。中国では数字式卡尺、台湾では電子式游標卡尺、欧米ではエレクトロニックディジタルキャリパ(Electronic Digital Caliper)と言う。

(5)　**デプス形ノギス**　　デプス形ノギスは溝の深さなどを測定するときに使用する。中国、台湾では深度卡尺、欧米ではデプスゲージ(Depth Gauge)と言う。図1-48(a)のカルマデプスゲージは古くからあるタイプで、(b)(c)はディジタルデプスゲージである。最大測定長は、(a)150～1000 mm、(b)150～300 mm、(c)25 mmである。最小読み取り値は、(a)0.05 mm、(b)0.01 mm、(c)0.1 mmである。(b)と(c)は測定表示値を固定できるホールド機能を有する。

(a) ダイヤルキャリパゲージ

(b) ディジタルキャリパゲージ

図1-50　外側キャリパーゲージ(日)

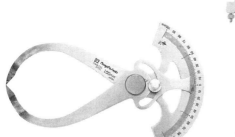

図1-49　目盛付き内外兼用キャリパ(日)

図1-51　テーパゲージ(日)

1.3.6　キャリパ

厚さの測定ではノギスの他に、目盛付き内外兼用キャリパ(Combination Caliper)とキャリパゲージを使用することができる。キャリパゲージは、中国では測径規、台湾では測徑規、欧米ではキャリパゲージと言う。

図1-49の目盛付き内外兼用キャリパは、外径と厚さの測定や寸法移しに使用できる。先端を交差させると、内径や溝幅を測定することもできる。最大測定厚100〜600 mm、目量1 mmである。

外側キャリパゲージは、外径の測定を行うのに使用する。ダイヤルキャリパゲージとディジタルキャリパゲージがある。**図1-50**(a)のダイヤルキャリパゲージは、測定値を円形の目盛板上で読む。測定範囲0〜15 mm、目量0.05 mmである。(b)のディジタルキャリパゲージは測定値をディジタル表示する。測定範囲0〜25 mm、目量0.02 mmである。内径や奥部の溝径の測定には内側キャリパゲージを使用する。

1.3.7　テーパーゲージ

隙間、穴径や溝幅の測定には、テーパーゲージ(Taper Gauge)を使用する。ボアゲージ(Bore Gauge)とも言う。形状は**図1-51**のようにテーパ状であり、先端側を穴あるいは溝に差し込んで測定する。測定範囲0〜15 mm、目量0.1 mmである。

第 2 章　　角度定規

　角度定規は物差しと異なり、材料の表面に 90°、45°、任意の角度の罫書きと検査や角度の移しに使用する。直角定規、留め定規、斜角定規、蟻勾配定規などがある。直角定規の俗称は英語のスクウェア(Square)が転訛したスコヤである。

　角度定規の歴史ははっきりしないが、現存する古代エジプト、ローマ時代の角度定規は、現在のものとは形状が異なるようである。当時の角度定規は、罫書きと建築工事における部材と構造体の角度検査に用いられたようである。

　直角定規は曲尺よりも小さいが、長枝、短枝ともに厚く作業者が持ちやすいことから、現在では、木工作業で広く使用されている[117]。

2.1　構　　造

2.1.1　角度定規の構造

　直角定規は図 2-1 のように、厚い短枝(妻手)に長枝(長手)がはめ込まれ、シンチュウ丸棒で正確な直角に固定されている。直角の罫書きや検査に使用する。

　留め定規は、当て止めに挿入された定規板が正確に 45°に切断された平行四辺形である。45°の罫書きや検査に使用する。

　斜角定規は、短枝と長枝がねじ止めされており、角度調整ができる。

図 2-1　直角定規(独)[159]

　プロトラクター(Protractor)は分度器に竿をナットと座金で締め付けた構造であり、材質はステンレス鋼である。角度の測定、罫書きや移しができる。

　蟻勾配定規は、蟻勾配を持つ定規と当て止めが接合されているか、一体の構造である。蟻組接ぎの罫書きに使用する。直角定規、留め定規、斜角定規、蟻勾配定規は、いずれも金属製、木製、両者を組み合わせたのがある。

2.2　製造工程

2.2.1　直角定規の製造工程

　木製直角定規の製造工程は次の通りである。材料はホワイトアッシュである。

❶ **短枝の切断**：丸鋸盤で短枝を所定の長さに横挽きする。

❷ **短枝の溝加工**：帯鋸盤で短枝に溝加工をする(図 2-2 ①、②)。

❸ **長枝の厚さ調整**：ワイドベルトサンダーで厚さを調整する(同③)。

❹ **切断**：丸鋸盤で仕上がり寸法よりも少し長めに横挽きする(同④)。

❺ **接着剤の塗布**：短枝の溝に接着剤を塗布して長枝を挿入し(同⑤)、玄能で叩く(同⑥)。

❻ **直角検査**：短枝と長枝との角度を直角に調整する(同⑦)。接着剤が硬化するまで放置する。

❼ **短枝の縦挽き**：丸鋸盤で短枝の外側を縦挽きし、長枝と短枝の外側の面間の角度を直角にする(同⑧)。

❽ **長枝の横挽き**：所定の長さに横挽きする。

❾ **竹釘の打ち込み**：短枝と長枝の接合部にボール盤で小径通し穴を2カ所あけ、接着剤を塗布した竹釘を打ち込み、硬化後に頭を削り取る。

❿ **面取り**：紙やすりで直角定規を面取りする。

図2-2 木製直角定規の製造工程

2.2.2 留め定規の製造工程

木製留め定規の製造工程は次の通りである。材料はホワイトアッシュである。

❶ **溝加工**：リップソーで当て止めに幅5mmの溝加工を施す(図2-3①)。

❷ **厚さ調整**：ワイドベルトサンダーで定規板と当て止めの厚さを調整する(同②)。

❸ **幅調整**：定規板を当て止めの溝にはめ込んだ時に、定規板が幅方向の中央になるように、当て止めの幅調整をする(同③)。

❹ **組み立て**：当て止めの溝に接着剤を塗布し、定規板を挿入して玄能で叩く(同④)。

❺ **留め挽き**：丸鋸盤で当て止めを留め挽きする(同⑤)。

❻ **圧入**：プレス機で定規板を当て止めの溝に圧入後(同⑥)、接着剤が硬化するまで放置する。

❼ **留め挽き**：留め挽き治具を製作し(同⑦)、留め定規の両側を正確に留め挽きする(同⑧)。

❽ **面取り**：紙やすりで面取りする。

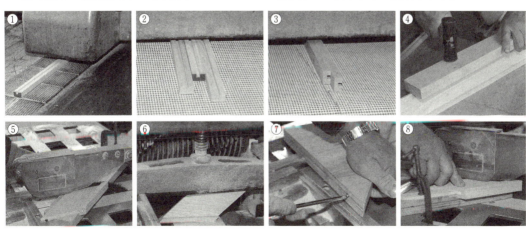

図2-3 木製留め定規の製造工程

2.3 種　類

2.3.1 直角定規

　直角定規は直角の罫書きの他に、鉋削り後の平面度の検査や直角度の検査、くぎ接合による組み立て後の直角度の検査や寸法測定などに使用する。直角定規は中国では角尺、直角尺、台湾では矩尺、直角規、直角尺、短角尺、欧米ではトライスクウェア(Try Square)と言う。

　罫書き作業では鉛筆を一般に用いるが、より正確に罫書く時は白書(しらがき)を用いる。木製の直角定規は木矩(きがね)と言う。金属製の直角定規は長枝には鋼、ステンレス鋼が、短枝には鋼、ステンレス鋼、アルミニウム、シンチュウが使用される。目盛は表面にはcm目盛、裏面にはcm目盛と角目盛が刻まれている。角目を利用すると角材の取り寸法がわかる。**図2-4**(a)は長枝、短枝ともにステンレス鋼、(b)は長枝がステンレス鋼、短枝がシンチュウの日本製の直角定規である。**図2-5**は欧米の直角定規、トライスクエアである。短枝は木材であるが、短枝の材料に接触する面はシンチュウである。長枝は5mmのピッチ間隔で穴があいており、平行線の罫書きに利用できる。

　図2-6は欧米の精密直角定規、スライディングルールスクウェア(Sliding Rule Square)である。短枝が長枝の溝を左右に移動でき、ねじで固定する。直角の罫書きの他に、深さと幅の測定も可能である。

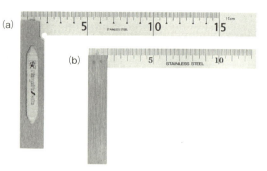

図2-4　直角定規(日)

図2-5　トライスクウェア(独)

図2-6　スライディングルールスクウェア(米)

　巻金(まきがね)は直角の罫書きに用いる直角定規である。曲尺と同じ使用も可能である。**図2-7**(a)のように外見は曲尺とほぼ同じであるが、全体が厚く丈夫にできている。とくに、短枝の断面は曲尺とは異

(a)　　　　　　　　　　　　　　　　　　　　　　(b) 短枝の断面

図2-7　巻金(日)

なり、(b)のように外目盛側から内目盛側に向かって薄くなっている。材質はステンレス鋼で、長枝32cm、短枝16cmである。

欧米には製図で用いるT定規の形をした直角定規がある。**図2-8**のTスクウェア(T-Square)である。長枝がT定規の胴部に、短枝がT定規の頭部に相当する。長枝に目盛が刻まれており、長枝の目盛面に所定の寸法間隔で穴があいている。穴ピッチ1/16インチであり、穴に鉛筆の芯を差し込んで材料に平行線を引くことができる。

その他に、**図2-9**のスライディングスクウェア(Sliding Square)があり、長方形のステンレス鋼製プレートがプラスチック製のブレードに挿入されている。直角の罫書きの他に、平行線の罫書きや正方形の罫書きができる。**図2-10**は日本の透明プラスチック製L型のツーバイフォー定規である。2×4材と1×4材に直角と45°の罫書きを行う。木端、木口面の中心線を引くこともできる。また、釘の打ち込みまたは木ねじのねじ込みの位置決めや、二枚組継ぎ、三枚組継ぎ、四枚組継ぎの罫書きもできる。**図2-11**は欧米のサドルスクウェア(Saddle Square)である。

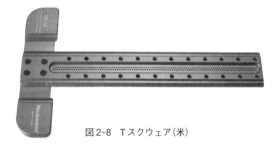

図2-8　Tスクウェア(米)

 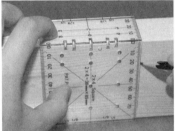 

図2-9　スライディングスクウェア(加)　　図2-10　ツーバイフォー定規(日)　　図2-11　サドルスクウェア(加)

2.3.2　留め定規

留め定規は留め(45°)の罫書きや確認に使用する。止型定規とも言う。中国では角度尺、台湾では台型止型定規、欧米ではマイタースクウェア(Miter Square)と言う。**図2-12**は日本製の平行四辺形の留め定規である。木製とステンレス鋼製がある。(a)の木製は定規板の端に定規板よりも厚い木製の当て止めが取り付けられ、定規板と当て止めの両端が正確に45°に切断されている。(b)はアルミニウム製で目盛付きである。45°、90°、135°の罫書きができる。

欧米には斜めT形のマイタースクウェア[127]がある。**図2-13**のように短枝と長枝との角度は45°である。長枝の形状は、(a)の細長い長方形のものと、(b)の両端が45°に切断された2種がある。前者には木製と金属製がある。後者は長枝の幅が広い。マイタースクウェアには、**図2-14**のような定規板が斜めL形の留め定規[145),159]もある。**図2-15**は約100年前のポーランドの書籍に記載されているマイタースクウェア[115]である。

角材の2面に45°と90°の罫書きができる**図2-16**と**図2-17**の定規がある。日本では台形留め定規と言い、中国では角尺、台湾では45°止型定規、欧米ではマイターサドル(Miter Saddle)あるいはサドルスクウェアーアンドマイター(Saddle Square and Miter)と言う。**図2-16**(a)(b)の台形留め定規はアルミニウム製とポリカーボネート製がある。(a)は角材に対して45°と90°、135°と90°の罫書き

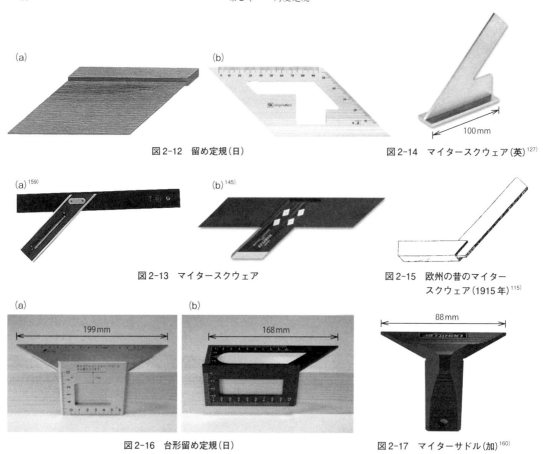

図2-12 留め定規(日) 図2-14 マイタースクウェア(英)[127]

図2-13 マイタースクウェア 図2-15 欧州の昔のマイタースクウェア(1915年)[115]

図2-16 台形留め定規(日) 図2-17 マイターサドル(加)[160]

が、(b)は45°と90°、90°と90°の罫書きができる。**図2-17**は欧米の鋳鉄製のマイターサドル[160]である。

2.3.3 直角兼留め定規

日本の直角兼留め定規は**図2-18**の形状であり、止型スコヤと呼ばれている。台形の下底に当たる位置に当て止めが取り付けられており、当て止めを曲尺の長枝のように使用すると、45°、90°、135°の罫書き、さらに、目盛を利用すると2×4材の中心出しができる。

欧米のトライアンドマイタースクウェア(Try and Miter Square)は、直角定規と同様に90°の罫書きができる。長枝と接合されている短枝の端面が長枝に対して正確に45°に傾斜しているので、短枝の傾斜面を材面に当てると45°の罫書きもできる。90アンド45ディグリースクウェア(90 & 45 Degree Square)とも言う。台湾では短角尺と言う。欧米には多くの種類がある。**図2-19**(a)は一般的なものであり、**図2-20**のように罫書く。(b)は短枝に斜角定規を内蔵しており、5°～85°の間で5°おきに角度を設定することができる。(c)は45°にカットされた短枝の端を使って、**図2-21**のように45°を罫書く。トライアンドマイタースクウェアの長枝は鋼製が多く、短枝は木製、プラスチック製、アルミニウム製である。

欧米には折りたたみ式の角度定規があり、フォールディングス

図2-18 直角兼留め定規(日)

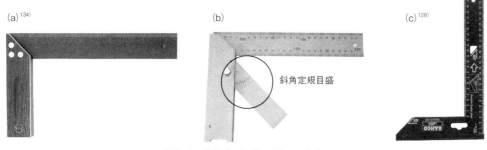

図 2-19 トライアンドマイタースクウェア

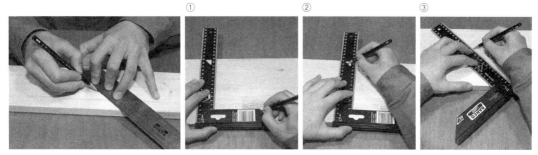

図 2-20 トライアンドマイタースクウェアによる 45°の罫書き　　図 2-21 図 2-19(c)のトライアンドマイタースクウェアによる 45°の罫書き

クウェア（Folding Square）[149]と言う。中国では折叠角尺と言う。図 2-22 のように、短枝に対して長枝を回転させ、所定の角度に固定できる定規である。45°と 90°の他に、22.5°、67.5°、112.5°、135°、157.5°の角度にも設定することができる。

図 2-23 のコンビネーションスコヤは直角定規と水準器が 1 つになった工具である。直角定規の短枝に対応するスクエヤーヘッドが直尺の上を左右に移動し、任意の位置でねじによって固定す

図 2-22 フォールディングスクウェア（スウェーデン）[149]

ることができる。直尺と本体の角度は 45°と 90°であるので、正確な直角定規と留め定規の役割を果たす。デプスゲージとして深さを測定することもできる。気泡管水準器によって水平出しと垂直出しができる。

図 2-24 の欧米のコンビネーションスクウェア（Combination Square）は、スクウェアヘッドの他にルールに任意の角度に設定できるプロトラクターヘッド、円形の芯出しに使用するセンターヘッドを付属している。ルールはストレートエッジとしても使用できる。スクウェアヘッド、プロトラクターヘッド、センターヘッドはいずれも鋳鉄製である。ルールはステンレス鋼製で、両面に目盛が刻まれている。一面はインチ目盛で、1 インチの 32 分割目盛あるいは 64 分割目盛で読む。他面はメートル目盛で、目盛ピッチ 1、0.5mm である。プロトラクターヘッドの目盛は 0°〜180°まで 1°おきに刻まれている。コンビネーションスコヤは、中国では多功能組合角尺、台湾では組合角尺と言う。

中国にも直角兼留め定規がある。図 2-25 は斜角尺、三角尺、45°角尺と言い、アルミニウム製である。木製の木製三角尺もある。いずれも 45°と 90°の罫書きに使用する。

図 2-26 は欧米のラフターアングルスクウェア（Rafter Angle Square）である。スピードスクウェア（Speed Square）、クイックスクウェア（Quick Square）とも呼ばれる。屋根の勾配を罫書くための建

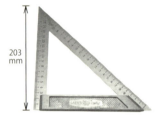
図2-23 コンビネーションスコヤ(日)

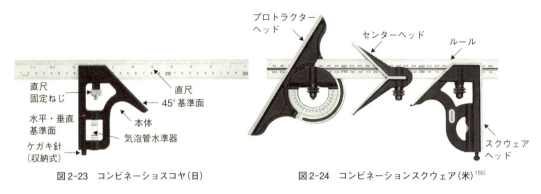
図2-24 コンビネーションスクウェア(米)[155]

図2-25 斜角尺(中)　　図2-26 ラフターアングルスクウェア(米)　図2-27 マルチアングルスクウェア(英)

築用定規であるが、一般の木工の直角兼留め定規として使用できる。任意の角度の罫書きもできるものがある。図2-27のマルチアングルスクウェア(Multi Angle Square)は欧米の定規であり、起源はローマ時代にさかのぼる[117]。45°と90°の他に、60°、120°、135°、150°の罫書きもできる。中国では燕尾角尺[81]と言う。

2.3.4 斜角定規

斜角定規は角度の罫書き、検査、角度の移しに使用する。図2-28の斜角定規は長枝と短枝との角度を任意の角度に設定しねじで固定する。日本では自由金、自由矩、中国では活動角尺、台湾では自由角規、斜度規、欧米ではベヴェル(Bevel)と言う。長枝と短枝は同じ材質で作られ、(a)は木製、(b)はステンレス鋼製である。図2-29は約100年前のポーランドの書籍に記載されているベヴェル[115]である。現在のものとほぼ同じである。

図2-30の斜角定規は長枝の中央部に溝が設けられ、ねじ部分が長枝の溝を移動する。日本では自由スコヤ、中国では可調角活動角尺、台湾では自由角規、斜度規、欧米ではスライディングベヴェル(Sliding Bevel)と言う。図2-30(a)は長枝と短枝が木製、(b)は長枝が鋼製、短枝が木製である。(c)は角度をディジタル表示するディジタルスライディングベヴェル(Digital Sliding Bevel)である。

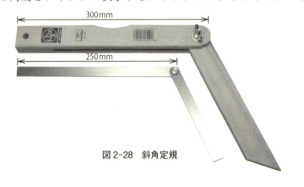
図2-28 斜角定規

図2-29 欧州の昔のベヴェル(1915年)[115]

2.3 種　類　　31

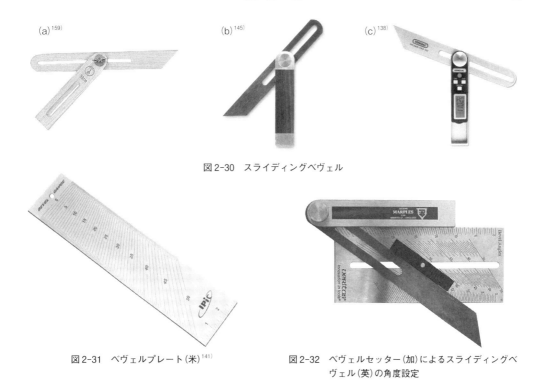

図 2-30　スライディングベヴェル

図 2-31　ベヴェルプレート（米）[141]　　　図 2-32　ベヴェルセッター（加）によるスライディングベヴェル（英）の角度設定

　斜角定規とスライディングベヴェルの角度を設定する場合、30°、45°、60°、90°は曲尺や三角定規を用いるが、任意の角度は分度器を用いる。欧米には角度設定専用の定規として図 2-31 のベヴェルプレート（Bevel Plate）[141]や図 2-32 のベヴェルセッター（Bevel Setter）がある。いずれもプレートの端面に対してラインが 45°から 90°の間で 1°おきに刻まれている。ベヴェルセッターは、斜角定規や蟻勾配定規としての使用も可能である。
　プロトラクターは、半円形の分度器によって角度の測定、罫書きや角度の移しを行う。目盛付きの竿で長さを測定することもできる。中国では量角器、台湾では量角器、欧米ではプロトラクターと言う。図 2-33 の竿無しと図 2-34 の竿有りの 2 種がある。図 2-33 のプロトラクターは、1°おきに刻まれた放射方向の溝に鉛筆の芯を挿入して直線を引くことができる。
　図 2-34 の竿有りプロトラクターの目盛板は半円形である。いずれも角度目盛が刻まれた半円の定規板の中心点を基点として竿が自由に回転する。図 2-34 の(a)と(b)は最も一般的な一本竿式のプロトラクターである。(b)は中国、欧米で見られるタイプであり、半円形に割り抜かれた目盛板の内側に角度目盛が刻まれている。(c)は二本竿で測定物を挟むことができるので、一本竿では測定が困難な小さな鋭角の測定が可能である。(d)は目盛板の右下がカットされているので、(c)よりも小さい鋭角の測定に有利である。(e)はセンターのロックナットに針が内蔵されており、センター出しに便利である。(f)はデプスゲージ併用式の一本竿式プロトラクターで、竿目盛で深さの測定ができる。(a)のプロトラクターの斜角定規としての使い方を図 2-35 に示す。半円形の目盛板の汎用直径は 90 mm であるが、120、210、250、320 mm もある。図 2-36 は目盛板が長方形のプロトラクターである。(a)は一本竿式

図 2-33　プロトラクター（米）

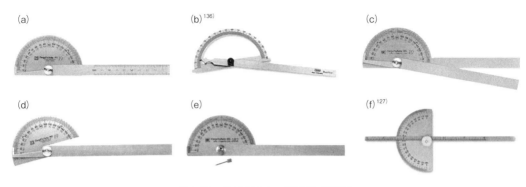

図2-34 プロトラクター（目盛板：半円形）

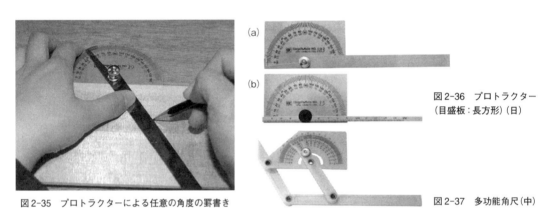

図2-35 プロトラクターによる任意の角度の罫書き

図2-36 プロトラクター（目盛板：長方形）（日）

図2-37 多機能角尺（中）

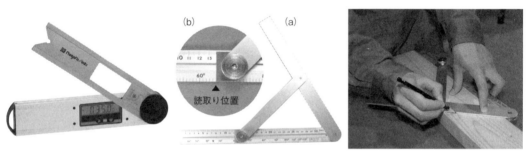

図2-38 ディジタルプロトラクター（日）　図2-39 筋交付き斜角定規（日）　図2-40 筋交付き斜角定規による罫書き作業

であり、(b)はデプスゲージ併用式である。**図2-37**はクランク機構のユニークな形状の中国のプロトラクターで、多機能角尺と言う。その他に、内角を測定できるインサイドプロトラクター（Inside Protractor）がある。

図2-38のディジタルプロトラクターは、比較的幅の広い2本の竿が端で自由に回転する。角度は、ディジタル表示値で読む。中国では数字式量角器、台湾では電子式量角器、欧米ではディジタルエレクトリックプロトラクター（Digital Electric Protractor）と言う。

図2-39の筋交付き斜角定規は、アルミニウム製で筋交いを利用して2本の竿が端で自由に回転する。角度の値は目盛が刻まれた竿で読む。角度目盛は1°ピッチである。**図2-40**は筋交付き斜角定規による罫書き作業である。

2.3 種　類

図2-41　アジャスタブルアングルスクウェア(英)[145]

図2-42　アジャスタブルアングルスクウェアによる
任意の角度の罫書き

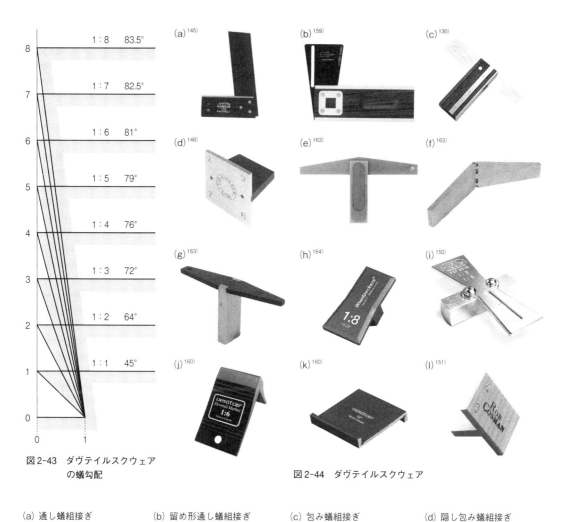

図2-43　ダヴテイルスクウェア
の蟻勾配

図2-44　ダヴテイルスクウェア

(a) 通し蟻組接ぎ　　(b) 留め形通し蟻組接ぎ　　(c) 包み蟻組接ぎ　　(d) 隠し包み蟻組接ぎ

図2-45　各種蟻接合

2.3.5 直角兼斜角定規

欧米には、T定規の頭部が二重のような**図2-41**の直角兼斜角定規、アジャスタブルアングルスクウェア（Adjustable Angle Square）[145]がある。下段の短枝と長枝は90°に固定されているが、上段の短枝は長枝に対してねじ締めによって任意の角度に設定できる。長枝が約600mmと長いので、**図2-42**のように幅の広い板の罫書きに有利である。

2.3.6 蟻勾配定規

蟻勾配定規は、各種蟻接合における蟻勾配を罫書くのに使用する。中国では斜榫尺、台湾では鳩尾榫規、燕尾榫規、欧米ではダヴテイルスクウェア（Dovetail Square）と言う。**図2-43**に示す蟻勾配（比率、横：縦）は、広葉樹には1：8が、針葉樹には1：6が採用される。日本には市販品がなく、蟻勾配70°前後の自作品が多い。**図2-44**に欧米の種々のダヴテイルスクウェアを示す。なお、**図2-45**に各種蟻接合を示した。

第3章　罫　引

罫引は平らな木材表面に罫書刃あるいは鉛筆で基準面に平行な線を引くのに使用する。幅決め、厚さ決めの他に柄や柄穴の罫書きができる。罫書き以外に割断や溝掘り用の罫引もある。

罫引の「罫」は、文字を真っ直ぐに書くために施す線、碁盤の方目の線など、平行線や格子状の線を意味する。罫引は「けひき」とも読み、毛引と表記することもある。

罫引の歴史は、欧州で使用された最初は1600年頃であると言われ、18世紀の初頭には、マーキングゲージ(Marking Gauge)の棹先端に罫引刃、罫引針、鉛筆を取り付ける3種が既に存在していたと言われている[117]。1760年頃にはフランスに細長い楔で棹を固定するジョイナーズゲージ(Joiner's Gauge)があり、現在の欧米の罫引の源になっている[117]。日本では、正倉院に罫引を使用した痕跡のある木工品が残されていることから、奈良時代には既に罫引を使用していたと推測されている[56]。

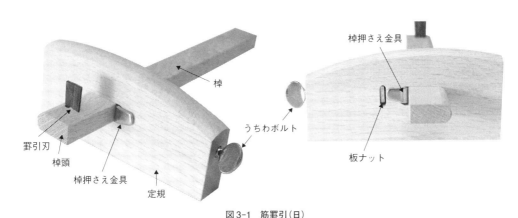

図3-1　筋罫引(日)

3.1　構　造

3.1.1　罫引の構造

図3-1は日本の最も基本的な罫引である一本棹筋罫引である。罫書刃である罫引刃が棹の先端に取り付けられ、罫引刃から定規板までの距離を所定値に設定して、ねじで固定する。楔で固定するタイプもある。材料の基準面に沿わせて定規を滑らせて、罫引刃で基準面に平行な線を罫書く。罫引の材料はシラカシが多い。棹が2本の筋罫引もある。

欧米の罫引の罫書刃は、**図3-2**(a)の罫引針、(b)の罫引刃、(c)の罫引輪刃の3種がある。

図3-2　欧米の罫引の罫書刃3種[147]

3.2 製造工程

筋罫引の製造工程は次の通りである。

❶ **板ナット用長穴加工**：定規へ板ナット用の長穴をあける（図3-3①）。
❷ **棹用長穴加工**：定規へ棹と棹押さえ金具用の長穴をあける（同②）。
❸ **うちわボルト用穴加工**：定規にうちわボルト用の深穴をあける（同③）。
❹ **定規板の面取り**：定規の上面を大きく丸面取りし、木口面と底面を面取りする。
❺ **棹の穴加工**：罫引刃用の穴をあける（同④）。
❻ **棹の仕上げ削り**：仕上げ鉋盤で仕上げる。
❼ **棹の丸面取り**：木端面の片面を大きく丸面取りする（同⑤）。
❽ **棹の穴加工と溝加工**：罫引刃を挿入する位置に小径穴をあけ、ジグソーで溝加工する（同⑥）。
❾ **刻印**：定規の木口面に刻印する。
❿ **組み立て**：定規に板ナット、棹と棹押さえ金具を挿入し、うちわボルトを回して棹を固定する（同⑦）。
⓫ **打ち込み**：棹に罫引刃を打ち込む（同⑧）。

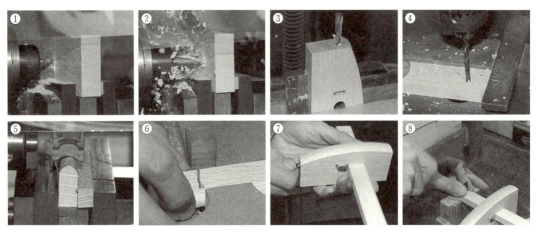

図3-3　筋罫引の製造工程

3.3 種類

罫引には、筋罫引、鎌罫引、柄罫引、溝罫引、白書、鉛筆罫引がある。

3.3.1 筋罫引

(1) **一本棹筋罫引**　　一本棹筋罫引は、図3-4のように1本線の罫書きに用いる。図3-1の日本と図3-5の台湾の一本棹筋罫引は定規板に棹を通し、棹の先端付近に罫引刃が仕込まれている。棹が

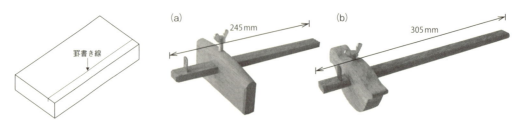

図3-4　一本棹筋罫引による罫書き　　　　　　　図3-5　筋罫引（台）

図3-6 筋罫引の寸法の取り方

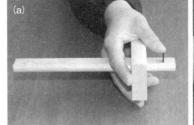
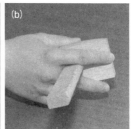
図3-7 筋罫引の持ち方

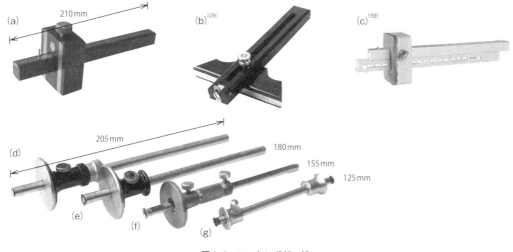
図3-8 マーキングゲージ

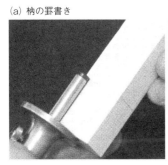
(a) 枘の罫書き

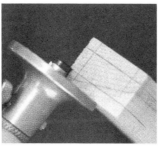
(b) 枘の罫書き

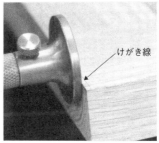
(c) 面取りの罫書き

図3-9 マーキングゲージの使い方[103]

ねじで固定される構造である。筋罫引による罫書き作業は、直角定規を用いて図3-6のような方法で寸法を取った後、図3-7のように右手の中指と人差し指の間に棹をはさみ、親指を罫引刃側の棹の上に載せて上から押さえながら、定規を材料の端面に密着させて罫書く。

　欧米の一本棹筋罫引はマーキングゲージ（Marking Gauge）である。図3-8のマーキングゲージの罫書刃は、(a)が罫引針、(b)が罫引刃、(c)が罫引輪刃である。(d)(e)(f)(g)の棹が金属製で、断面が円形のものは罫引輪刃である。定規は、(d)(e)(f)は1枚であるが、(g)は2枚であり枘罫引としても使用できる。マーキングゲージは図3-9[103]のように、枘や面取りの罫書きもできる。さらに深さを測定することもできる。マーキングゲージは、中国では划線規、勒子、台湾では劃線規、劃線器と言う。

　棹をくさびで固定する一本棹筋罫引もある。図3-10は日本製、図3-11は中国の勒子、図3-12は

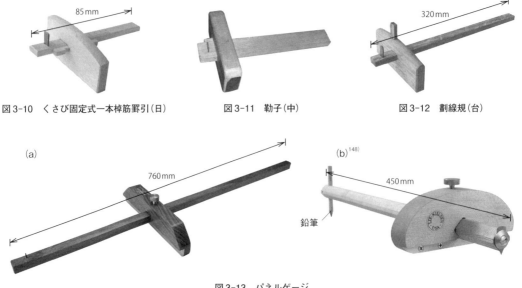

図3-10 くさび固定式一本棹筋罫引（日）　　図3-11 勒子（中）　　図3-12 劃線規（台）

図3-13 パネルゲージ

台湾の劃線規である。

長棹筋罫引は、棹がとくに長い筋罫引であり、幅の広い罫書きができる。欧米ではパネルゲージ(Panel Gauge)と言い、ドアなどの長尺材の罫書きに使用する。中国では壁板劃線規と言う。**図3-13**のパネルゲージの棹長は、(a)760mm、(b)450mmである。パネルゲージの罫引刃側の定規の下方は、日本の割罫引のように段欠きされている。罫書刃は罫引針あるいは罫引刃である。(b)は鉛筆罫引としての使用も可能である。

(2) 二本棹筋罫引　　二本棹筋罫引は、**図3-14**のように二本線の罫書きに用いる。二本棹筋罫引を**図3-15**に示す。(a)の日本製、(b)の中国製、(c)(d)(e)の台湾製の二本棹筋罫引は、いずれも二本の棹の側面が互いに接することなく、定規にねじあるいはくさびで固定されている。一方、(f)のドイツ製の二本棹筋罫引は2本の棹が互いに接しながら移動する構造になっており、罫書刃は罫引針が多い。中には(g)のオーストリア製のように棹がアルミニウム製の罫引もあり、棹に罫引刃とは反対側の棹の端に穴が2箇所あいており、鉛筆を穴に挿し込むことで鉛筆罫引として使用も可能である。ロシアの教科書[98]に

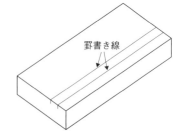

図3-14 二本棹筋罫引による罫書き

掲載されている(h)の二本棹筋罫引の形状はユニークである。(i)のドイツ製の罫引[159]は2点が材面に接する金属製のカーヴドフェンス(Curved Fence)を定規板に取り付けて曲面に罫書きができる。二本棹筋罫引は、中国では双線劃線規、双線勒子、台湾では雙腳劃線規、雙腳劃線器と言う。

図3-16は約100年前のポーランドの書籍に記載されている二本棹筋罫引[115]である。**図3-17**は今から100〜250年前にイタリアのトレント(Trento)地方で使用されていた二本棹筋罫引である。**図3-16**と**図3-17**(a)の筋罫引は、定規の木端面に棹が挿入してあり楔で固定する。**図3-15**(h)の罫引と酷似する。これとは逆に、**図3-17**(b)の筋罫引は定規板の木端面に挿入する楔で棹を固定する。このような定規の上方から楔を挿入する罫引は現在では珍しい。

3.3 種類

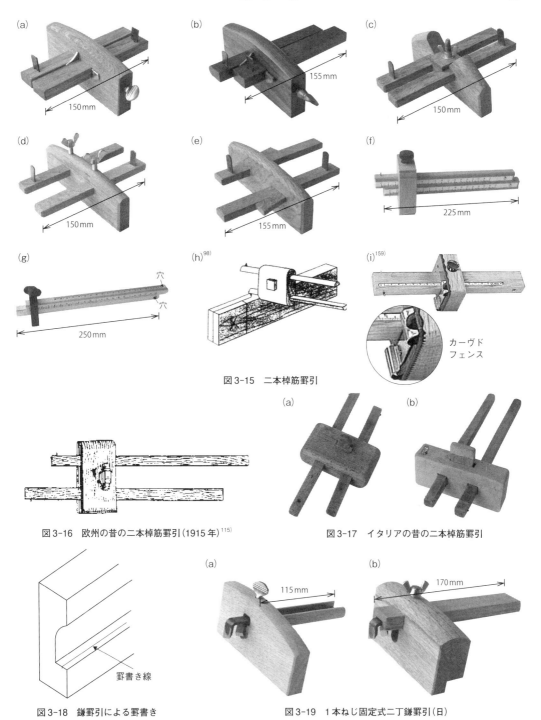

図3-15 二本棹筋罫引

図3-16 欧州の昔の二本棹筋罫引(1915年)[115]

図3-17 イタリアの昔の二本棹筋罫引

図3-18 鎌罫引による罫書き

図3-19 １本ねじ固定式二丁鎌罫引(日)

3.3.2 鎌罫引

鎌罫引は図3-18のように筋罫引では棹頭がつかえて罫書くことが困難な凹部や穴の内側の罫書きに使用する。罫引刃が棹と一体であり、金属製棹が樋形断面の木製棹の溝上を移動する。鎌罫引には、一丁鎌罫引と二丁鎌罫引がある。二丁鎌罫引には、図3-19の１本ねじ固定式と図3-20の２本ねじ固定式[125]がある。１本ねじ固定式には、金属製棹が図3-19(a)の木製棹の上に載るものと、(b)

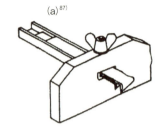
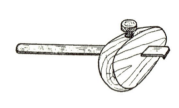

図3-20　2本ねじ固定式二丁鎌罫引(日)[125]　　　図3-21　鎌刀状划線規(中)

の木製棹の下に隠れる2種がある。2本ねじ固定式は、2枚の金属製棹が固定されたまま木製棹の溝上を移動する。鎌罫引は中国では鎌刀状划線規、欧米ではシックルゲージ(Sickle Gauge)と言う。**図3-21**は中国の鎌刀状划線規[80),87)]である。

鎌罫引には**図3-22**の副尺付き鎌罫引[125]がある。ノギス鎌罫引とも呼ぶ。木製の定規から罫引刃までの距離を0.05mmの精度で設定することができる。

図3-22　副尺付き鎌罫引(日)[125]

3.3.3　柄罫引

柄罫引は**図3-23**(a)の柄や(b)の柄穴などの2本の平行なけがき線を同時に引く時に使用する。鑿罫引とも言う。**図3-24**は一本棹の柄罫引であり、元々職人自ら製作するものであった。四角の定規のほぼ中央に断面が方形の棹を通したもので、罫爪が棹の両端の2面あるいは4面に鑿の穂幅に応じた間隔で2個ずつ取り付けてある。現在市販の柄罫引を入手することは困難である。かっては二本棹の柄罫引も見られた。柄罫引は、中国では槽用划線盤、榫規、双線規、台湾では劃線規、劃線刀、劃線

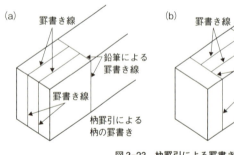
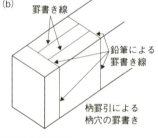

図3-23　柄罫引による罫書き　　　図3-24　柄罫引(日)

器、欧米ではモーティスゲージ(Mortise Gauge)と言う。台湾の劃線規を**図3-25**に示す。

モーティスゲージには、棹が**図3-26**(a)の木製で方形と(b)の金属製で円形の2種がある。後者は定規も円形の金属製である。罫書刃は前者は罫引針であり、後者は罫引輪刃である。柄穴を掘る鑿の穂幅に罫書刃の間隔をセットして使用する。罫書刃の一方は固定され、他方は移動できる棹に据え付けられている。罫書刃が罫引輪刃の筋罫引では、罫引輪刃をもう1枚取り付けることによって、柄罫

図3-25　劃線規(台)

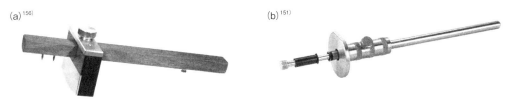

図3-26 モーティスゲージ

図3-27 一本棹モーティスアンドマーキングゲージ（英）　　図3-28 二本棹コンバインドモーティスアンドマーキングゲージ（加）[160]

引として利用できる罫引もある。

　欧米には、枘罫引と筋罫引を兼用する（コンバインド）モーティスアンドマーキングゲージ（(Combined)Mortise & Marking Gauge）がある。中国では組合深度角度規と言う。図3-27の一本棹罫引は、2本の罫引針の間隔を棹の端のねじで調整して、枘罫引として使用する。その棹の裏面には1本の罫引刃が取り付けてあるので、筋罫引としての使用も可能である。図3-28の二本棹罫引[160]は定規板と棹が金属製である。2本の棹先端には罫引輪刃が取り付けられており、2枚の輪刃の間隔を鑿の幅に合わせて使用する。片側の棹の罫引輪刃を定規の円形溝部に沈めると、一本棹筋罫引として使用できる。

3.3.4 割罫引

　割罫引は筋罫引きよりやや大きく頑丈にできており、図3-29(a)のような薄い軟材の一定幅の割断(かつだん)や(b)のような材料の角の掻き落としに使用する。図3-30は日本の割罫引であり、棹はねじで固定する。図3-31の台湾の割刀、別名、割木刀は楔(くさび)で固定する。中国では割刀、別名、勒刀という。日本と台湾の割罫引の罫書刃は罫引刃である。いずれも欧米のものに比べて定規が厚く大きく、罫引刃側の定規の下面は段欠きされている。定規の段欠きした誘導面は、日本と台湾では反台鉋の鉋台下端のように湾曲しているが、中国では平らである。いずれも棹の幅が広い。

　図3-32は欧米の割罫引、カッティングゲージ（Cutting Gauge）である。日本の割罫引と基本構造

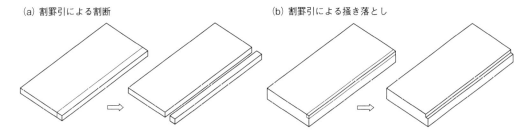

図3-29 割罫引による割断と掻き落とし

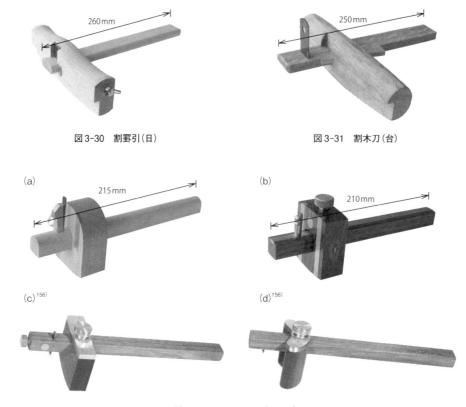

図3-30 割罫引(日)　　　　　　　　図3-31 割木刀(台)

図3-32 カッティングゲージ

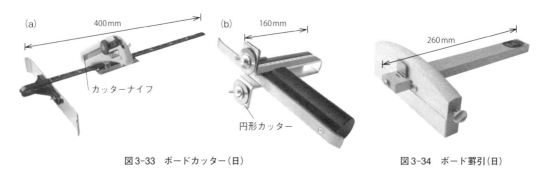

図3-33 ボードカッター(日)　　　　　　　　図3-34 ボード罫引(日)

は同じであるが、定規が小さい。マーキングゲージの罫引針を割断用の罫引刃に取り替えた罫引である。スリッティングゲージ(Slitting Gauge)とも言う。

　石膏ボードを割断するカッターをボードカッター、ボード罫引と言う。図3-33のボードカッターには、割罫引やカッティングゲージのような幅の広い定規がない。割断用の刃は、(a)は直線状のカッターナイフ、(b)は円形のカッターである。後者は厚さ15mmまでの割断が可能である。いずれも定規を材料の端面に密着させながら手前に引いて割断する。図3-34のボード罫引は石膏ボードを割断する割罫引である。割断用の刃に折れ刃式カッターの替刃を用いる。定規にステンレス板が貼られている。

3.3.5 溝罫引

溝罫引は、図3-35のように溝を掘ることを目的とした罫引である。図3-36のように二丁鎌罫引の棹と単一鋸歯状の切れ刃を先端に取り付けた棹が一緒にねじで固定される構造である。溝罫引は中国では双线割刀、开槽勒刀と言う。

3.3.6 白書

白書は直角定規を用いて胴付きなどの正確な横線を罫書くときに使用する。墨差や鉛筆より一層正確な線を罫書くことができる。白罫引とも呼ぶ。中国では划线刀、台湾では劃線刀、欧米ではマーキン

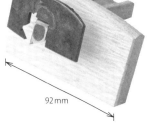

図3-35 溝罫引による溝堀り　　　図3-36 溝罫引(日)

グナイフ(Marking Knife)と言う。白書は図3-37(a)のように切り出し小刀を小型にした形状である。(b)のような先端がV字形の白書もあり、剣先白書と呼ばれる。中国ではV形划线刀、欧米ではヴィーポイントマーキングナイフ(Vee Point Marking Knife)あるいはスピアーポイントマーキングナイフ(Spear Point Marking Knife)と言う。(c)は2本の平行線を同時に罫書くことができる二丁白書である。2枚の罫引刃の間隔はねじで調整する。中国では双刃划线刀、台湾では雙刃劃線刀、欧米ではダブルブレイディッドマーキングナイフ(Double-Bladed Marking Knife)と言う。

マーキングナイフには、図3-38(a)の小刀型、(b)のV字型の他に、蟻勾配罫書用もある。罫書き作業は図3-39のようにマーキングナイフの刃裏を直角定規に当てて行う。

図3-40は白書の刃先の先端がスパイク状の罫引である。欧米ではスクラッチアウル(Scratch Awl)と言う。日本では千枚通し、中国では穿线锥子と呼ぶ。木材の繊維と平行方向、直角方向のいずれにも使用できる。マーキングナイフと同じように直角定規に当てて罫書く。

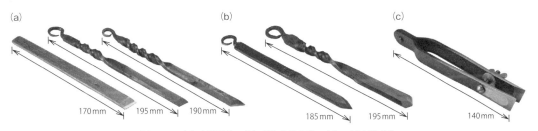

図3-37　(a) 白書(日)、(b) 剣先白書(日)、(c) 二丁白書(日)

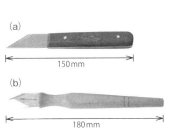

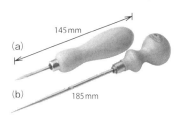

図3-38　マーキングナイフ　　　図3-39　マーキングナイフの使い方　　　図3-40　スクラッチアウル(英)

3.3.7 鉛筆罫引

鉛筆罫引は、**図3-41**のように一本棹筋罫引の罫引刃の位置に鉛筆あるいは鉛筆の芯を挿入して固定した罫引である。欧米で多く見られる罫引であり、ペンシルゲージ(Pencil Gauge)と言う。日本では自作することが多い。中国では鉛笔划线器と言う。

その他に、罫引を用いないで鉛筆で平行線の罫書きを行う方法もある。**図3-42**に鉛筆を使用する平行線の具体的な罫書き方を示す。

図3-41　ペンシルゲージ

指による平行線の罫引きは、**図3-42**(a)のように親指、人差し指、中指で鉛筆固定し、薬指の指先を材料の端面に当ててガイドにしながら、鉛筆を手前に引く。この方法で幅の広い平行線を引くことは困難であるが、面取りのための幅の狭い線を引くことはできる。

直尺を用いる方法もある。(b)のように直尺の目盛の位置を親指と人差し指で挟み、指先を材料の端面に当て手前に引く。

欧米の一部のフレーミングスクウェアなどは、長枝の目盛面に所定の寸法間隔で穴がある。この穴に鉛筆の芯を挿入して、短枝の内側を材料端面に密着させながら定規ごと手前に移動させると、平行線を引くことができる。穴ピッチは、(c)のフレーミングスクウェアと(d)のトライスクウェアは5mm、(e)のTスクウェアは1/16インチである。

直角定規を利用することもできる。(f)のコンビネーションスクウェアを用いて、スクウェアヘッドを材料端面に密着させながら定規ごと手前に移動させて平行線を引く。

(a) 指

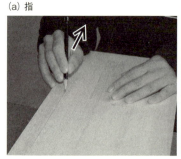

(b) 直尺

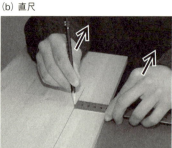

(c) フレーミングスクウェア

(d) トライスクウェア

(e) Tスクウェア

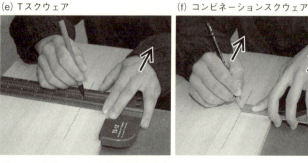

(f) コンビネーションスクウェア

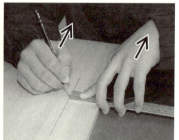

図3-42　鉛筆による平行線の罫書き方法

第4章　墨　壺

　墨壺は木材の表面に長い直線を引くのに使用する。墨を含んだ綿が墨壺の池に入っており、壺車から壺糸を引き出して、壺糸の先の軽子を木材に刺して壺糸を張り弾くと、木材表面に長い直線を引くことができる。墨壺は長時間放置すると、墨を含んだ綿や糸が乾燥して使いにくくなるので、近年は、墨が蓋によって漏れにくく、墨汁の乾燥しにくいプラスチック製の墨壺、粉チョークを使って一度引いた線を容易に消すことができるチョークライン(Chalk Line)、レーザー光線によって直線を木材表面に表示するレーザー墨出器が多く使用されるようになっている。

　墨壺の起源に関しては、古代エジプト時代に格子状の赤色の線が残っており、中国では戦国時代の文献に墨縄の記述が残っていると言われている[28]。日本の墨壺は中国で考案されたものが朝鮮を経て渡ってきたもので、明治12年に東大寺南大門の梁上から発見された尻割れ型の墨壺が日本最古のものと言われている[63]。現在使用される墨壺は、関西型と言われる全体の形が角張ったものと、池が丸くて大きめの源氏型がある[22]。

　墨差は墨壺と一緒に使用する。墨指は穂先に墨壺の墨を付けて、短い直線を引いたり、木材の仕口部などの符号を木材に書き込む。

4.1　構　　造

4.1.1　墨壺の構造

　墨壺は図4-1のように、壺車、壺糸、軽子、池、真綿からなる。墨壺の材料にはケヤキが多く使われるが、プラスチック製もある。池の中には真綿を入れ、墨を浸す。壺糸は壺車に巻き付けられ、壺糸を引き出すと、墨を浸した真綿の中を通るので壺糸は墨を含む。

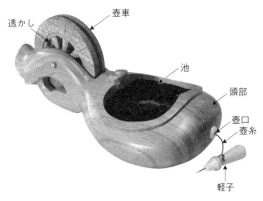

図4-1　墨壺(日)

4.1.2　墨差の構造

　墨差は竹を割って作られ、穂先は斜めに切り落とされたヘラ状である。穂先は繊維方向におよそ30等分に割り込まれている。それぞれの隙間に墨を含ませて使用する。穂先材質は、孟宗竹の他に樹脂、燐青銅板もある。

4.2　製造工程

　墨壺は台部と壺車を別個に製造して組み立てる。製造工程は次の通りである。材料はケヤキ天然乾燥材である。

　台部については、

❶ 切断・墨付け：材料を丸鋸盤で横挽きし、墨壺の形を罫書く(図4-2①)。

❷ 木取り：不要部を帯鋸盤で切り離す(同②)。

❸ 旋削：大まかな曲面形状に仕上げる(同③)。

❹ 穴あけ：池の穴あけを行う(同④)。

❺ 鑿掘り：壺車が入る位置に壺車の厚さに合わ

せて鑿で掘る(同⑤)。
❻ 池の外周の仕上げ：鑿で仕上げる(同⑥)。
❼ 底と池の外周研磨：ベルトサンダーで仕上げる(同⑦、⑧)。
❽ 穴あけ：壺糸が池を通る穴をあける(同⑨)。
❾ 墨穴の塗装：墨穴にエナメルを塗る(同⑩)。

壺車については、
❶ 切断・木取り：材料を四角に鋸断(きょだん)する。
❷ 旋削・溝入れ：旋盤で丸板加工し、壺糸を巻く溝の溝入れをする。
❸ 穴あけ：次の作業での糸鋸刃用の穴をあける。
❹ 透かし入れ・シノギ付け：木工ミシンで壺車に透かしを入れ(同⑪)、小刀でシノギ付けをする(同⑫)。
❺ 塗装：壺車の周囲に油を付ける。
❻ 穴あけ：壺車の中心に軸を通すための穴をボール盤であける。

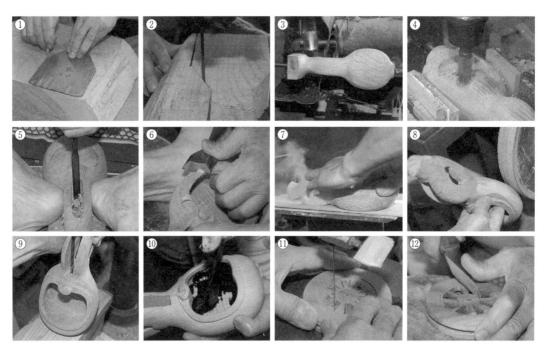

図4-2 墨壺の製造工程

4.3 種　類

墨付け作業では、墨壺、チョークライン、墨差が使用される。

4.3.1 墨　壺

　日本の墨壺は木製とプラスチック製の2種がある。木製の墨壺はケヤキで製作される。**図4-3**は日本の伝統的な木製の墨壺であり、丸型、一文字型、角型、姿彫(すがた)り型の4種に大きく分けることができる。丸型は杓文字(しゃもじ)のような形状をしている。(a)の新若葉は古くからある源氏型が発展したもので、尻尾(しっぽ)が跳ね上がり、壺車に透かし彫りがある。(b)の広島型は形状が新若葉に似ているが、全体的に丸く、壺車に透かし彫りがない。(c)の一文字型は池から尻尾まで幅が同じで、角が曲面である。壺車に透かし彫りがない。(d)の角型は形状が角であるが、池と尻尾とで幅が異なる。四隅は直角で尖っている。壺車に透かし彫りがない。造船壺とも言う。(e)(f)は姿彫り型で、池の前後に動物が彫

4.3 種　類

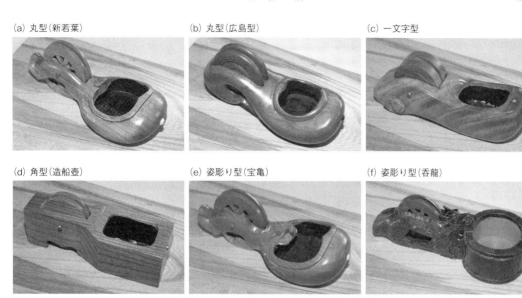

(a) 丸型(新若葉)　(b) 丸型(広島型)　(c) 一文字型
(d) 角型(造船壺)　(e) 姿彫り型(宝亀)　(f) 姿彫り型(呑龍)

図4-3　墨壺(日)

図4-4　墨壺による墨打ち

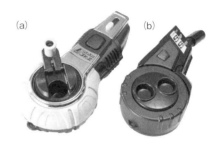

図4-5　プラスチック製墨壺(日)
(a)手巻き式、(b)自動巻き式

り込まれている。すなわち、(e)は亀が、(f)は龍が刻まれている。(f)は龍が池の桶から酒を飲んでいるように見えるので、呑龍と呼ばれる。その他に、巳や河童が刻まれた墨壺がある。墨壺は中国と台湾では墨斗、欧米ではスミツボ(Sumitsubo)、インクポット(Ink Pot)と言う。

　墨壺の使用方法は図4-4の通りである。軽子の針を木材に差して壺車に巻かれている壺糸を必要な長さ分引き出して張り、指で壺糸を真上に摘み上げて離し、真っ直ぐな線を打つ。墨を打ち終わると壺糸を巻き取る。なお、床柱や化粧丸太、コクタンやクロガキなどの黒色材の墨打ちには、べんがら(弁柄、紅殻)を主とした朱壺を使用して赤い線を打つ。

　図4-5に示すプラスチック製墨壺は墨綿が本体内部に密閉され、墨が漏れない構造である。引き出した壺糸を(a)は手で巻き取る手巻き式、(b)は自動で巻き取る自動巻き式墨壺である。その他に電動巻き取り式、黒墨壺と朱墨壺を1つにした二刀流墨壺もある。

　図4-6は中国の墨斗5種である。いずれも手巻き式である。(a)(b)は木製、(c)(d)はプラスチック製、(e)は金属製である。いずれも日本の墨壺とは異なり、ユニークな形状である。

4.3.2　チョークライン

　チョークラインは墨汁の代わりにチョーク粉を使うプラスチック製墨壺である。欧米で広く使用されている。使用方法は墨壺と同じであり、墨打ち後に湿らせた布で拭き取ると容易に消すことができ

第4章 墨壺

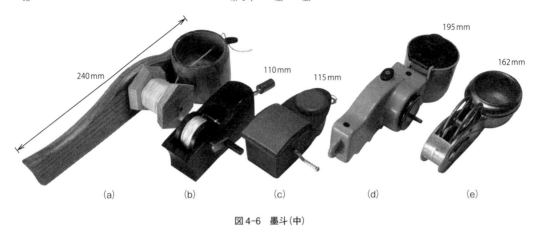

図4-6 墨斗(中)

る。**図4-7**(a)は日本の手巻き式、(b)は欧米の手巻き式、(c)は日本の自動巻き式である。その他に、チョークラインと墨壺を1つにしたのもある。チョーク粉の色は白、青、赤、黄などである。中国では粉袋划线器、欧米ではチョークラインと言う。

4.3.3 墨　差

墨差は**図4-8**のように一端がへら状、他端が細い棒状である。墨指、墨芯とも表記する。墨壺と一緒に使用する。へら側で墨線を罫書き、棒側で印や文字を書く。へらの穂先材質は、(a)は孟宗竹、(b)は樹脂、(c)は燐青銅板である。中国では竹炭笔、台湾では竹筆、欧米ではスミサシ(Sumisashi)、バンブーペン(Bamboo Pen)と言う。

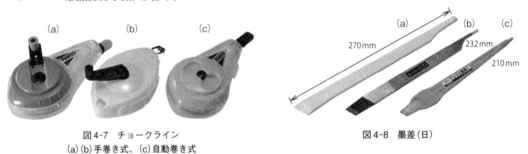

図4-7　チョークライン
(a)(b)手巻き式、(c)自動巻き式

図4-8　墨差(日)

第5章　鋸

鋸は、樹木、枝の伐採や木材の木取り、造作などに使用する。

古く西洋では紀元前15世紀頃エジプトで銅製の、東洋では中国の戦国時代に鉄製の鋸が使用されていたという記録がある。エジプト時代の鋸は、鋸身が薄いため引き挽きであったようである。旧石器時代まで遡るとフリント石製の鋸が南仏で出土している。

鋸が出現する前は、木材を切断するのに縦方向には楔が用いられ、横方向には斧を用いた。日本では、西暦紀元前後に鉄器時代が始まるが、鋸が使われていたという記録はない。鋸の出土例は古墳時代に入ってからで、木葉型の鋸である。古墳時代の出土品である鋸が記録として最も古い。その製作には精密な技術と多大な労力が必要とされたようで、古代、中世の社会では、鋸はほとんど普及せず、斧、手斧、槍鉋が樹木の伐採や製材の主流であったようである。鎌倉時代に入ると、丸太や木材を切断できる横挽き鋸が普及し始め、室町時代に大陸や朝鮮半島から二人挽きの大型縦挽き鋸「大鋸」が伝来し、板や角材の加工が容易になった。さらに、江戸時代になると、建築技術の進化に伴い、製材用の鋸「前挽き」や細工用の鋸など各用途に適した鋸が考案され、現在に至っている。

日本では引き挽きをするが、中国を始めとする諸外国では押し挽きである。そのため、日本の鋸は鋸身が薄く仕上げられており、鋸屑の発生と作業労力が小さく、仕上げも良好である。近年、諸外国でも好んで使用されている。

5.1　構　造

5.1.1　鋸の構造

鋸は鋸身と柄で構成され、柄にはヒノキやキリが使用される。両刃鋸ではブナまたはサクラを使用する。柄は鋸に真直ぐにすげる場合と斜めにすげる場合とがある。前者を直柄と言う。鋸身は鍛造薄板炭素工具鋼が使用され、中央部が両端よりやや厚い（胴ぶくれ）のが一般である。鋸身の一端あるいは両端に鋸歯が刻まれる。前者を片刃鋸、後者を両刃鋸と言う。金槌で鋸身の歪みを除去した後、油焼き入れを施し、歯に粘りと硬さを付ける。次いで、切れ味を良くするため、やすりを用いて研磨（目立て）をする。さらに、鋸歯を一枚ずつ交互、左右に少し広げ（振り分け歯振）、挽き材時に鋸身と木材との摩擦を少なくし、鋸屑を効率良く排出し、挽き易くする。柄に最も近い歯をあご歯、柄より最も遠い歯を検歯と言う。鋸各部の名称は図5-1の通りである。なお、歯振にはその他に歯先にステライトを溶着し撥型に整形した撥歯振がある。

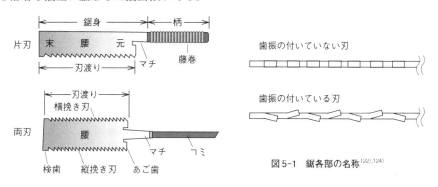

図5-1　鋸各部の名称[122),124)]

5.1.2 鋸歯の構造

鋸歯はその形状により、図5-2に示す縦挽き、横挽き及び斜め挽き用に大別される。縦挽き用鋸歯は、木材の繊維方向に沿って縦に切断するのに、横挽き用鋸歯は、木材の繊維方向を直角に切断するのに、斜め挽き用鋸歯は木材の繊維方向を斜めに切断するのに使用される。

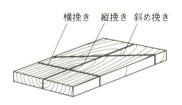

図5-2 繊維方向と挽き材方向

(1) **縦挽き鋸歯** 鋸身は強靭、元はやや厚く、幅は狭く、末は薄く幅が広い。鋸歯は元から末に従って大きくなり、元歯は末歯の2分の1程度である。歯形は鑿(のみ)の刃を縦にして前後に並べたような形をしており、裏刃と上刃で構成され、歯振(あさり)がある。

その切断は図5-3に示すように、裏刃の先端で木材表面を鉋のように削り取る方式で、大鋸屑が発生し、上刃と裏刃の間の歯室に納められ外に排出される。そのために横挽き鋸に比べて、歯と歯の間隔(歯距)が広い。裏刃と上刃間の角度を刃先角、裏刃と刃先を連ねる線との角度を切削角と言う。図5-4に示すように刃先角、切削角はそれぞれ軟材では30〜45°、75〜80°、硬材の場合45〜50°、90°である。刃渡りは190〜310 mm、小細工用には190〜280 mm、また大割用には280〜310 mm位が使用される。また、刃先を連ねる線に直角な線と裏刃面との角度をすくい角、刃先を連ねる線と上刃面との角度を逃げ角と言う。すくい角、刃先角、逃げ角の総和は90°である。

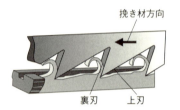

図5-3 縦挽き鋸刃の働き[122]

(2) **横挽き鋸歯** 鋸歯は元、末ともにほとんど同じ大きさで、歯には、上刃、裏刃および上目(摺りこみ目)があり、歯の先端は三角形または四辺形である。また、図5-5に示すように歯の働きは繊維を切断する方式であるため、裏刃の先端を小刀のように鋭く尖らせ切れ味を良好にしている。切削角90°、刃先角60°前後である。裏刃、上刃の両面も傾斜させ先端を鋭くしている。上目は裏刃に対して60°前後の角度である。また、上刃、上目には、側刃(そくば)と呼ばれる切り刃がある。切り刃の角度は木材の硬軟により異なる。横挽き鋸刃の名称と角度を図5-6に示す。歯振があり、その大小は木材

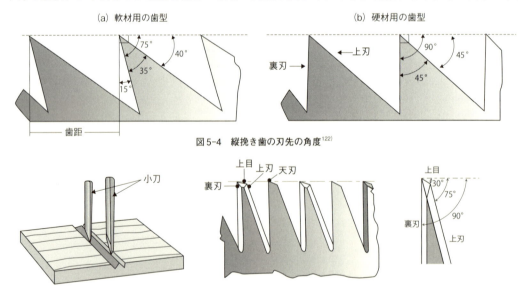

図5-4 縦挽き歯の刃先の角度[122]

図5-5 横挽き歯の働き[122]

図5-6 横挽き歯の角度[20),122]

(3) 茨目鋸歯　横挽き歯で先端を落していない歯を茨目と言い、茨目鋸は木材の繊維を斜め方向に切断する鋸である。茨目鋸歯の形状は図5-7の通りである。

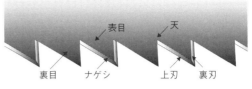

図5-7　茨目鋸歯

5.2 製造工程

5.2.1 鍛造鋸の製造工程

両刃鍛造鋸の製造工程は次の通りである。鋸板材には炭素工具鋼を用いる。

❶ **整形裁断**：裁断型に合わせて罫書き、鋸板及び首回りを裁断する（図5-8①）。

❷ **首接ぎ**：鋸板材と首材を重ね合わせて加熱し、金槌で叩いて鍛接する（同②）。

❸ **首整形・マチ取り**：首部をグラインダー整形し、マチを作る（同③）。

❹ **火造り**：込みを炉内で加熱し、槌で叩いて形を整える。

❺ **荒研磨・首歪み取り**：酸化皮膜をグラインダーで取り除き、首部の歪みを取る（同④）。

❻ **焼入れ・焼戻し**：電気炉で焼き入れ（同⑤）後、加圧徐冷する。焼戻して、鋸に粘り強さを持たせる。

❼ **首戻し**：首の折れ防止を目的とし、ガスで加熱して焼戻しする（同⑥）。

❽ **銑透き・仕上げペーパー磨き**：銑で鋸を透いて仕上げ（同⑦）、布ペーパーで磨く。

❾ **打ち合わせ**：歪み直し槌で微細な歪みを取る。

❿ **目立て**：ダイヤモンドホイールで鋸板に目落しをし、鋸歯を精密に摺り上げる（同⑧）。

⓫ **摺り回し・首の色上げ**：グラインダーで首部を仕上げ整形し、切待ち部に青色のぼかし色を付ける（同⑨）。

⓬ **歯振打ち**：歯振槌で歯を打ち、歯振を広げる（同⑩）。

⓭ **仕上げ目立て**：目立てやすりで切れ歯を摺り

図5-8　鋸の製造工程

上げる(同⑪)。
- ⑭ 銘入れ：首に銘を打刻する。
- ⑮ 仕上げ歪み直し：歪み直し槌で鋸の最終歪み直しをする(同⑫)。
- ⑯ 柄付け：込み先端を柄の穴に差し込み、木槌で柄尻を打つ。

5.2.2 プレス鋸の製造工程

替刃式プレス鋸の片刃鋸の製造工程は次の通りである。鋸板材には焼き入れ磨き炭素工具鋼を用いる。

- ❶ 耳研磨：コイル状の材料の片面を研磨し、幅を検査する(図5-9①)。
- ❷ ヒガキ目立て：自動機械で目立てをし(同②)、バリを取る(同③)。
- ❸ 裁断：鋸の外形をプレス成形する(同④)。
- ❹ 粗洗浄とヒガキ検査：鋸を洗浄し、検査をする(同⑤)。
- ❺ 中抜き：鋸身の中央部分をローラー圧延する。
- ❻ 樋歪み取り：鋸身を加圧矯正し、鋸身の歪みを取る。
- ❼ 背の基準面作り：背の両端に基準面を作る。
- ❽ ケント刃切り：ケント刃と元刃を切断する。
- ❾ 上目目立て：回転する砥石で上目を目立てする(同⑥)。
- ❿ 歯振開け：自動機械で鋸歯の向きが交互になるように歯振を出す(同⑦)。
- ⓫ 刃先目摺り：歯振のバリ取り後、刃先を鋭利にする(同⑧)。
- ⓬ 背落とし：背を所定の形状にプレス切断する。
- ⓭ 面取り：砥石で鋸歯以外の鋸身の周囲を面取りする(同⑨)。
- ⓮ 通り歪み矯正：鋸身の長手方向の歪みを取る(同⑩)。
- ⓯ 衝撃焼入れ：刃先を衝撃焼入れし(同⑪)、仕上げ洗浄する。
- ⓰ マーキング：首に銘を入れる(同⑫)。
- ⓱ 柄付け：鋸身を柄に装着する。

図5-9　プレス鋸の製造工程

5.3 種　類

鋸はその使用目的から、伐木用鋸、枝払い用鋸、製材用鋸、木取り用鋸、造作用鋸、その他の鋸に分類することができる。

5.3.1 伐木用鋸

各国共に現在伐木には、電動またはエンジン駆動のチェーンソーが主に使用されるが、1960年代以前に使用された日本の伐木用の鋸は、手曲り鋸、雁頭鋸である。中国では龙锯、台湾は手鋸、欧米ではトゥマンクロスカットソー（Two-man Cross-cut Saw）がある。

手曲り鋸は明治時代に出現した杣道具であり、山林の立木や倒木の切断と枝払いに使用する横挽き鋸である。図5-10のように込みは短く、鋸身に対して曲がっている。土佐型と天王寺型があり、土佐型は400～930 mm、天王寺型はやや幅広で500～830 mmである。普通単に手曲り鋸と言うときは土佐型を指す。手曲がり鋸は中国では歪把锯、台湾では形鋸、線鋸、弓形鋸と表記する。片刃で歯室を大きくして目詰まりを防ぐ工夫をした図5-11の窓鋸（中国名：开窗锯）もある。刃渡り400～540 mmであり、大きな歯室と歯室の間に数が3枚ないし5枚の鋸歯がある。

雁頭鋸も杣道具であり、立木、倒木など直径の大きい丸太を切断する横挽き鋸である。片刃で、刃渡り500～660 mmが多い。頭の形によって角雁頭と図5-12の丸雁頭がある。普通単に雁頭鋸と言うときは丸雁頭鋸を指す。

中国の伐木用鋸は龙锯[84]であり、横锯、大板锯とも言う。図5-13に示すように鋸身はアーチ形を呈し、両端に柄を持つ二人挽きの横挽き鋸である。歯は中央部で角度が逆となり、刃渡り900～1800 mmである。押し挽きをする。

台湾では、図5-14の手鋸と大きな歯室と歯室の間に鋸歯の数が3枚または5枚ある図5-15の三歯横挽鋸と図5-16の五歯横挽鋸を使用する。三歯横挽鋸と五歯横挽鋸の刃渡りはそれぞれ670、1240 mmである。また、直径が小さい樹木には手鋸を使用する。手鋸の刃渡りは350、630、735 mmの3種がある。手鋸は原木の玉切りを行うこともできる。

欧米には、図5-17のトゥマンクロスカットソーがある。鋸身長1220～3050 mm、鋸幅は中央部で230 mm、凸型である。歯距19 mm、鋸厚1.5 mm程度である。図5-17(a)のような閉鎖型の拳骨握り

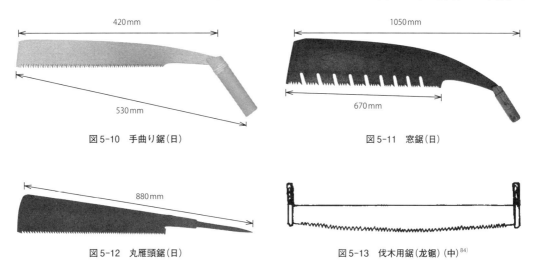

図5-10　手曲り鋸（日）　　　　　　　　　図5-11　窓鋸（日）

図5-12　丸雁頭鋸（日）　　　　　　　　　図5-13　伐木用鋸（龙锯）（中）[84]

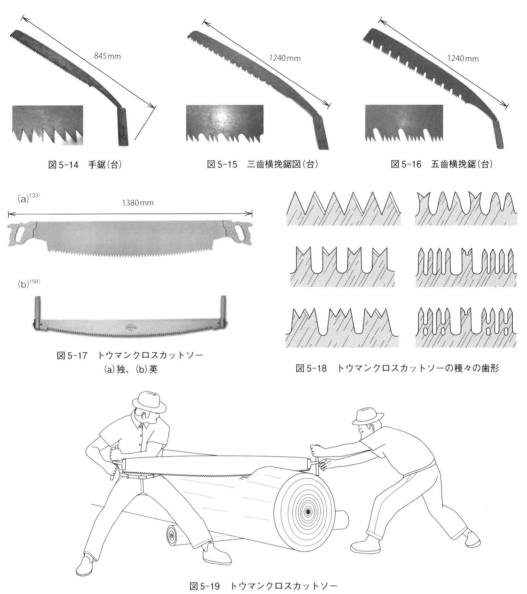

図5-14 手鋸(台)　　図5-15 三歯横挽鋸図(台)　　図5-16 五歯横挽鋸(台)

図5-17 トウマンクロスカットソー
(a)独、(b)英

図5-18 トウマンクロスカットソーの種々の歯形

図5-19 トウマンクロスカットソー

や、(b)に示す力が入りやすい拳骨握り型の柄が歯背の両端に取り付けられている。鋸歯は粗挽きで、素早く簡単に切断することを目的としており、歯室が広く、図5-18に示す三角形、M形、M形と掻き歯を組み合わせたものがある。また、中央部で鋸歯の角度が逆なのがある。押し挽きをし、その使用例のスケッチを図5-19に示す。

5.3.2 枝払い用鋸

枝払い用鋸は枝挽き鋸とも言い、日本には腰鋸（こしのこ）と剪定鋸（せんていのこ）、中国には大刀鋸、台湾には接木鋸、欧米にはプルーニングソー(Pruning Saw)、リトラクタブルソー(Retractable Saw)、フレキシブルソー(Flexible Saw)がある。

図5-20 腰鋸(日)

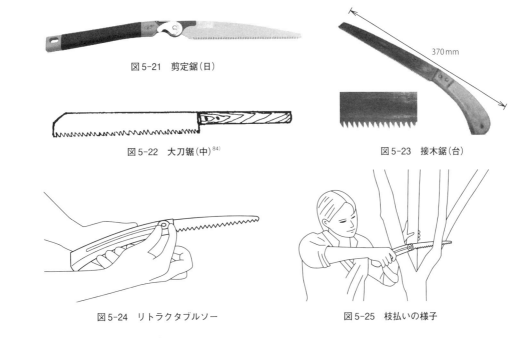

図 5-21　剪定鋸(日)

図 5-22　大刀鋸(中)[84]

図 5-23　接木鋸(台)

図 5-24　リトラクタブルソー

図 5-25　枝払いの様子

図 5-26　剪定鋸(日)

図 5-20 の腰鋸は、歯距が縦挽き鋸と同じように元が狭くなっている。刃渡り 270 mm、300 mm、板厚 0.9 mm である。なお、前出の手曲がり鋸も枝払いに使用することができる。

剪定鋸は果樹や庭木の剪定に使用する横挽き鋸である。図 5-21 は梨剪定鋸であり、鋸身は先端で幅が狭くなっている、刃渡り 240 mm、歯距 2.0 mm、板厚 0.7 mm である。剪定鋸には、梨用以外にみかん用や梅用など種々がある。中国の剪定鋸は図 5-22 の大刀鋸[84]であり、鋸は刀状である。台湾の剪定鋸は図

図 5-27　フレキシブルソー(独)

5-23 の接木鋸であり、小径木の伐採、角材、板材の粗挽きにも使用される。刃渡り 240 mm である。押し挽きをする。欧米では図 5-21 と形状が似たプルーニングソーを使用する。図 5-24 のリトラクタブルソーも生木の枝払い、剪定に使用する。カッターナイフのように鋸身がスライドして横挽きと斜め挽きができる。歯距 2.4 mm である。図 5-25 に使用例を示す。

図 5-26 は高枝の剪定を行うのに都合が良い柄の長い剪定鋸である。柄はアルミニウム製で伸縮が可能であり、全長 1183〜1800 mm である。刃渡り 270 mm、歯距 2.4 mm、鋸厚 0.8 mm である。柄と鋸身間との角度を 4 段階に変えることができる。

フレキシブルソーは高枝を切り落とすのに使用する欧米の鋸である。チェーンソー(Chain Saw)、フォールディングソー(Folding Saw)とも言う。図 5-27 のように歯の付いたチェーンをつなぎ合わせて長くし、両端に環を取り付けた鋸である。チェーンを枝に巻きつけ、両端を異なる方向に引っ張って枝を切り落とす。チェーンの長さは自在である。

5.3.3 製材用鋸

帯鋸盤と丸鋸盤が玉切り、大割り、木取りの主流機械となる前に使用された鋸は、台切り、前挽き鋸（木挽き鋸、大鋸）、ブッキリ鋸（大鋸賀利）である。また、中国では戗鋸、台湾では手鋸、横挽鋸、前挽大鋸、落頭剖鋸、欧米ではワンマンクロスカットソー（One-man Cross-cut Saw）がある。

(1) 横挽き用鋸（玉切り用鋸） 原木の玉切りを二人で行う日本の横挽き鋸は台切りである。**図5-28**のように湾曲しており、鋸身長1160～1820mm、刃渡り600～1200mmである。二人が向き合って引き合うようにして使い、引く時はやや持ち上げるように力いっぱい引き、押す時はやや下げるようにして、引く側に合わせ軽く押す。双方が手前に引いた時に切れるように中央で鋸歯の角度を逆にしている。鋸歯の形状や角度は日本、中国、欧米で異なる。中国、台湾、欧米では後述の枠鋸も使用される。

台湾の玉切りには前述の手鋸と三歯横挽鋸、五歯横挽鋸が使用される。いずれも引き挽きによって、角材と板材の粗挽きを行う。手鋸は伐木、原木の玉切りにも使用する。

一人で作業する欧米の玉切り用鋸は、**図5-29**のワンマンクロスカットソーである。伐木にも使用する。刃渡りは1520mm位まであり、鋸幅150～270mmである。末に進む程幅は狭くなり、鋸厚1.5mm程度である。歯距8～13mmである。引き挽きと押し挽きの両方がある。閉鎖型の柄が鋸身元部に取り付けられている。歯背末部に拳骨握り型の柄を付けたのもある。この場合は二人挽きが可能になる。

(2) 大割り（縦挽き）用鋸 大割り（縦挽き）を行う日本の製材用鋸は前挽き鋸である。前挽

図5-28 台切り（日）

(a)[161]
（独）

(b)[158]
（英）

図5-29 ワンマンクロスカットソー

図5-30 前挽き鋸（日）

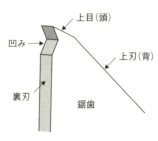

図5-31 前挽き鋸の刃先（日）

図 5-32　前挽き鋸の挽き方(立て返し)[37]

図 5-33　前挽き鋸の挽き方(すくい挽き)[37]

鋸は図 5-30のように片刃で幅広の大型鋸であり、原木から角材、板材を挽くのに使用する。前挽大鋸、木挽き鋸、大鋸とも言う。台湾では前挽大鋸と言う。樹種や用途によって大きさを使い分け、その形状は多種多様である。首の長さは普通、中首、首長と3段階がある。歯の先端に図 5-31に示す小さな凹みを付け、刃先の掛りを良くする。硬材には鋸身を厚く、すくい角を0°近くにし、軟材に対しては厚みを薄く、すくい角を大きく取る。挽く時は重量を利用して挽く。挽き方には、作業者が斜めに立てかけた材の下に立ち、手前に挽く図 5-32の「立て返し」と、寝かせた材を水平に挽

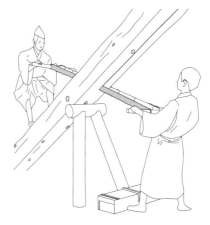

図 5-34　二人挽き大鋸(推定復元)

く図 5-33の「すくい挽き」がある。「立て返し」には材の上に乗って上から下に向かって挽く方法もある。図 5-32と図 5-33は明治31年に出版された吉野林業全書[37]に掲載されており、明治期の縦挽きの様子を伺い知ることができる。室町時代に中国より最初に伝わった大鋸は二人挽きで、鋸歯は中央で角度を逆にしている。図 5-34は、千葉県佐倉市の国立歴史民俗博物館に展示された播磨石峯寺に残る大鋸の推定復元図のスケッチである。大鋸が導入されたことにより、広葉樹や粗悪材の製材が容易になり、建築技術は飛躍的に向上したと言われている。

前挽き鋸と同じく製材用縦挽き鋸として、図 5-35の片刃のブッキリ鋸がある。刃渡り400〜

図5-35　ブッキリ鋸(日) 　　　　図5-36　戗鋸(中)[84]

図5-37　落頭剖鋸(台)

450 mmである。大工ガガリ、大鋸賀利とも言う。鋸身の背が少し反っている。木挽用挽き割り、大工用挽き割り、舟手挽き割りの3種がある。舟手挽き割り鋸は、舟大工が舟板の接合面の摺り合わせなどに使う鋸であるが、大工道具でも挽き割り鋸の代わりに使用されるようになった。

中国の製材用縦挽き鋸は**図5-36**の戗鋸[84]である。歴史の古い伝統的な縦挽き鋸である。鋸身の幅が広く、歯も大きい。歯の角度は中央部で逆になっている。長さ900〜1800 mmである。上下の二人が押し挽きと引き挽きを行う。

台湾の製材用縦挽き鋸は落頭剖鋸と言い、引き挽き鋸である。鋸身長1100 mmのものを落頭剖鋸三尺六、1465 mmのものを落頭剖鋸五尺と言う。いずれも鋸身は**図5-37**のように末に向かって細くなる。

5.3.4　木取り用鋸

木取り用鋸は、木材の縦挽き、横挽き、斜め挽きの組合せによって、縦挽き用鋸、横挽き用鋸、縦横挽き用鋸、斜め挽き用鋸、横斜め挽き用鋸、縦横斜め挽き用鋸に大別される。

(1)　縦挽き用鋸　　縦挽き鋸は縦方向に粗挽きをする鋸である。**図5-38**の形状で背金はない。歯距は刃元が狭く、先ほど長くなっているので、挽き始めは刃元を使う。中国では纵鋸と記し、台湾で

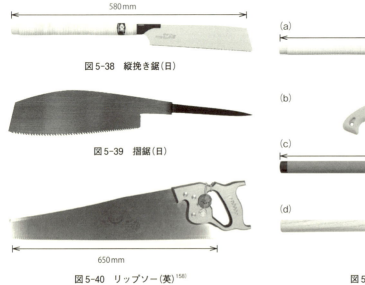

図5-38　縦挽き鋸(日)

図5-39　摺鋸(日)

図5-40　リップソー(英)[158]

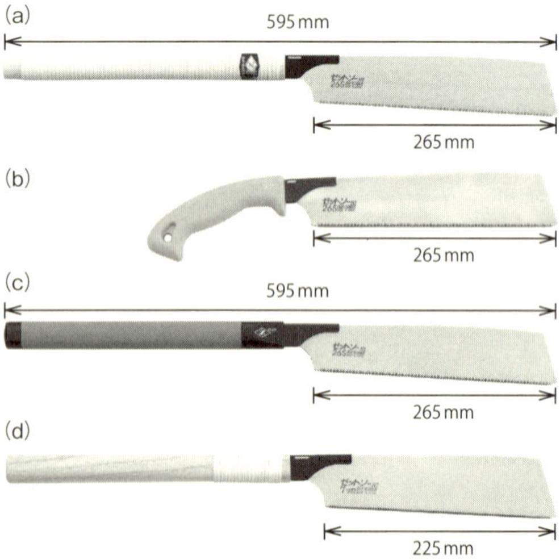

図5-41　横挽き鋸(日)

は縦開鋸、縦切鋸、縦断鋸と言う。

その他の縦挽き鋸として摺鋸がある。摺り合わせ鋸とも言い、船大工、桶師が板の合わせ目を挽き込み、接合部のなじみを良くする目的で使用する。図5-39は粗目用で、摺り合わせの最初に使用し、船手鋸とも呼ばれる。中目は摺り合わせの2番目または最初に用いる鋸で、船大工用笠刃鋸と言う。摺り合わせの仕上げに使用する鋸は十三枚鋸あるいは小鋸と呼ばれる。

欧米の縦挽き鋸は図5-40のリップソー（Rip Saw）である。通常刃渡り610～635 mmであるが、更に長いのもある。鋸身幅は先に向かって狭くなる。歯距は3.5～5 mm程度と広い。歯は元から末に向かって小さくなる。刃先角60°、すくい角0～5°である。

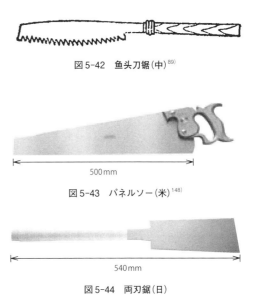

図5-42　鱼头刀鋸(中)[89]

図5-43　パネルソー(米)[148]

図5-44　両刃鋸(日)

(2) **横挽き用鋸**　横挽き専用の鋸には、図5-41に示す汎用と精密用がある。(a)(b)(c)は汎用で、いずれも刃渡り265 mm、歯距1.75 mm、板厚0.6 mmである。(a)(c)の柄は拳骨握り、(b)はピストル握りである。(d)は精密用で、刃渡り225 mm、歯距1.2 mm、板厚0.4 mmであり、汎用と比べて歯距は狭く鋸厚は薄い。(b)は狭い場所での切断に有利である。

中国の横挽き鋸は、図5-42の鱼头刀鋸[89]であり、大头刀鋸とも言う。角材や板材を粗挽きする。台湾では横切鋸、横開鋸、横断鋸と言う。欧米の横挽き鋸はクロスカットハンドソー（Crosscut Handsaw）である。刃渡りは610～635 mm程度であり、鋸身幅は末に向かって狭くなる。歯距は2.3～3.2 mm程度とリップソーより狭い。鋸身は鋸背に向かって薄くなるのもある。その他に、小型の横挽き鋸として図5-43のパネルソー（Panel Saw）[148]がある。針葉樹や薄板、合板、大きい柄を挽くのに適している。刃渡りは355～610 mmとクロスカットソーより短い。鋸厚はテーパー状であり、歯側では0.8 mm、歯背側で0.7 mm、また、歯振量0.1 mm、歯距2.1～3.1 mmとクロスカットソーより狭い。挽き肌は良好である。パネルソーには縦挽き用もあり、歯距3.6 mmである。

(3) **縦横挽き用鋸**　一丁の鋸で縦挽きと横挽きが可能な日本の鋸は図5-44の両刃鋸である。すなわち、鋸身の上下端にそれぞれ縦挽き歯と横挽き歯が刻んであり、明治10年代に出現した鋸である。鋸身はテーパー状で末が幅広く、刃渡り210～360 mmであるが、240 mm位が常用される。

両刃鋸の一般的な使用方法は以下の通りである。

1. 仕上がり寸法に従って、仕上がり罫書き線を側面まで引く。
2. 罫書き線の外側に親指の爪を立てるか、あて木を案内にして、柄の刃に近い側を握り、鋸を縦気味にして、歯の柄に近い部分で挽き溝を付ける。
3. 引き溝が付くと、刃渡りをいっぱいに使い、鋸の重みを利用して引く時は少し力を入れ、押す時は力を抜いて挽く。
4. 刃を罫書き線と平行にして、切り口が板の面と直角になるように丁寧に挽く。
5. 鋸は強く握りすぎず、速度を一定にして真っ直ぐに挽く。挽く力は一定に保ち、腕の力だけで挽かず、体全体を使って挽く。

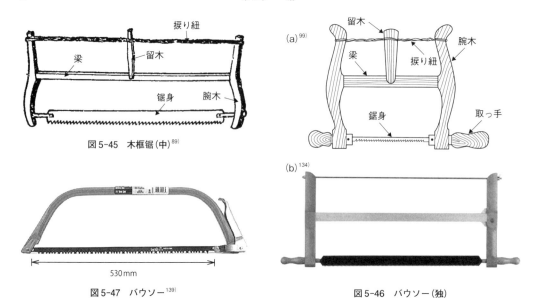

図 5-45 木框鋸(中)[89]

図 5-47 バウソー[139]

図 5-46 バウソー(独)

6. 挽き始めると角度を一定に保つ。切断時の鋸と材料の角度(切り込み角)は通常 30°前後が常用されるが、硬材や厚い材料では 30°～45°、軟材・薄い材料は 15°～30°が好ましい。縦挽きは 30°～45°、横挽きは 15°～30°が挽きやすい。
7. 挽き終りが近づくと、欠けやすいので切り離す材料を支え、鋸の角度を小さくして歯の柄に近い部分で注意しながら静かにゆっくり挽く。

両刃鋸の呼び寸法を表 5-1 に示す。両刃鋸は中国では双刃鋸、台湾では雙面鋸と言う。

日本では使用されてないが、中国では目的に応じて鋸身を交換する木框鋸、別名、常用鋸、架鋸が縦挽きと横挽きの直線挽き、曲線挽き、さらに、伐木、製材に使用されている。図 5-45 の木框鋸[89]は、鋸身を取り付ける 2 本の木製腕木、鋸を緊張させるために腕木の中央部に組み込んだ木製梁と鋸身で構成される。鋸身の両端を両腕木の下部に取り付け、取っ手のねじを回転させるか、または腕木上部に張られた紐を捩り短くすることによって鋸を緊張させる。この時、木製梁は鋸を緊張させる支点となる。鋸身は 4 種あり、大鋸は伐木と製材に、中鋸は木取りに、細鋸は精密加工に、曲線鋸は円や曲線挽きに使用する。大鋸は刃渡り 1300 mm 程度で、歯の角度が中央で逆になっている。二人挽きの玉切り、製材専用である。台湾にも框鋸、別名、中鋸、架鋸、木框鋸、臺灣框鋸があり、板材や角材を縦挽き、横挽きするのに使用する。押し挽き鋸である。

表 5-1 両刃のこぎり(横挽きおよび縦挽き用)の呼び寸法[54]

呼び寸法	寸法		種 別	用 途
	鋸身刃渡り長	最大鋸幅		
210	210	90	普 通	木工用
240	240	100		
270	270	115		
295	295	125		
320	320	135		
300	300	115	先 丸	丸太切り用および木工用
330	330	125		
360	360	130		
390	390	140		

欧米ではバウソー(Bow Saw)という名称で、古来より木框鋸は使用されている。図 5-46 のバウソー[99],[134]には縦挽き用と横挽き用の鋸身があり、押し挽きと引き挽きが可能である。腕木間隔 250～500 mm、鋸身幅 6 mm 前後が一般的である。枠が金属製の図 5-47 のバウソー[139]別名、バックソー(Buck Saw)は伐木、造材な

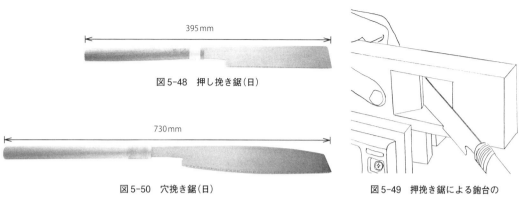

図5-48 押し挽き鋸(日)

図5-50 穴挽き鋸(日)

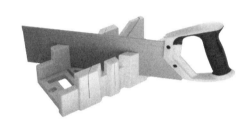

図5-49 押挽き鋸による鉋台の押え溝加工

図5-51 マイターボックスソー(独)　　図5-52 マイターボックスソー(米)[153]

ど荒仕事に使用される。

(4) **斜め挽き用鋸**　斜め挽き専用の鋸として、鉋台の押え溝を挽く**図5-48**の押し挽き鋸がある。繊維方向に対して斜めに挽くことができるように、歯は横挽きと縦挽きを組み合わせたのもある。細かい鋸歯を持ち、茨目(いばらめ)、鼠歯、大阪目という目立て法を少し加えることもある。鋸身は背金を必要としない程度に薄く、先端は細く丸い。歯振は小さい。**図5-48**の押し挽き鋸は、刃渡り170mm、歯距1.3mm、鋸厚0.2mmである。**図5-49**の鉋台の押え溝加工では、押え溝の傾斜面に沿って正しく必要な深さに挽き込む。

(5) **横斜め挽き用鋸**　横挽きと斜め挽きができる日本の鋸に**図5-50**の穴挽き鋸がある。端材の粗切りや薪挽きなど精密さを必要としない作業に用いる。先丸鋸(さきまるのこ)とも言う。江戸時代に穴蔵(あなぐら)を作る専門職が用いたことから名が付いた。地方によっては、その形状から鼻丸鋸(はなまる)、櫛形鋸(くしがた)、鯛丸鋸(たいまる)、鯖鋸(さば)、广胴鋸(がんどう)などの別名がある。鋸身の幅は元と末で狭いが、中央が広くなっており、丸味が付いている。歯形は茨目であり、刃渡り430〜530mmが常用される。穴挽き鋸の一種に十三枚鋸がある。前述の摺鋸の一種である。盛通し(鋸身刃付け部)1寸(30.3mm)に付き13枚の歯が刻んであることが名の由来である。船大工が接合部の小端の摺り合わせに使用する。中国では斜截鋸と表記する。

図5-51に示すマイターボックスソー(Mitre-Box Saw)は欧米の横斜め挽き用鋸である。刃渡り585mm、歯距1.8mm、鋸厚0.75mmである。治具を用いて留め挽きと横挽きも含めて45°〜90°の間で任意の角度に挽くことができる。**図5-52**のマイターボックスソー[153]は治具によって留め挽きと横挽きが正確にできる。

その他に小型のスライド式鋸があり、カッターナイフのように鋸身がスライドして横挽きと斜め挽きができる。**図5-53**(a)は引き挽きの日本製、(b)は押し挽きの台湾製であり、いずれも替刃方式

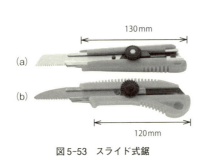

図 5-53 スライド式鋸

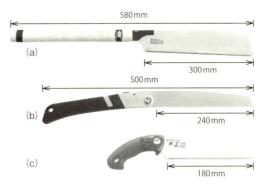

図 5-54 縦横斜め挽き用鋸（日）

である。(a)は刃渡り 80 mm、歯距 1.3 mm、鋸厚 0.46 mm、(b)は刃渡り 80 mm、歯距 1.5 mm、鋸厚 0.5 mm である。木材以外に竹やプラスチックの切断もできる。欧米ではリトラクタブルソーと呼ばれる。

（6）**縦横斜め挽き用鋸**　縦横斜め挽き用鋸（三方切り片刃鋸）は、縦、横、斜めの三方に木材を鋸断することができる。**図 5-54** は日本の縦横斜め挽き鋸であり、(a)は刃渡り 300 mm、歯距 2.15 mm、鋸厚 0.7 mm、(b)は刃渡り 240 mm、歯距 1.75 mm、鋸厚 0.7 mm、(c)は刃渡り 180 mm、歯距 1.4 mm、鋸厚 0.5 mm である。中国では万能鋸（纵切、横截、斜截）と言う。

5.3.5　造作用鋸

造作用鋸は、各種の木組み加工、精密加工、曲線挽き加工に使用する。枘加工用鋸、溝挽き用鋸、挽き抜き用鋸、曲線挽き用鋸などがある。

（1）**枘加工用鋸**　枘(ほぞ)加工は、縦挽き鋸で**図 5-55** の枘を挽いた後、横挽き鋸によって胴付きを挽く作業である。枘の縦挽きには枘挽き鋸を、枘の横挽きには胴付き鋸を使用する。枘挽き鋸は、中国では榫鋸（纵切）、台湾では縦切導突鋸と言う。中国、台湾では夹背刀鋸、夹背鋸、欧米では、テノンソー（Tenon Saw）、サッシュソー（Sash Saw）、カーカスソー（Carcase Saw）、ダヴテイルソー（Dovetail Saw）、ゲンツソー（Gent's Saw）、ビードソー（Bead Saw）が使用される。

枘の縦挽きには、**図 5-56** の枘挽き鋸を使用する。この鋸は鋸身が薄いので、背に軟鋼の背金がはめられている。歯振はわずかであるため挽き肌は良好である。**図 5-56** の枘挽き鋸は、刃渡り 240 mm、歯距 1.4 mm、鋸厚 0.2 mm である。また枘の縦挽きには、一般の縦挽き鋸あるいは両刃鋸の縦挽き刃も使用する。加工例を**図 5-57** に示す。

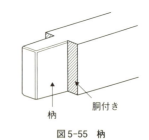

図 5-55　枘

胴付き鋸は、枘の縦挽き後に枘の腰である胴付きを加工する横

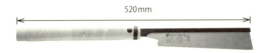

図 5-56　枘挽き鋸（日）

図 5-57　両刃鋸による枘の縦挽き

5.3 種　類

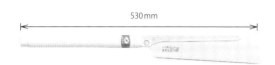

図 5-58　胴付き鋸（日）

図 5-59　胴付き鋸による柄の横挽き

図 5-60　テノンソー（英）[154)]

図 5-61　テノンソー（スウェーデン）[128)]

図 5-62　サッシュソー（米）[147)]

図 5-63　カーカスソー（加）[160)]

挽き鋸である。胴突き鋸、導突き鋸とも表記し、胴透き鋸とも言う。中国では桦鋸、台湾では夹背鋸と呼ばれる。胴付き鋸は、胴付き以外に精巧な小細工の組手や、精巧な細工に使用する。鋸身が薄いため、背に背金がはめられた片刃の鋸である。図 5-58 の胴付き鋸は、刃渡り 240 mm、歯距 1.0 mm、鋸厚 0.3 mm である。このように鋸歯が細密で歯振幅が狭いので、挽き肌は滑らかである。加工例を図 5-59 に示す。欧米においても汎用されている。

　バックソー（Back Saw）は木組みや精巧な小細工、溝を挽くための欧米の横挽き鋸の総称である。鋸身は薄く長方形で、刃渡り 80〜400 mm、背金を持つ。歯距 0.9〜2.3 mm 程度と狭く歯振は小さい。とくに柄加工用のバックソーには、テノンソー、サッシュソー、カーカスソー、ダヴテイルソー、ゲンツソー、ビードソーがある。この順で刃渡りは短く、歯距は狭くなる。

　テノンソーは精巧な小細工の組手の溝や柄、胴付きを挽いたり、ソーガイドを用いて仕上げ挽きをするのに使う片刃の縦挽き、横挽き鋸である。図 5-60 のテノンソー[154)]は背金を持ち、刃渡り 300 mm、歯距 2.3 mm である。図 5-61 は背金がないテノンソー[128)]であり、鋸幅は元から末に向かって狭くなっている。刃渡り 350 mm、歯距 2.0 mm である。柄は閉鎖型の拳骨握りが多い。

　サッシュソーは元来、窓枠を作るために出現した鋸であるが、テノンソーと同じ目的で使用される鋸である。カーカスソーよりも大型である。図 5-62 のサッシュソー[147)]は横挽きと縦挽き兼用型の鋸で、刃渡り 360 mm、歯距 2.0 mm、鋸厚 0.5 mm である。

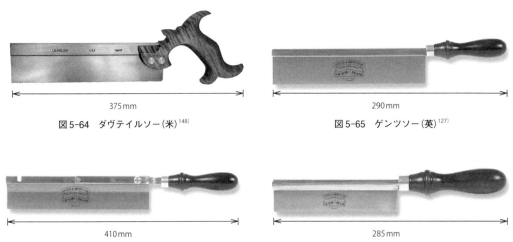

図 5-64　ダヴテイルソー(米)[148]　　　　　　　　　図 5-65　ゲンツソー(英)[127]

図 5-66　リヴァーシブルゲンツソー(英)[158]　　　　図 5-67　ジュエラーソー(英)[127]

カーカスソーはテノンソーの小型鋸である。精巧な小細工の組手の溝や胴付きを挽くのに使用する。縦挽き鋸と横挽き鋸がある。図 5-63 のカーカスソー[160]は刃渡り 280 mm、鋸厚 0.5 mm であり、歯距は縦挽き鋸 2.1 mm、横挽き鋸 1.8 mm である。柄はピストル握りである。

ダヴテイルソーは蟻溝加工や精密な小細工用の鋸である。他のバックソーより刃渡りが短く、鋸厚は 0.4 mm 程度と薄い。一方、他のバックソーの鋸厚は 0.6〜1.0 mm である。そのため、背金で補強されている。図 5-64 のダヴテイルソー[148]は、刃渡り 254 mm、歯距 1.7 mm、鋸厚 0.5 mm である。

ゲンツソーは Gentleman のために設計されたダヴテイルソーと言う意味から名付けられた鋸である。柄が拳骨握り型で短いのが特徴である。図 5-65 のゲンツソー[127]は、刃渡り 152 mm、歯距 1.3 mm、鋸厚 0.6 mm である。図 5-66 のリヴァーシブルゲンツソー(Reversible Gent's Saw)[158]は鋸身と柄が元部でクランク形であり、柄を鋸身に対して 180°回転できるようになっているので、左利きの作業者も使用することができる。刃渡り 254 mm、歯距 1.3 mm、鋸厚 0.48 mm である。

ビードソーはジュエラーソー(Jeweller's Saw)とも言う。歯振がなく、挽き肌は仕上げ加工を必要としないほど良好である。図 5-67 のジュエラーソー[127]は、刃渡り 150 mm、歯距 1.2 mm、鋸厚 0.36 mm である。柄は拳骨握り型である。

(2) 溝挽き用鋸　溝挽き、地透し、透し挽きなど色々な溝挽き加工ができる鋸は、日本には畔挽き鋸、鴨居挽き鋸、鼠鋸賀利、窓開け鋸が、中国には捜鋸が、欧米にはグルーヴィングソー(Grooving Saw)、フローリングソー(Flooring Saw)がある。

畔挽き鋸は精密加工に用い、溝両脇を挽き込む溝挽きや地透し、平らな板材の中程に鋸目を入れる透かし挽きなどに用いる。中国では槽鋸、捜鋸、台湾では圓弧雙面鋸、畦引鋸、欧米ではフローリングソーと言う。片刃と両刃があるが、横挽き歯と縦挽き歯を持つ両刃型が主流である。片刃には横挽き用と縦挽き用がある。鋸先端は尖り、鋸身の先端は弧状で、刃渡り 60〜90 mm と短く、首が長い。図 5-68 の畔挽鋸の歯距は、縦挽き用 3.0 mm、横挽き用 1.5 mm である。通常材料の平面から挽き込む、また、細かい部分の挽き込みも可能である。挽き始めは鋸の先端で小さく挽き込み、手前

図 5-68　畔挽き鋸(日)

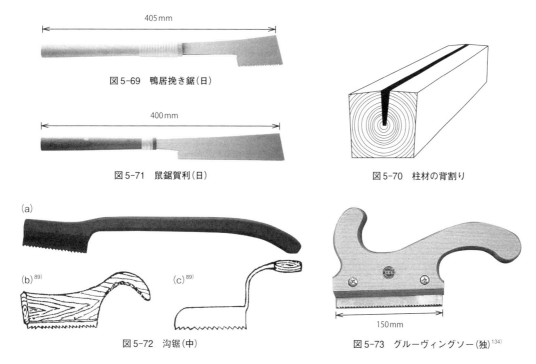

図5-69　鴨居挽き鋸(日)

図5-71　鼠鋸賀利(日)

図5-70　柱材の背割り

図5-72　溝鋸(中)

図5-73　グルーヴィングソー(独)[134]

に挽くに従い中央で大きく挽く。土台の継ぎ手や桁の鎌加工に用いる身幅の狭い鎌挽き鋸もこの部類に属する。

鴨居挽き鋸は鴨居、敷居の溝挽き、柱の背割りに使用する縦挽き鋸である。片刃鋸で鋸刃の背は上反りである。柄が上反りの鴨居挽き鋸もある。刃渡り120〜150mmが多い。図5-69の鴨居挽き鋸は刃渡り77mm、歯距3.0mm、鋸厚0.45mmである。図5-70に示す柱材の背割りなどに使う鋸は、刃渡り180〜210mmと長く、芯挽き、胴割とも言う。中国では単刃槽鋸と言う。電動工具の溝カッター、両刃畔挽きの出現によって現在ではほとんど見かけない。

鼠鋸賀利は、敷居や鴨居の溝を挽く縦挽き鋸である。根隅鈎とも表記する。歯が鼠のように鋭いことに由来する。図5-71の鼠鋸賀利は、刃渡り170mm、歯距2.0mm、板厚0.45mmである。小細工ができ、柱材の根隅から挽き込める。

中国の溝挽き用鋸は図5-72の溝鋸であり、側鋸、割梛鋸、穿椊鋸とも言う。(a)(b)[89]は蟻形追い入れ幅刳ぎなどの溝加工専用の鋸である。刃の角度は中央部で逆になる。(c)[89]は棺職人専用である。

欧米には小型の溝挽き専用鋸としてグルーヴィングソーがあり、階段踏板や蹴込み板に溝や傾斜溝を挽くのに使用する。ステアービルダーソー(Stair Builder Saw)、トレンチングソー(Trenching Saw)、ノッチングソー(Notching Saw)とも言う。図5-73のグルーヴィングソー[134]は、刃渡り150mm、歯距3.6mmである。柄は鋸身上部をねじで固定する。歯出量は溝深さに対応させ、6〜18mmの範囲で調節することができる。引き挽きをする。

フローリングソーは平らな板材の中程に鋸目を入れることができる欧米の鋸である。インサイドスタートソー(Inside-Start Saw)とも言う。鋸身の先端は凸型であり、歯は背部にもある。図5-74(a)のフローリングソー[154]は、刃渡り300mm、歯距1.8mm、鋸厚0.7mmである。図5-74(b)のように床面などその端面から挽き込めない材料の所定の位置に凸部の歯で切り込みを入れた後、鋸を反転させて下側の歯で挽き込む[131]。蝶ねじで柄と鋸身の取り付け角度を自在に変えることができる。

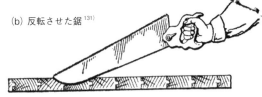

図 5-74　フローリングソー

日本のフローリングソーは窓開け鋸である。鋸先端は欧米のフローリングソーとは異なり、きつつきの嘴のような形状である。図 5-75 の窓開け鋸は、刃渡り 240 mm、歯距 1.5 mm、鋸厚 0.3 mm である。中国では企口鋸と言う。

(3) 挽き抜き用鋸　挽き抜き用鋸は、材料の任意の位置で曲線挽き、曲線状の挽き抜きに使用する。引き挽きの回し挽き鋸と、押し挽きの突き廻し鋸がある。

回し挽き鋸は、挽き回し鋸とも言い、材料に曲線状の挽き抜きをするのに用いる片刃の茨目の鋸である。鋸身は幅が狭く、鋸厚は比較的厚い。中国でも曲线刀锯、线锯、开孔锯、尖尾锯、鸡尾锯、削锯、规锯という名称で利用されている。台湾には鼠尾鋸、尖尾鋸、欧米にはコンパスプルソー（Compass Pull Saw）がある。図 5-76 の回し挽き鋸は、刃渡り 150 mm、歯距 1.6 mm、鋸厚 0.9 mm であり、柄はプラスチック製で替え刃式である。

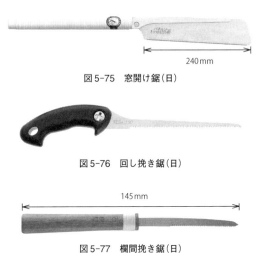

図 5-75　窓開け鋸（日）

図 5-76　回し挽き鋸（日）

図 5-77　欄間挽き鋸（日）

欄間挽き鋸は、回し挽き鋸の小型で歯が細かい引き挽き鋸である。スギ柾、屋久スギ、キリ柾などの高級材の欄間などの透し彫りでは、普通の回し挽き鋸や突き回し鋸では裏面に繊維が裂けて挽き目が粗雑になる恐れがあるが、欄間鋸を用いると挽き肌や挽き目がきれいに仕上がる。図 5-77 の欄間挽き鋸は、刃渡り 75 mm、歯距 1.5 mm、鋸厚は元で 0.75 mm、末で 0.4 mm である。

その他に以下の挽き抜き用鋸があるが、現在ではいずれも入手困難である。椅子屋用回し挽き鋸は、椅子の曲線部の木取りに用いる鋸で、刃渡り 270～300 mm、元の幅 20 mm 程度の縦挽き鋸である。桶屋用回し挽き鋸は、桶や櫃の蓋、底板の周囲を挽き廻す鋸で、欧米ではクーパーズリドルソー（Cooper's Riddle Saw）と言う。刃渡り 180～240 mm の横挽き鋸で、先端が櫛形に尖っている。車大工用回し挽き鋸は、車の曲線部の木取りに用いる縦挽き鋸である。刃渡り 400 mm 程度で、硬材用の目立てを行う。船大工用回し挽き鋸は、船の曲線部を挽くのに使用する茨目の鋸である。刃渡り 310～370 mm で先端に向かって細かくなる。

押し挽きを行う曲線挽き鋸は、突き回し鋸である。鋸歯が挽き廻し鋸と反対に切り込まれている。向押し鋸、向突き鋸とも言う。中国には曲线刀锯、线锯、开孔锯、尖尾锯、鸡尾锯、削锯、规锯、台湾には鼠尾鋸、尖尾鋸、欧米にはキーホールソー（Keyhole Saw）、コンパスソー（Compass Saw）がある。図 5-78 の突き廻し鋸は、刃渡り 150 mm、歯距 1.8 mm、鋸厚 1.0 mm である。先端で切り込み穴をあけることができるのもある。

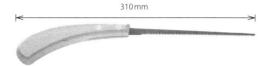

図5-78　突き回し鋸(日)

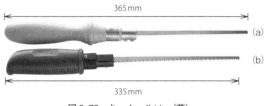

図5-79　キーホールソー(英)

図5-80　キーホールソーによる
挽き抜き作業

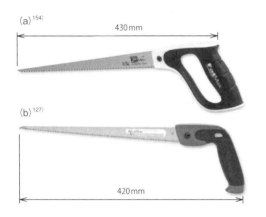

図5-81　コンパスソー

図5-82　欧州の昔のコンパスソー(1915年)[115]

図5-83　ロシアの昔のコンパスソー(1953年)[121]

　キーホールソー、コンパスソーは、材料の任意の位置に種々の形状の開口部をあけることができる。キーホールソーはパッドソー(Pad Saw)、アリゲータソー(Alligator Saw)とも言う。鋸身は厚く、鋸幅は狭く僅かに先細りであり、熱処理して折れにくい。用途に応じて鋸刃を替えることができる。**図5-79**のキーホールソーは柄に鋸をねじで固定する替え刃式であり、鋸身の出し入れによって鋸身の長さを調節できる。(a)は刃渡り200mm、歯距2.0mm、鋸厚0.9mmである。(b)は刃渡り225mm、歯距2.8mm、鋸厚0.9mmである。キーホールソーによる挽き抜き作業は**図5-80**の通りである。

　コンパスソーはキーホールソーよりも刃渡りが長く、鋸幅の広い突き廻し鋸である。**図5-81**のように鋸刃は末に行くほど、幅が狭くなり、先端は尖って、歯がある。元の幅はキーホールソーよりも広い。挽き抜き作業では、**図5-80**のキーホールソーの場合と同じ使い方をする。**図5-81**(a)[154]は押し挽き式であり、刃渡り300mm、歯距2.3mm、鋸厚1.2mmである。(b)は引き挽き式のコンパスプルソー[127]である。刃渡り300mm、歯距2.3mm、鋸厚1.0mmである。**図5-82**は約100年前のポーランドの書籍[115]に、**図5-83**は約60年前のロシアの書籍[121]に記載されているコンパスソーである。

(4) 曲線挽き用鋸　　曲線挽き用鋸は、日本には糸鋸、中国には鋼丝鋸、台湾には曲線鋸、欧米にはコピーイングソー(Coping Saw)、フレットソー(Fret Saw)がある。いずれも枠鋸の1種である。

中国、台湾、欧米では前出の枠鋸も曲線挽きに使用する。加工部材のどの位置からでも挽き材が可能である。

糸鋸は曲線挽き、切り抜きに使用する。糸鋸刃を糸鋸に取り付けて緊張させるが、弓形の弦の弾力を利用するものと、図5-84(a)のねじで糸鋸刃を固定するものがある。図5-84(b)の糸鋸刃は0号から12号まである。挽く材料が3mm厚では1～3号、10mm厚では4～6号、15mm厚では10～12号を使用する。その他に、図5-84(c)に示すように刃がスパイラル形状で360°全周が刃になっている、ねじれ型鋸刃の糸鋸もある。弦掛け鋸(弦架鋸)、弓鋸、釣掛鋸は木材の小細工、鹿角、象牙、鼈甲、水牛の角、珊瑚などの材料に使用する。

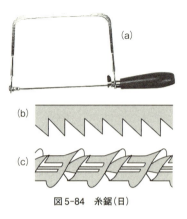

図5-84　糸鋸(日)

中国の钢丝锯は、図5-85に示すように弓状に湾曲した竹材の両端に線状の鋸刃を取り付けて緊張させる鋸である。弓鋸とも呼ばれる。全長は約500mmであり、図5-86のように組接ぎや仕口の加工、小さい曲線や透かし挽き加工に使用する。台湾の糸鋸は図5-87の曲線鋸であり、鋼絲鋸とも言う。

欧米の糸鋸は図5-88のコピーイングソーである。スクライビングソー(Scribing Saw)とも言う。複雑な曲線挽きや繰形、図5-89のように組継ぎ加工にも使用できる。構造は日本の糸鋸と同じであり、C字形の金属製枠に鋸身と柄が取り付けてある。図5-88のコピーイングソーのコ字型の金属製枠の奥行きは120mmであり、フレットソーより浅い。糸鋸の長さ170mm、歯距1.7mm、鋸厚0.5mmである。柄を回転させて鋸身を緊張させる。引き挽きが常用されるが、糸鋸刃を取り付ける向きを逆にすることによって押し挽きもできる。フレットソーほど微妙な曲線挽きはできない。フレットソーは、薄板、薄合板に複雑な曲線挽き、象嵌や柄加工を行う糸鋸である。ブラケットソー(Bracket Saw)、ジグソー(Jig Saw)、スクロールソー(Scroll Saw)、バールソー(Buhl Saw)とも言う。

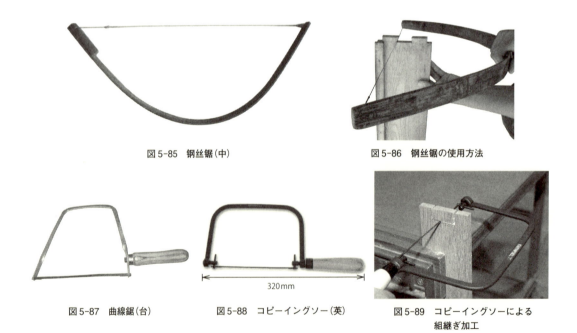

図5-85　钢丝锯(中)

図5-86　钢丝锯の使用方法

図5-87　曲線鋸(台)

図5-88　コピーイングソー(英)

図5-89　コピーイングソーによる組継ぎ加工

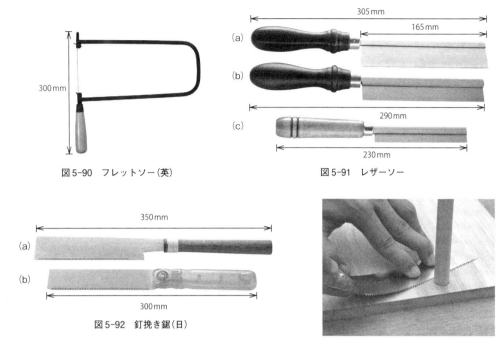

図5-90 フレットソー(英)

図5-91 レザーソー

図5-92 釘挽き鋸(日)

図5-93 釘挽き鋸の使い方

中国では螺栓拧紧钢丝锯と言う。奥行きが250〜500mmのコ字型の金属製の枠に鋸身と柄が取り付けてある。長さ125〜150mmの糸鋸刃を取り付ける。鋸身を360°捩って挽くこともできる。20世紀当初まではキーホールソーの名称であった。図5-90のフレットソーは、コ字型の金属製枠の奥行き295mm、糸鋸の長さ130mm、歯距0.8mm、鋸厚0.4mmである。曲線挽きに使うバウソーはターニングソー(Turning Saw)と呼ばれ、使用する鋸身は細く歯数も多い。

5.3.6 その他の鋸

本書ではその他の鋸として、レザーソー(Razor Saw)、釘挽き鋸、ヴェニアソー(Veneer Saw)、デコラソー、石膏ボード鋸、サイディングボード鋸、仮枠鋸、竹挽き鋸、炭切り鋸を取り上げた。

レザーソーは、木材、プラスチック、シンチュウ切断用の欧米の工作鋸であり、バックソーの一種である。横挽きと斜め挽きを行う。鋸身は合金鋼製で、背金がある。図5-91(a)は引き挽き鋸で、刃渡り165mm、歯距0.9mm、鋸厚0.25mmである。(b)は押し挽き鋸で、刃渡り150mm、歯距0.62mm、鋸厚0.35mmである。(c)は引き挽き鋸で、刃渡り115mm、歯距0.48mm、鋸厚0.2mmである。楽器、象嵌などの微細な工作に使用する。

釘挽き鋸はダボ鋸とも言う。打ち込んだ木釘や竹釘(ダボ)を根元から切り落とすのに使用する横挽き鋸である。桐箱、折箱、箪笥の製作などに使用される。歯振がないので、鋸厚と切り幅は同じである。図5-92(a)は刃渡り150mm、歯距1.0mm、鋸厚0.45mm(元)、0.3mm(末)であり、元と末とで鋸厚が異なる。(b)の釘挽き鋸は、刃渡り150mm、歯距1.2mm、鋸厚0.4mmである。いずれも鋸身は薄く仕上げられており、歯振はない。板面を傷つけないように、図5-93のように片手で鋸身を押し付けながら材面に平らに当てるように鋸身を反らせて使用する。精密横挽き鋸としての使用も可能である。

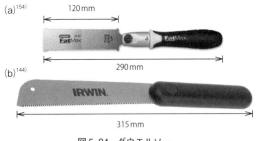

図5-94 ダウエルソー

図5-95 リヴァーシブルダウエルソー[132]

図5-96 鏝鋸（日）[123]

欧米の釘挽き鋸はダウエルソー（Dowel Saw）であり、フラッシュカッティングソー（Flush Cutting Saw）とも呼ぶ。中国では切榫鋸と言う。図5-94（a）のダウエルソー[154]は両刃タイプで、刃渡り120 mm、鋸厚0.4 mmである。(b)[144]は片刃タイプで、刃渡り170 mm、歯距1.1 mm、鋸厚0.4 mmである。(a)(b)いずれも引き挽きを行う。その他に、図5-95に示す背金付きダウエルソー[132]もあり、鋸身と柄が元部でクランク形である。柄を鋸身に対して180°変更できるので、左利きの作業者も使用することができる。リヴァーシブルダウエルソー（Reversible Dowel Saw）と呼ばれる。

釘挽き鋸に左官が使う金鏝のような形状をした鏝鋸[123]がある。図5-96のように柄と鋸身面が接着剤で固定されており、鋸身を材面に押し当てやすいので木釘や竹釘の切断が容易である。歯振がないので材面に傷が付きにくい。片刃鋸で引き挽きを行う。刃渡り150 mm、歯距1.2 mm、鋸厚0.4 mmである。中国では开槽鋸、欧米ではクランクドソー（Cranked Saw）と言う。

ヴェニアソーは広葉樹薄板を切断する鋸であり、カーヴドファインインレイソー（Curved Fine Inlay Saw）とも言う。中国では胶合板鋸と言う。単板の切断に使用する。図5-97のヴェニアソーは鋸身の上下端に鋸歯を付けた両刃タイプの鋸であり、柄は鋸身中央部でねじで固定されている。鋸刃は両側とも凸型の曲線であるので、畔挽き鋸のように周辺を傷つけることなく板の任意の位置での切断が可能である。歯振はない。鋸刃は、片面は縦挽き歯、他面は横挽き歯であり、縦挽きは押し挽きを、横挽きは押し挽きあるいは引き挽きを行う。刃渡り75 mm、歯距1.7 mm、鋸厚0.5 mmである。また、胴付き鋸のような背金付きの片刃タイプや、鋸身の中央部で刃の角度が逆になる片刃鋸、柄を鋸身歯背部に取り付け、鋸身の中央部で刃の角度が逆となる凸型の曲線の片刃鋸もある。この場合、鋸の作業傾きを変えると往復鋸挽き作業が可能である。

デコラソーは木質材料の表面にメラミン化粧板を接着剤で貼りつけたオーバーレイ合板などの材料や、メラミン樹脂板を切断するのに適している。図5-98のデコラソーは刃渡り225 mm、歯距

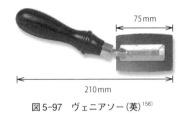

図5-97 ヴェニアソー（英）[158]

図5-98 デコラソー（日）

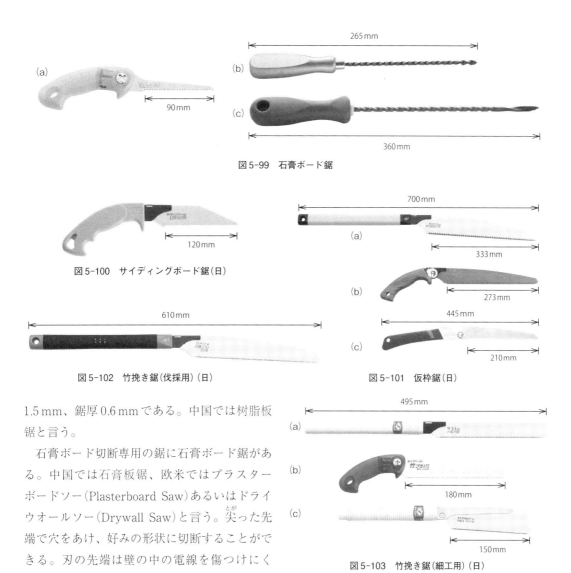

図 5-99 石膏ボード鋸

図 5-100 サイディングボード鋸（日）

図 5-101 仮枠鋸（日）

図 5-102 竹挽き鋸（伐採用）（日）

図 5-103 竹挽き鋸（細工用）（日）

1.5 mm、鋸厚 0.6 mm である。中国では樹脂板鋸と言う。

　石膏ボード切断専用の鋸に石膏ボード鋸がある。中国では石膏板鋸、欧米ではプラスターボードソー（Plasterboard Saw）あるいはドライウオールソー（Drywall Saw）と言う。尖った先端で穴をあけ、好みの形状に切断することができる。刃の先端は壁の中の電線を傷つけにくいように丸くなっている。**図 5-99**(a)は刃渡り90 mm、歯距 1.6 mm、鋸厚 0.9 mm であり、コンクリートパネルの切断もできる。石膏ボード鋸には、**図 5-99**(b)(c)のような丸棒に溝が切られて外周に鋸歯を付けた、いわゆるドリルと鋸刃を組み合わせた鋸もある。先端で穴をあけ、その後丸棒の周囲の鋸歯で自由に切断する。(b)はファイルソー、(c)はドリルソーと呼ばれる。いずれも押し挽きと引き挽きの両方ができる。電話線、コード、パイプのための穴あけ、剣り抜き、剣り広げなどの作業に有利である。石膏ボードの他に木材、合板、薄いプラスチック、厚いボール紙などにも使用できる。

　サイディングボード鋸は窯業系サイディングボード切断用であり、中国では外壁装飾板鋸と言う。**図 5-100**のサイディングボード鋸は、刃渡り 120 mm、歯距 1.5 mm、鋸厚 0.6 mm である。

　仮枠鋸は仮枠作業に用いる**図 5-101**の鋸である。縦横斜め挽きが可能である。切断精度を必要とせず早切りが必要なため、鋸厚が厚く目の粗いのが適している。**図 5-101**(a)は刃渡り 333 mm、歯距 2.8 mm、鋸厚 0.9 mm である。(b)は刃渡り 273 mm、歯距 2.4 mm、鋸厚 0.8 mm である。(c)は刃

渡り210 mm、歯距3.0 mm、鋸厚0.9 mmであり、使用しないときは鋸身を折り込むことができる。(b)と(c)は剪定作業に使用することもできる。なお、前出の中国の魚头刀鋸も仮枠鋸の1種である。

竹を挽く竹挽き鋸には、伐採用と細工用がある。**図5-102**は伐採用の竹挽き鋸であり、刃渡り333 mm、歯距2.4 mm、鋸厚0.9 mmである。**図5-103**は細工用の竹挽き鋸であり、(a)は刃渡り225 mm、歯距1.5 mm、鋸厚0.66 mmである。(b)は刃渡り180 mm、歯距1.5 mm、鋸厚0.5 mmである。(c)は背金があり、刃渡り150 mm、歯距1.0 mm、鋸厚0.3 mmである。

細工用の竹挽き鋸には、**図5-104**に示す弦架鋸形状もあり、竹弓鋸あるいは竹挽き弦架鋸と呼ばれ、枠鋸の1種である。**図5-104**の竹弓鋸は刃渡り280 mm、歯距1.8 mm、鋸厚0.3 mmである。

中国では、竹挽き弦架鋸は竹框架鋸、竹弓

図5-104　竹弓鋸（日）

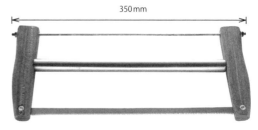

図5-105　竹框鋸（台）

図5-106　炭切り鋸（日）

鋸は竹弓鋸と言う。台湾の竹弓鋸も**図5-104**と同じ形状であり、枠間隔430 mm、枠高さは115 mm、刃渡り310 mm、歯距1.4 mm、鋸厚0.4 mmである。押し挽き用と引き挽き用がある。その他に、台湾の竹挽き鋸には、竹框鋸と呼ばれる小型の枠鋸がある。**図5-105**の鋸は枠間隔325 mm、枠高さ125 mmである。刃渡り320 mm、歯距1.4 mm、鋸厚0.7 mmである。

炭の長さを整える鋸は炭切り鋸である。木材の精密横挽き用鋸を用いる。**図5-106**の鋸は、刃渡り225 mm、歯距1.2 mm、鋸厚0.4 mmである。柄が短いのが特徴である。中国では切炭鋸と言う。

第6章　鉋

　かんなは日本と台湾では鉋と表記し、金偏に包むと書く。金は刃物、包のつつむは鉋台に刃物をはめ込むことを意味する。中国では刨と表記し、包に刂と書く。刂は刃物を意味するので、鉋と同義である。鉋はこのように鉋台に鉋身を差し込んだ工具を言う。この鉋は台鉋と呼ばれ、現在最も一般的な鉋である。

　台鉋の歴史は比較的浅く、古くは日本と中国ではヤリガンナ（鐁、槍鉋）が使用されていた。平安、鎌倉、室町時代には、斧や鑿で打ち割りして製材した材をチョウナ（釿）ではつった後に、ヤリガンナで凹凸面を仕上げ削りした。中国では、春秋時代から漢時代までチョウナで荒削りした後にヤリガンナで仕上げ削りしたと言われている。台鉋は室町時代半ばに出現したが、現在の引いて削る鉋ではなく、押して削るツキガンナ（突鐁、推鉋）である。鉋台の小端両面に柄が付いた鉋であり、17世紀前半に中国から伝わったと言われている。中国のツキガンナは10から15世紀の間に出現し、ヨーロッパではローマ時代には既にツキガンナが使用された。日本では、押し削り式のツキガンナが江戸時代中期に引き削り式の台鉋に変わったと考えられている。これは日本では鉋を伝統的に座式工作台で使用したことによるのではないかと言われている。座式の場合、押すより引く方が力が入りやすいからである。また、台鉋は鉋台に鉋身のみをはめ込む一枚鉋であるが、逆目削り時に一枚鉋で逆目を止めることはかなりの熟練を要する。日露戦争頃に熟練大工の不足から、逆目を防ぐために鉋身と裏金を鉋台にはめ込む二枚鉋（合わせ鉋）が考案されたと言われ[68]、現在に至っている。

6.1　構　造

6.1.1　鉋の構造

　鉋は鉋身（Plane Iron）と鉋台（Body）から構成されるが、これを一枚鉋と言う。さらに裏金（Cap Iron）が加わった鉋を二枚鉋と言う。加工目的によって各種の鉋があり、構造も異なる。そのうち最も基本的な平鉋について、日本、中国、台湾、欧米の鉋を図6-1に示す。

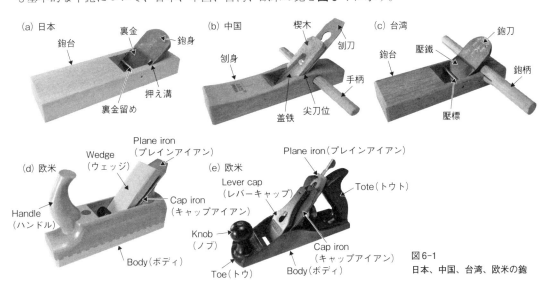

図6-1　日本、中国、台湾、欧米の鉋

第6章　鉋

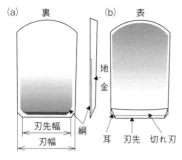

図6-2　鉋身の構造

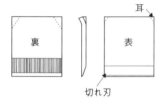

図6-3　裏金(日)

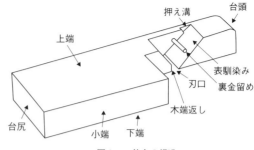

図6-4　鉋台の構造

日本の鉋は図6-1(a)のように、鉋身は、削り屑を溜め排出するために鉋台上端に設けられた甲穴(こうあな)の両側に掘られた押え溝に挿入し、裏金は裏金留めで固定する。引き削りをする。

中国の鉋は(b)のように、厚さが一定の薄い鉋身(刨刀)に裏金(盖铁)をボルトで固定した後に鉋台(刨身)の押え溝(尖刀位)に挿入し、木製の楔(くさび)(楔木)で固定する。鉋台には木製の取っ手である柄(刨柄)が付けられており、柄を両手で握って押し削りをする。

台湾の鉋は(c)のように、押え溝がないので、鉋身(鉋刀)と裏金(壓鐵)は裏金留め(壓標)で鉋台に固定する。鉋台の柄(鉋柄)は取り外すことができるので、押し削りと引き削りの両方ができる。

欧米の鉋は、鉋台が(d)の木製と(e)の金属製の2種がある。いずれも厚さが一定の薄い鉋身に裏金をボルトで固定し、その後一体になった鉋身と裏金を木製鉋台では木製楔(Wedge)で、金属製鉋台ではレバーキャップ(Lever Cap)で鉋台に固定する。いずれも押し削りをする。

6.1.2　鉋身と裏金の構造

鉋身は刃先で木材を削る刃物である。日本の平鉋の鉋身は図6-2のように、頭部から刃先に向けて薄くテーパになっているので、鉋台に確実に保持される。鉋身は鋼と地金(じがね)が鍛接されており、製造方法は後述する。地金には柔らかく研ぎやすい極低炭素鋼を使用し、和鉄、釜地(かまじ)、錬鉄(れんてつ)、極軟鉄、錨鉄など、鋼(はがね)は炭素鋼と特殊鋼があり、炭素鋼には玉鋼、白紙、青紙、スウェーデン鋼など、特殊鋼には、東郷鋼、高速度鋼(ハイス鋼)(SKH51)などがある[44]。

切れ刃の左右両端の耳は、鉋台の押え溝に入って鉋削りを行わないので、押え溝の深さ分斜めに欠き取られている。鉋身の大きさは刃幅で表す。汎用される刃幅は、表6-1の通りである。

裏金は二枚鉋の鉋台に鉋身と一緒に仕込む。刃先は二段研ぎされ、頭の両端の耳は曲げられている。鉋身と裏金は刃裏どうしを密着させるため、いずれも刃裏は完全な平面が要求される。この平面出し作業を裏押しと言う。裏押しを容易にするために鉋身と裏金の裏は窪ませてある。これを裏透きと呼ぶ。

台湾の鉋身は、日本と同じく鋼と地金を鍛接して作られている。日本と同じ形状であるが、耳は欠き取られていない。刃幅の多くは、36、42、48、55、60、65mmである。台湾の裏金(壓鐵)も日本と同じ形状である。

表6-1　鉋身の幅

刃　幅		刃口幅	旧称
60mm	2寸	1寸7分	寸四
65mm	2寸2分	1寸9分	寸六
72mm	2寸4分	2寸5厘	寸八

表6-2　樹種別適正仕込み勾配

樹　種	仕込み勾配	鉋身刃先角
キリ、スギ、ヒノキ、マツ	31〜38°	20°
ラワン、セン、サクラ、ナラ	40〜42°	25°
シタン、コクタン、チーク	45〜90°	35°

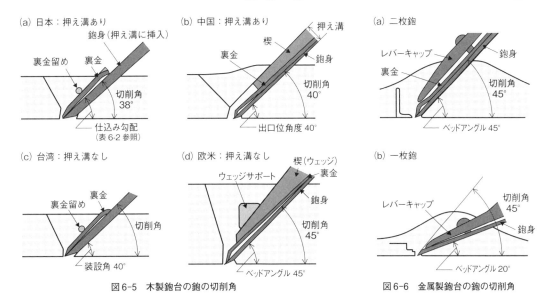

図6-5 木製鉋台の鉋の切削角　　　図6-6 金属製鉋台の鉋の切削角

中国と欧米の鉋身は、**図6-5**(b)(d)のようにいずれも厚さが一定で薄い。裏金も同様である。いずれも鉋身の刃裏に裏透きはなく、平面である。材質は高速度鋼、クロムバナジウム鋼などである。中国の刃幅の多くは、36、40、44、48、51 mmである。欧米は39、45、48、60 mmである。裏金は先端が折れ曲がった形状であり、刃先は二段研ぎされている。

6.1.3 鉋台の構造

鉋台は木材を削る定規と鉋身を保持する役割を果たす。鉋台は前述のように、木製と金属製の2種がある。木製鉋台の台頭は、刃先の調整と鉋身と裏金を抜くときに叩かれるために、鉋台には硬くて靭性に富む木材が使われる。日本ではシラカシ、アカガシ、中国ではシタン、コクタンなど、台湾では赤皮(中国名：赤柯、石櫧)が使われる。欧米の鉋台は本体と鉋台下面の材料が異なり、本体にはヨーロピアンビーチ(European Beech)、レッドビーチ(Red Beech)が、鉋台下面にはホーンビーム(Horn Beam)、リグナムヴァイタ(Lignum Vita)の他に、金属板が使われる。

日本の鉋台の各部の名称は**図6-4**の通りである。上端には甲穴があり、甲穴側面には鉋身を挿入する押え溝が掘られている。また、裏金を保持する裏金留めが打ち込まれている。鉋身を仕込んだ時に鉋身の表が接する面は表馴染みである。鉋台下面は下端であり、鉋削り中に材面と接触して擦り合う。下端は二枚一組の直線定規でできた下端定規を用いその平面性を検査しながら、台直し鉋で刃口元と台尻の2点接触に仕上げる。刃先がのぞく鉋台下端の口空き部は刃口である。刃口は下端の台頭側に位置するが、特に欧米の鉋は進行方向に対して鉋台の前方に位置している。削り屑は刃先と木端返しの間の隙間を通って排出する。この隙間の距離を刃口距離と呼び、長くなると削りにくくなる。鉋身の裏と下端との角度を仕込み勾配と言う。一般の鉋の仕込み勾配は38°であり、8分勾配あるいは8寸勾配とも呼ぶ。**表6-2**のように、削られる木材の硬軟によって適正仕込み勾配は異なる。この角度は切削角であり、切削角は削り抵抗に大きな影響を与える重要な因子である。

鉋身と裏金の木製鉋台への保持方法は、上述のように国によって異なる。日本、中国、台湾、欧米の各鉋の保持後の状態は**図6-5**の通りである。鉋身の切れ刃はいずれも鉋台下端側に向いている。日本と中国の鉋台には押え溝がある。日本の鉋は**図6-5**(a)のように鉋身を押え溝に挿入するが、仕

込み勾配が切削角になる。中国の鉋は、(b)のように鉋身、裏金、楔を押え溝に挿入する。鉋身を取り付ける鉋台の傾斜面と鉋台下端との角度を、欧米ではベッドアングル(Bed Angle)、中国では出口位角度、台湾では装設角と言う。中国の鉋身は厚さが一定なので、出口位角度が切削角になる。中国の一般の出口位角度は40°、45°である。(c)(d)の台湾と欧米の鉋台は、押え溝がない。台湾の鉋身は日本の鉋身と同様に厚さが一定でないので、装設角と切削角は一致しない。一般の装設角も40°、45°である。欧米の鉋身は厚さが一定なので、ベッドアングルが切削角になる。欧米の一般のベッドアングルは45°、50°である。

　金属製鉋台の鉋は欧米に多くある。鉋身と裏金の鉋台への保持状態は**図6-6**の通りである。**図6-6**(a)は鉋身の切れ刃が鉋台下端側に向いている一般的な二枚鉋である。鉋身は厚さが一定なので、ベッドアングルが切削角になる。一般の平鉋のベッドアングルは45°である。50°、55°もあり、この角度の鉋はハイアングルプレイン(High Angle Plane)と呼ばれる。また、(b)の鉋身の切れ刃が鉋台上端側に向いている一枚鉋もある。ベッドアングルは20°あるいは12°であり、ベッドアングルと鉋身の刃先角の和が切削角になる。ベッドアングル12°の鉋はローアングルプレイン(Low Angle Plane)と呼ばれる。

6.1.4　裏金の役割

　裏金は効かせることにより、逆目削り時に逆目を止めることができる。「裏金を効かせる」とは、鉋身の刃先から裏金の刃先までの距離(裏金後退量、裏金の引き込み)を0.1～0.3mmに設定することである。**図6-7**に裏金後退量を図示する。裏金なしや裏金を効かせない状態で逆目削りを行うと、加工面に逆目ぼれが発生する。しかし、刃先の出を小さく設定して裏金を効かせると逆目ぼれを防ぐことができ、良好な加工面を得ることができる。このように裏金を効かせて鉋削りを行うと、**図6-8**のように真っ直ぐな削り屑が前方に流れるように排出する。裏金を効かせていない状態で鉋削りを行うと、削り屑はくるくる回ったカール状である。裏金後退量の実測は困難であるが、この設定状態の良否は削り屑の形状から判断することができる。なお、裏金を効かせても刃口距離が長いと逆目を止めることは困難であるので、刃口を狭くすることが大切である。

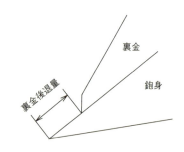

図6-7　裏金後退量

6.2　製造工程

　鉋身の製造、鉋身の研ぎ、鉋台の製造は分業で行われる。鉋身の製造工程は次の通りである。

図6-8　裏金を効かせた鉋による木材の鉋削り

❶ **鍛接**：地鉄に鋼をのせる形を作るシキ作りをする(**図6-9**①)。地鉄の上に鋼を載せてコークス炉内で加熱する。ノタ打ちを行い、機械ハンマーで鍛錬をする(同②)。

❷ **成形型抜き**：機械プレスで鉋身の形に型抜きをする(同③)。

❸ **裏研磨**：砥石で酸化膜を削り取る(同④)。

❹ **裏バフ仕上げ**：裏をバフ仕上げする。

❺ **槌目入れ**：裏の地鉄部を槌で叩いて槌目を入れる。

❻ **裏造り**：槌で甲を叩き、裏を浅い曲面にする(同⑤)。

❼ 荒研磨整形：砥石で鉋身の側を研磨し、所定幅に整形する。槌で叩いて歪みを取る。
❽ 仕上げ整形：砥石で甲と頭を研磨して仕上げる（同⑥）。
❾ 裏生研ぎ：刃裏をバフ研磨して、焼入れ性を高める（同⑦）。
❿ 刻印打ち：地鉄部に銘を刻印する。
⓫ 泥塗り：焼入れ硬さを均一にするため、水で溶かした砥の粉を刷毛で塗り、素早く乾燥させる。
⓬ 焼入れ：鉋身の鋼を硬くするため炉で加熱し（同⑧）、水槽に入れて急冷する（同⑨）。
⓭ 焼戻し：粘り強さを持たせるため焼戻しをする。
⓮ 仕上げ歪み取り：焼戻しによって生じた歪みを取る（同⑩）。
⓯ 裏仕上げ：裏の地鉄部をワイヤーバフで磨く。
⓰ 焼研ぎ：裏透きをバフ研磨する（同⑪）。
⓱ 木砥当て：焼研ぎを行った面を木車に押し当てて磨く（同⑫）。

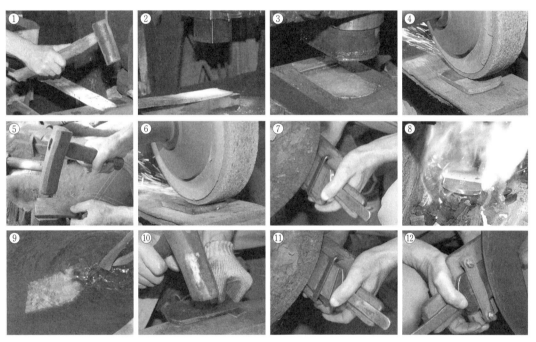

図6-9 鉋身の製造工程

鉋身の研ぎ工程は次の通りである。
❶ 荒研ぎ：直径の大きい丸砥石で荒研ぎをする（図6-10①）。
❷ 裏出し：金床上で槌で叩いて裏出しをする（同②）、再度荒研ぎを行って、鉋身の両耳を研ぎ、耳取りをする。
❸ 裏押し：水平に回転する中砥石で裏押しをする（同③）。
❹ 仕上げ裏押し：天然仕上げ砥石で裏押しをする。
❺ 刃当て：鉋身の切れ刃を丸砥石の外周上で研ぎ、水平に回転する中砥石で研ぐ。
❻ 本仕上げ：鉋身を中砥石で研ぎ、仕上げ砥石で研ぐ（同④）。

図6-10　鉋身の研ぎ工程

鉋台の製造工程は次の通りである。材料はシラカシの天然乾燥材である。

❶ 木造り：台木を所定の厚さと幅に加工する。
❷ 寸法切り：丸鋸盤で端切りをする。
❸ 墨付け：台木に曲尺と定規で墨付けする。
❹ 荒堀り：鑿で返し、甲穴両側面、表馴染、木端返しの順に掘る（図6-11①、同②）。
❺ 押え溝作り：胴付き鋸で鋸目を入れ（同③）、鑿で掘って押え溝を作る（同④）。
❻ 仕込み：鑿で返し、甲穴両側面、表馴染、押え溝の仕込みをする。
❼ 口切り：鑿で木端返しを打ち落とし（同⑤）、台頭を面取りする。
❽ 本仕込み：鎬鑿(しのぎのみ)で表馴染を仕上げる（同⑥）。
❾ 押え棒用穴あけ：押え棒を打ち込む位置をけがき、ボール盤で穴をあける（同⑦）。
❿ 表面削り仕上げ：鉋台の小端、下端、上端を鉋削りし、面取りをする。
⓫ 押え棒打ち込み：押え棒を穴に差し込み、両口玄能で打ち込む（同⑧）。
⓬ 刻印打ち：鉋台の台尻に銘を刻印する。

図6-11　鉋台の製造工程

　一般に鉋は購入後直ちに使用できる状態になく、鉋身と裏金の研ぎ、鉋台の調整を行う必要がある。鉋削りを行う作業者にとってこれらの技能の習得は重要である。鉋身と裏金の研ぎ、鉋台の調整方法は図6-12の通りである。

❶ 裏押し：曲尺で鉋身と裏金の刃裏の平面を検査し、平面が出ていなければレールアンビル上で裏出しをする（図6-12①）。金盤(かなばん)の上に金剛砂(こんごうしゃ)をまいて水を盛り、金盤上で裏押しをする（同②）。水研ぎで鏡面仕上げする（同③）。鉋身と裏金の裏面どうしを接触させ、正確に裏押しができているか確認する（同④）。
❷ 表馴染みの調整：油の付いた布で鉋身の表を拭いて鉋台に差し込み、表馴染みの油付着部分をやすりのみで落とし、鎬鑿と薄鑿で調整する（同⑤）。
❸ 押え溝の調整：上端の押えを面取りし、追入

れ鑿で押え溝を調整する(同⑥)。

❹ **表馴染みの仕上げ**：鎬鑿で表馴染みを仕上げる(同⑦)。

❺ **下端の調整**：鉋台に鉋身と裏金を挿入し、下端定規で下端の状態を検査しながら、台直し鉋で下端を刃口元と台尻の2点接触に仕上げる(同⑧)。

❻ **下端の刃口修正**：刃口距離が約0.7 mmになるように広鑿で木端返しを打ち落とす(同⑨)。

❼ **鉋身と裏金の研ぎ**：鉋身をダイヤモンド砥石、中砥石(#800、#1200)、仕上げ砥石の順で研ぎ(同⑩)、発生した刃返りは仕上げ砥石で取る。裏金はダイヤモンド砥石と中砥石(#800)で研ぐ(同⑪)。

❽ **試し削り**：削り具合から鉋身と裏金の研ぎ、鉋台の調整の良否を確認する(同⑫)。

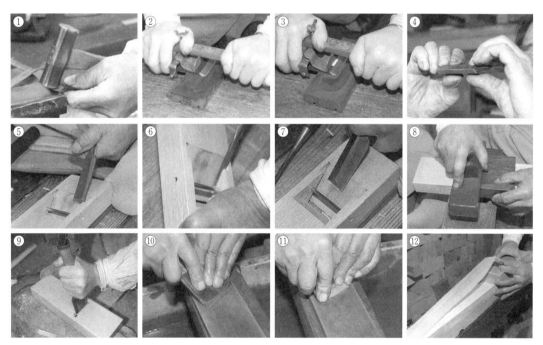

図6-12　鉋身と裏金の研ぎ、鉋台の調整方法と試し削り

6.3　種　類

鉋は加工目的によって分類することができる。各種鉋を用いて加工する加工面の主な形状は図6-13の通りである。

(a)は平らに削る最も一般的な平削りであり、平鉋で行う。(b)は入隅の際などを削る際削りであり、際鉋で行う。(c)は鴨居や敷居などを削る溝削りであり、決り鉋あるいは底取り鉋で行う。(d)は溝の側面を削る脇削りであり、脇鉋で行う。(e)(f)は角削りであり、面取り鉋で行う。(g)は丸い外側を削る曲面削りであり、内丸鉋で行う。(h)は丸い内側を削る曲面削りであり、外丸鉋で行う。(i)は反った凹面に削る湾曲削りであり、反り台鉋で行う。(j)は反った凸面に削る湾曲削りであり、逆反り台鉋で行う。なお、図中の矢印は鉋身が移動する方向である。

6.3.1　平面削り用鉋

平鉋は木材を平面に削る。裏金のない一枚鉋とある二枚鉋に分けられる。削る目的が異なる、荒仕工鉋、中仕工鉋、上仕工鉋、長台鉋、木口鉋、立鉋、返し刃鉋、隅突き鉋がある。

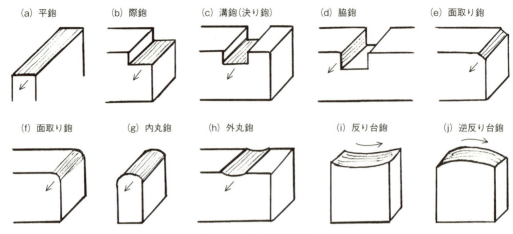

図6-13 鉋と加工面の分類

(1) 荒仕工鉋 荒仕工鉋は荒削り用の平鉋である。鋸挽き肌を削ってほぼ平滑な削り面を作る、刃口の広い二枚鉋である。刃先の出を大きくして厚い削り屑を排出する。荒削りは通常、荒仕工鉋で行うが、荒仕工鉋よりも速く削り減らす場合は、鬼荒仕工鉋を使用する。削り屑の厚さは1.5 mm以上と厚いので、削り抵抗は大きくなる。削り作業を容易にするために、刃幅と鉋台幅が他

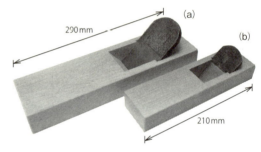

図6-14 (a) 鬼荒仕工鉋(日)、(b) 耗鉋(日)

の平鉋よりも狭い一枚鉋である。**図6-14**(a)の鬼荒仕工鉋は、刃幅65 mm、切削角42°である。荒仕工鉋と鬼荒仕工鉋はいずれも、中国では荒刨、台湾では粗鉋と呼ばれる。

耗鉋は、厚い削り屑を出して幅の広い板を速く削る時に使用する。刃先の出を大きくして横削りを行う、刃口が広い**図6-14**(b)の一枚鉋である。鉋台幅は58 mmで普通の鉋よりも狭く、厚さはやや薄く握りやすい。刃幅42 mm、切削角40°で、鉋身の刃先は外丸鉋のように、中央部が高い凸面状である。

欧米の耗鉋は**図6-15**と**図6-16**のスクラブプレイン(Scrub Plane)である。ラフィングプレイン(Roughing Plane)とも言う。鉋台は、**図6-15**は木製[134]、**図6-16**は金属製[148]である。いずれも刃幅33 mm、鉋台長さ240 mm、切削角45°の一枚鉋である。厚い削り屑を容易に排出できるように、鉋身の切れ刃は耗鉋と同様の凸面状であり、刃口は広い。削る方向は繊維と平行方向ではなく、斜め削りをする。

図6-15 スクラブプレイン(独)[134]

図6-16 スクラブプレイン(加)[148]

(2) 中仕工鉋　中仕工鉋は荒削り後の削り面をさらに平滑な面にするために使用する平鉋であり、図6-17(a)の二枚鉋である。荒仕工鉋よりも刃口が狭く、刃先の出を小さくして削る。刃幅65mm、切削角38°である。

替え刃式の中仕工鉋がある。刃先が丸くなった鉋身を研ぐことなく鋭利な刃に換えることができる。図6-18(a)の細長い替え刃をホルダー先端上にマグネットで吸着させ、その上に替え刃押え板

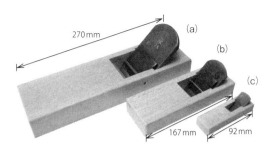

図6-17　(a) 中仕工鉋(日)、(b) 小鉋(日)、(c) 豆鉋(日)

を載せて留めねじで固定する。(b)が固定後の状態である。一体となった鉋身は鉋台の押え溝に挿入される。替え刃押え板は裏金ではない。替え刃の切れ刃と反対側の面の先端は、(c)のように断欠きされており、入り隅上部の削り屑が当たる面が裏金の二段研ぎ面に該当する。従って、替え刃は鉋身と裏金が一体になった刃物であり、鉋削り時に裏金の調整の必要はない。

図6-19の中仕工鉋の鉋台は積層材である。(a)はマカバ積層材のWPC、(b)はブナ積層材である。これらの鉋台は平成初期に作られたが、現在では見ることはできない。

小鉋の厳密な定義はない。刃幅が54mm以下で鉋台が短く、薄いものを小鉋と言い、刃幅24mm以下を豆鉋と言うようである。図6-17(b)は刃幅44mm、切削角38°の小鉋で二枚鉋である。(c)は刃幅18mm、切削角38°の豆鉋で一枚鉋である。

図6-20はシタン、コクタン用の中仕工鉋であり、刃幅48mm、切削角65°である。

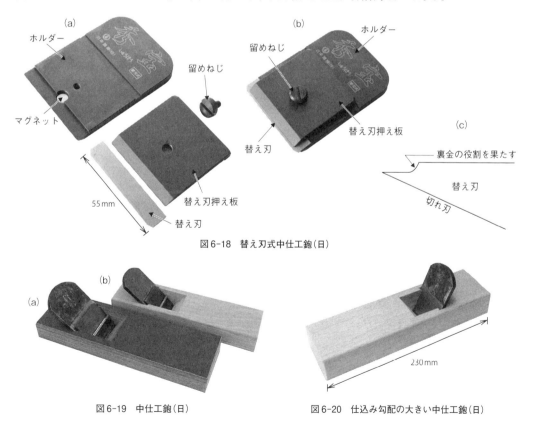

図6-18　替え刃式中仕工鉋(日)

図6-19　中仕工鉋(日)

図6-20　仕込み勾配の大きい中仕工鉋(日)

中国の中仕工鉋は図6-21の中刨、図6-22、図6-23、図6-24の短刨である。鉋台は図6-21、図6-22、図6-23は木製であり、図6-24は金属製である。図6-21の中刨と図6-22の短刨の鉋台長さは280 mmと180 mmで100 mmの差がある。いずれも鉋身と裏金をボルトで固定してから鉋台の押え溝に挿入し、木製楔を打ち込んで鉋台に固定する。中刨は刃幅44 mm、切削角40°、短刨は刃幅44 mm、切削角45°である。

図6-23の短刨は、鉋台長さ100 mm、刃幅24 mm、切削角40°であり、鉋台は極めてユニークな

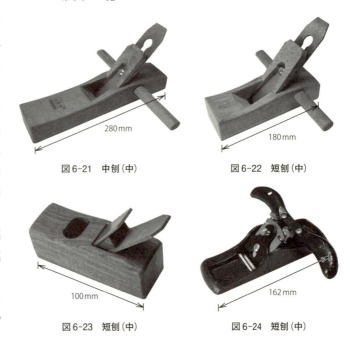

図6-21　中刨(中)　　図6-22　短刨(中)

図6-23　短刨(中)　　図6-24　短刨(中)

形状である。鉋台上端での鉋身と裏金を挿入する穴と削り屑を排出する穴は別であるが、2つの穴は鉋台内部で一緒になっている。木製楔を鉋身と裏金の間に挿入することもユニークである。図6-24の短刨は一枚鉋であり、鉋台長さ162 mm、刃幅38 mm、切削角45°である。柄付きの欧米のベンチプレイン(Bench Plane)と言うことができる。鉋身上方の2つのねじによって刃先の出を調整する。

台湾の中仕工鉋は図6-25と図6-26の粗平鉋、図6-27の光平短鉋である。2丁の粗平鉋は鉋台長さが240 mmと一緒であるが、柄の有無と刃幅が異なり、図6-25は柄付きの60 mm、図6-26は柄なしの48 mmである。いずれも鉋身と裏金を裏金留めで固定するところは日本の鉋と同じであるが、鉋身を挿入する押え溝のないところが異なる。図6-25は押し削りをするが、柄を外せば引き削りもできる。図6-26は押し削りと引き削りの両方が可能である。図6-27の光平短鉋は鉋台が短いので短鉋である。鉋台長さは145 mmであり、粗平鉋に比べて約100 mm短い。刃幅55 mmで柄付きである。柄を外すことはできないので、押し削りする鉋である。切削角はいずれも45°である。

欧米の中仕工鉋はベンチプレインの一種であるジャックプレインである。押し削りをする。図6-28[134]と図6-29[134]のジャックプレインは鉋台が木製である。いずれも鉋身と裏金を先に固定してから鉋台に挿入し、図6-28は木製楔で図6-29はねじで固定する。刃先の出は、図6-28は鉋身の頭を槌で叩いて調整し、図6-29は鉋身の頭の上方に位置する調整ねじで行う。いずれも刃幅48 mm、切

図6-25　粗平鉋(台)　　図6-26　粗平鉋(台)　　図6-27　光平短鉋(台)

図6-28 ジャックプレイン(独)[134]

図6-29 ジャックプレイン(独)[134]

図6-30 ジャックプレインによる鉋削り(独)

図6-31 ジャックプレイン(米)[148]

図6-32 ブロックプレイン(独)[134]

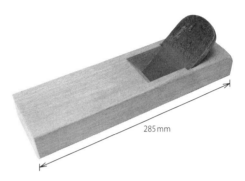
図6-33 上仕工鉋(日)

削角45°である。図6-29のジャックプレインによる鉋削りは図6-30の通りである。図6-31のジャックプレイン[148]は鉋台が金属製であり、刃幅2inch、切削角45°である。

ブロックプレイン（Block Plane）は木端削り、木口削り、留め削り、蟻組接ぎなどの接合面の仕上げ削りなどに使用する。図6-32のブロックプレイン[134]の鉋台は木製であり、鉋台長さ150mmと短いのでジャックプレインの小型と見なすことができる。鉋身の切れ刃は鉋台下端側に向いている。刃幅39mm、切削角50°である。なお、鉋台が金属製のブロックプレインもあるが、鉋身の切れ刃の向きは図6-32とは逆で、鉋台上端側に向いており、返し刃鉋になるので後述する。

（3）上仕工鉋　上仕工鉋は中仕工鉋によって削られた面を美しく滑らかな面にするための鉋である。仕上げ仕工鉋とも呼ぶ。図6-33の一枚鉋と二枚鉋の2種がある。いずれも刃口が狭く、刃先の出を小さくして仕上げ削りを行い、極めて薄い削り屑を出す。そのために鉋身の入念な研ぎと鉋台下端の調整が重要である。図6-33の上仕工鉋は、刃幅65mm、切削角42°である。

図6-34の上仕工鉋はスライド式口埋め鉋と呼ばれ、刃口の損耗対策用に台形のコクタンの埋木が鉋台上端から刃口に向かってはめ込まれている。刃口が広がった時に、埋木の頭部を槌で叩いて埋木を刃口側に移動させ、木端返しを新たに作ることによって刃口を再び狭くすることができる。刃幅72mm、切削角40°である。

刃幅が3寸(91mm)以上の上仕工鉋を大鉋と呼ぶ。3寸角、4寸角、5寸角の角材（柱材）の平面を仕上げる二枚鉋である。刃幅の狭い鉋で柱材を削ると削り目に段差が出やすいが、大鉋を用いると段差を生ずることがない。しかし、刃幅が広いので鉋身の研ぎや鉋台の調整が難しい。大鉋による鉋削りは極めて難しく、かなりの熟練を要する。大鉋は中国では大刨、台湾では大鉋と言う。

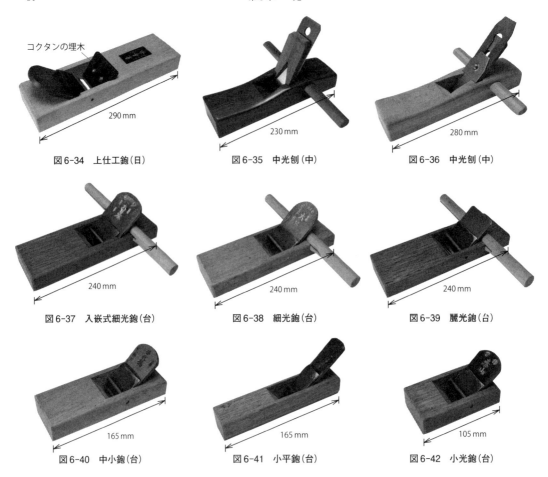

図6-34　上仕工鉋(日)　　図6-35　中光刨(中)　　図6-36　中光刨(中)
図6-37　入嵌式細光鉋(台)　図6-38　細光鉋(台)　　図6-39　麗光鉋(台)
図6-40　中小鉋(台)　　図6-41　小平鉋(台)　　図6-42　小光鉋(台)

　中国の上仕工鉋は光刨である。浄刨とも言う。いずれも柄があり、押し削りをする。光刨は大きさによって、大光刨、中光刨、小光刨に分けられる。図6-35の中光刨は鉋台に柄が付いた一枚鉋である。押溝に鉋身を挿入して楔で固定する。刃幅44mm、切削角60°である。図6-36は中光刨であり、鉋台は竹積層材である。鉋身を固定する楔は鉋身の表と鉋台の表馴染みの間に挿入する、中国では珍しい鉋である。刃幅44mm、切削角50°である。その他に、押え溝がなく、鉋身と日本式形状の裏金を裏金留めで固定する、星式(シンガポール式)格木刨もある。

　台湾の上仕工鉋は、細光鉋、麗光鉋、中小鉋、小平鉋、小光鉋である。いずれも二枚鉋である。図6-37は押え溝がある入嵌式細光鉋であり、修光鉋とも呼ぶ。図6-38は押え溝のない細光鉋であり、中鉋とも呼ぶ。図6-39は麗光鉋である。鉋台長さはいずれも240mmであり、柄の取り外しができるので、押し削りと引き削りの両方ができる。細光鉋の鉋身は頭部から刃先に向けて薄くテーパになっているが、麗光鉋は厚さが一定で薄い。刃幅は、入嵌式細光鉋54mm、細光鉋と麗光鉋60mm、切削角はいずれも42°である。台湾の上仕工鉋の小鉋は、図6-40の中小鉋、図6-41の小平鉋、図6-42の小光鉋(短鉋、賊仔鉋)である。小平鉋は平高鉋とも言う。いずれも鉋台に押え溝はなく、柄がないので引き削りを行う。鉋台長さは中小鉋と小平鉋165mm、小光鉋105mmである。刃幅は、小平鉋24mm、中小鉋と小光鉋42mm、切削角42～45°である。

　欧米の上仕工鉋はスムーシングプレイン(Smoothing Plane)である。図6-43と図6-44は木製鉋台[134]、図6-45は金属製鉋台[146]である。図6-43と図6-44は、刃幅48mm、切削角50°である。図

6.3 種　類

図6-43　スムージングプレイン(独)¹³⁴⁾　　図6-44　スムージングプレイン(独)¹³⁴⁾　　図6-45　スムージングプレイン(独)¹⁴⁶⁾

6-45は、刃幅44 mm、切削角45°である。

（4）**長台鉋**　長台鉋は鉋台長さが360〜600 mmとかなり長い平鉋である。荒仕工用の一枚鉋、中仕工用と上仕工用の二枚鉋がある。**図6-46**(a)の中仕工用の長台鉋は、鉋台長さ400 mm、刃幅65 mm、切削角40°である。鉋台の小端は摩耗による減りや直角の修正によって次第に狭くなるので鉋台片側面の幅が広くなっている長台鉋もある。(b)の幅広の部分は長スリあるいはズリ²⁷⁾と呼ばれる。板材の表面仕上げの他に、正確な平面を必要とする板材の木端の仕上げ削りなどに使用される。

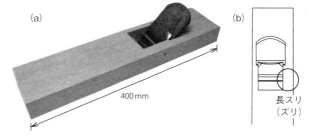

図6-46　長台鉋(日)

中国の长台鉋は**図6-47**の长刨、台湾の长台鉋は**図6-48**の細平鉋である。长刨の形状は中国の中刨と同じであり、鉋台長さ350、400、450 mmである。細平鉋には、押え溝のある入嵌式細平鉋と押え溝がないのもある。**図6-48**は押え溝のない細平鉋である。鉋台長さ330、360 mm、刃幅44 mm、切削角40°である。中国の长刨と台湾の細平鉋はいずれも鉋台に柄が取り付けてあるが、长刨は固定式、細平鉋は取り外しが可能である。従って、长刨は押し削りであり、細平鉋は押し削りと引き削りが可能である。

図6-47　长刨(中)

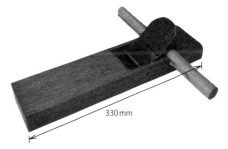

図6-48　細平鉋(台)

欧米の長台鉋はジョインタープレイン(Jointer Plane)とフォアプレイン(Fore Plane)である。鉋台長さは、ジョインタープレイン550 mm(22 inch)あるいは600 mm(24 inch)、フォアプレインは450 mm(18 inch)とジョインタープレインに比べて短い。ジョインタープレインは17世紀に英国で鉋台長さが500 mm(20 inch)以上の平鉋に対して付けられた名称であり¹¹⁷⁾、トライプレイン(Try Plane)と呼ばれることもある。ジョインタープレインの鉋台は木製と金属製がある。**図6-49**は鉋台が木製¹⁵⁴⁾で、鉋台長さ600 mm、**図6-50**は鉋台が金属製¹⁴⁶⁾で、鉋台長さ540 mmである。いずれも刃幅60 mm、切削角45°である。

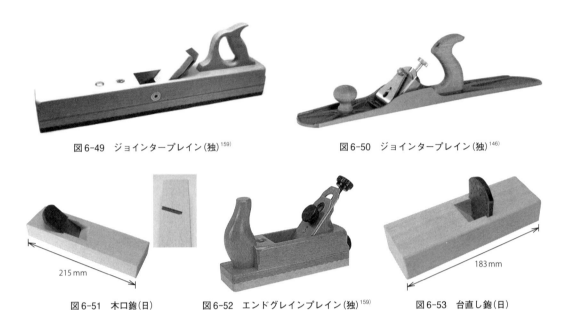

図6-49 ジョインタープレイン(独)[159]　　図6-50 ジョインタープレイン(独)[146]

図6-51 木口鉋(日)　　図6-52 エンドグレインプレイン(独)[159]　　図6-53 台直し鉋(日)

(5) 木口鉋　木口削りには、前出の上仕工鉋の一枚鉋が一般に使用される。その他に、同じ一枚鉋で木口削り専用の図6-51の木口鉋がある。際鉋のように、鉋身を鉋台に斜めに仕込んで刃先の一角を鉋台小端に出すが、刃口の傾斜は際鉋とは逆向きになっている。図6-51の木口鉋は、刃口傾斜角20°、刃先幅40mmである。右勝手と左勝手がある。際鉋を木口鉋の代わりに用いることもあり、木口鉋と際鉋は胴付き鉋と呼ばれることがある。木口鉋は、中国では端面刨、台湾では低角度鉋と言う。

欧米の木口鉋は図6-52のエンドグレインプレイン(End Grain Plane)[159]である。鉋台下端には金属板が貼られている。押し削りをする。刃幅45mm、切削角49°である。

(6) 立鉋　立鉋はシラカシ、シタン、コクタンなどの硬木削りに使用する。鉋身を鉋台にほぼ直角に仕込んだ一枚鉋で、切削角が大きい。

とくに鉋台下端の調整に用いる立鉋を台直し鉋とも言う。台均し鉋と呼ばれることもある。図6-53は日本の台直し鉋で刃幅30～60mm、切削角90°であり、引き削りをする。台湾の台直し鉋は図6-54の台直鉋である。刃幅48mm、切削角98°であり、押し削りをする。いずれも鉋台は短く、厚い。日本の台直し鉋による鉋台下端の調整は、図6-12⑧のように横削りによって行う。

欧米の立鉋は図6-55のスクレーパープレイン(Scraper Plane)[146]である。交錯木理材や波状木理材などの鉋削りが困難な場合に使用する。立鉋は、中国では刮刨、台湾では立鉋と言う。スクレーパープレインは図6-56の長方形のスクレーパーブレード(Scraper Blade)であるレクタンギュラースクレーパー(Rectangular Scraper)を金属製の鉋台に固定した鉋である。刃幅70mm、切削角は85°～120°の間で可変である。スクレーパーブレードを取り換えることによって、後述のトウシングプレイン(Toothing Plane)として使用することも可能である。キャビネットスクレーパー(Cabinet Scraper)は後述のスポークシェイヴ(Spokeshave)のような両手で握る形状の鉋台に長方形のスクレーパーブレードを固定した図6-57の鉋[146]である。刃幅70mm、ベッドアングル110°である。中国では木工刮刨(金属框)と言う。

スクレーパーブレードはハンドスクレーパー(Hand Scraper)として片手あるいは両手で握って削

6.3 種　類

図6-54　台直鉋(台)

図6-55　スクレーパープレイン(独)[146]

図6-56　スクレーパーブレード

図6-57　キャビネットスクレーパー(独)[146]

図6-58　ハンドスクレーパーによる掻き取り作業(伊)

図6-60　鉋台下端調整用スクレーパー(日)

図6-59　スクレーパー(スウェーデン)[128]

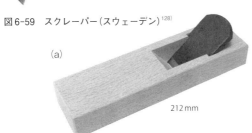

図6-61　返し刃鉋(日)

ることもできる。45°～75°に傾けて、図6-58のように材面の掻き取りを行う。図6-59は欧米のスクレーパー[128](Scraper)である。中国、台湾ともに刮刀と言う。図6-60は日本の鉋台下端調整用スクレーパーである。刃幅は35mmである。

(7) 返し刃鉋　返し刃鉋はシタン、コクタンのような硬材の削りに使用する。鉋身の表と裏を普通の鉋とは逆向きに鉋台に仕込んだ図6-61(a)の一枚鉋である。逆刃鉋とも言う。鉋台の表馴染みに接触する鉋身の面は、(b)のように裏になる。従って、刃裏の刃先付近まで表馴染みに接するため、微動が生じにくく、硬材の美しい削り面が得られる。硬材削りの他に、逆目を起こしやすい木材の鉋削りに適している。図6-61の返し刃鉋は、刃幅40mm、ベッドアングル38°、切削角65°である。欧米では、リヴァースドブレードプレイン(Reversed-Blade Plane)と言う。

　欧米の金属製鉋台のブロックプレインも、図6-6(b)のように鉋身の切れ刃が鉋台の上面側に向いている。日本の返し刃鉋に対応する。傾斜したベッド(表馴染み)の上にプレインアイアン(鉋身)を載せ、レバーキャップで固定する図6-62[160]の一枚鉋である。刃幅35～41mm、ベッドアングル20°である。刃先角25°の鉋身が汎用されるので、切削角は45°になる。刃先角38°、50°の鉋身もあり、切

図6-62 ブロックプレイン(加)[160]

図6-63 ローアングルジャックプレイン(加)[160]

図6-64 隅突き鉋(日)

図6-65 チズルプレイン(加)[160]

図6-66 フラッシュプレイン(加)[160]

削角58°、70°になる。

　ベッドアングル12°のブロックプレインがある。とくに木口削りに有利である。ローアングルブロックプレイン(Low Angle Block Plane)と呼ばれる。その他に、図6-63のローアングルジャックプレイン(Low Angle Jack Plane)[160]、ローアングルジョインタープレイン(Low Angle Jointer Plane)、ローアングルスムーシングプレイン(Low Angle Smoothing Plane)もある。刃先角25°、38°、50°であり、切削角37°、50°、62°になる。

　(8) 隅突き鉋　隅突き鉋は、柱に組んである敷居や鴨居の隅を削って仕上げる二枚鉋である。鉋身の刃先は鉋台前端部に位置するのが特徴であり、押し削りをする。引き出しの内側の隅加工や、接着後はみ出て硬化した接着剤を削るのにも使用する。図6-64の隅突き鉋は、使用しない時の作業者の安全を考慮して、鉋身前方に保護板がねじ止めされている。隅突き作業時には保護板を外す。刃幅60、65mm、切削角38°である。その他に、後述の日本の隅突き底取り鉋、中国の前刀拉線刨と前中双刀拉線刨も隅突き鉋である。

　欧米の隅突き鉋は、チズルプレイン(Chisel Plane)[160]とフラッシュプレイン(Flush Plane)[160]である。際削りと隅突き際削りの他に、図6-65のようにかくし釘の埋木作業で丸棒を差し込んで切断した後の丸棒残部の削り落としに使用し、押し削りをする。鉋身の切れ刃の向きは返し刃鉋と同じである。図6-65のチズルプレインは、刃幅44mm、ベッドアングル15°、刃先角20°、切削角35°であり、図6-66のフラッシュプレインは、鉋身の裏面を材面に接触させて削る。刃幅51mm、刃先角と切削角25°である。その他に、後述のストップラベットプレイン(Stop Rabbet Plane)も隅突き鉋の1つである。

6.3.2　際削り用鉋

　際削り用鉋に、際鉋、定規付き際鉋、蟻際鉋、攻め鉋がある。

　(1) 際　　鉋　図6-67の際鉋は、(b)のように入り隅の際削りや隅角の段欠きに使用する。切れ刃が斜めの鉋身を鉋台に斜めに仕込み、刃先の角を鉋台小端に出す鉋である。右勝手と左勝手がある。図6-67の際鉋は刃口傾斜角15°、刃先幅42mmである。

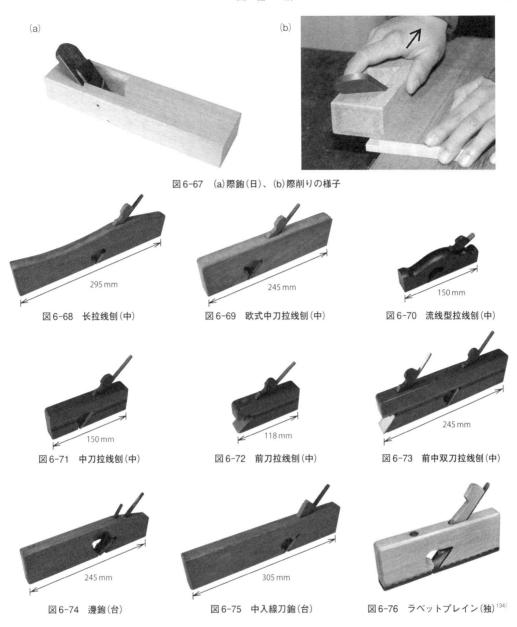

図6-67 (a)際鉋(日)、(b)際削りの様子

図6-68 长拉线刨(中)

図6-69 欧式中刀拉线刨(中)

図6-70 流线型拉线刨(中)

図6-71 中刀拉线刨(中)

図6-72 前刀拉线刨(中)

図6-73 前中双刀拉线刨(中)

図6-74 邊鉋(台)

図6-75 中入線刀鉋(台)

図6-76 ラベットプレイン(独)[134]

　中国の際鉋は拉线刨である。开槽刨、边刨とも言う。図6-68の长拉线刨、図6-69の欧式中刀拉线刨、図6-70の流线型拉线刨、図6-71の中刀拉线刨、図6-72の前刀拉线刨、図6-73の前中双刀拉线刨がある。いずれも一枚鉋であり、木製楔で鉋身を固定する。押し削りをする。図6-68～図6-72の拉线刨は鉋身が1枚の一挺式であるが、図6-73の拉线刨は鉋身が2枚の二挺式である。図6-69の拉线刨は欧米の木製ラベットプレインとほぼ同じ鉋台形状である。図6-70、図6-71、図6-72の3種の拉线刨は鉋台が小型であり、図6-72の拉线刨は隅突き用際鉋である。図6-73の拉线刨の前方の鉋身は隅突き用際鉋になる。図6-68～図6-73の拉线刨は、刃幅21～25.4 mm、切削角30°～50°である。

　台湾の際鉋は邊鉋と中入線刀鉋である。際鉋は嵌鉋とも言う。図6-74の邊鉋は二枚鉋で裏金があるが、その特徴は鉋身と裏金が鉋台の上端面で接していないことである。刃幅21 mm、装設角と切

図6-77 ラベットプレイン(独)[134]

図6-78 ラベットプレイン(独)[134]

図6-79 ストップラベットプレイン(独)[134]

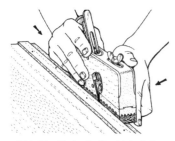
図6-80 ラベットプレインによる際削り[96]

図6-81 ベンチラベットプレイン(米)[148]

図6-82 ラベットブロックプレイン(米)[148]

削角はともに50°である。一方、図6-75の中入線刀鉋は一枚鉋で、木製楔で鉋身を固定する。刃幅24 mm、装設角55°である。いずれも押し削りと引き削りの両方ができる。

欧米の際鉋はラベットプレイン(Rabbet Plane)である。図6-76、図6-77、図6-78、図6-79は鉋台が木製であり、木製楔で鉋身を固定する一枚鉋である。図6-76は最も基本的なラベットプレインである。図6-77は刃口距離調整ナット付き、図6-78は刃先の出調整用つまみ付きである。図6-79は隅突き用のストップラベットプレインであり、チズルラベットプレイン(Chisel Rabbet Plane)とも言う。図6-76～図6-79のラベットプレインは、刃幅18～30 mm、切削角45°～50°である。ラベットプレインによる際削りの方法[96]は図6-80の通りであり、押し削りをする。

ラベットプレインには、鉋台が金属製のベンチラベットプレイン(Bench Rabbet Plane)、ラベットブロックプレイン(Rabbet Block Plane)、ショルダープレイン(Shoulder Plane)、ブルノーズプレイン(Bullnose Plane)がある。

図6-81のベンチラベットプレイン[148]はジャックプレインに似ているので、ジャックラベット(Jack Rabbet)とも言う。刃口付近の鉋台両小端に窓があり、鉋刃の両端は鉋台両側面まで出ている。ラベットプレインよりも刃幅が広いので、幅の広い段欠きが可能である。刃幅54 mm、切削角45°である。ラベットブロックプレインはベンチラベットプレインの小型である。鉋台が小さいので片手で握って段欠き作業などを行う。図6-82[148]はローアングルタイプであり、刃幅44 mm、ベッドアングル12°、切削角37°である。

ショルダープレインは、段欠き加工、柄の際削りや胴付き面の仕上げなどに使用する。鉋台の幅が狭いので、溝加工での底仕上げに用いることもできる。ショルダーラベットプレイン(Shoulder Rabbet Plane)とも呼び、中国では修榫边刨、台湾では邊鉋、樺肩鉋と言う。図6-83のショルダープレインは、刃幅16 mm、ベッドアングル18°、切削角43°である。その他に、鉋身刃先前方のノーズ(Nose)を外すことができるショルダープレインがある。取り外しによってチズルプレインと同じように、隅突き削りができる。

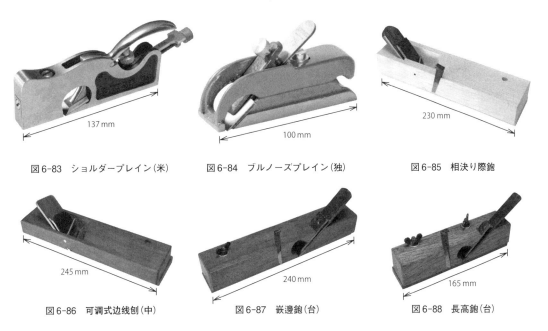

図6-83 ショルダープレイン(米) 図6-84 ブルノーズプレイン(独) 図6-85 相决り際鉋

図6-86 可调式边线刨(中) 図6-87 嵌邊鉋(台) 図6-88 長高鉋(台)

　ブルノーズプレインはブルノーズラベットプレイン(Bullnose Rabbet Plane)とも言う。中国では牛头刨、圆角刨と言う。使用目的はショルダープレインと同じである。ショルダープレインよりも小型で、図6-84のブルノーズプレインは、刃幅27mm、ベッドアングル40°、切削角65°であり、ショルダープレインよりも切削角が大きい。

　(2) 定規付き際鉋　　定規付き際鉋は、相决り接ぎの相欠部の際削りに使用する相决り際鉋である。図6-85のように切れ刃が斜めの鉋身を鉋台に斜めに仕込み、鉋台小端に小刀状の刃物である脇針を取り付けた二枚鉋である。鉋台下端にねじで固定する可動式定規が取り付けられている。刃口傾斜角23°、刃先幅42mmである。右勝手と左勝手がある。鉋台下端の変形と損耗を防ぐために、鉋台下端にシンチュウ板を張り付けたのもある。

　中国の定規付き際鉋は図6-86の可调式边线刨である。日本の相决り際鉋とほぼ同じ形状であるが、脇針がない。裏金は日本式で鉋身と裏金を裏金留で固定する。刃口傾斜角17°、刃先幅48mmである。台湾の定規付き際鉋は、脇針がある図6-87の嵌邊鉋と図6-88の長高鉋である。いずれも押し削りを行い、鉋台の断面はほぼ正方形である。長高鉋は定規付き際鉋の小鉋であり、中邊鉋とも言う。刃幅は、嵌邊鉋22mm、長高鉋15mm、装設角はいずれも40°である。

　欧米の定規付き際鉋は、ラベットプレインの鉋台下端に可動式定規を取り付けたムーヴィングフィリスター(Moving Fillister)である。フィリスターラベットプレイン(Fillister Rabbet Plane)あるいはフィリスタープレイン(Fillister Plane)とも呼ぶ。図6-89のムーヴィングフィリスター[146]は、刃幅39mm、切削角45°である。

　(3) 蟻際鉋　　蟻際鉋は蟻柄の際を削る一枚鉋である。蟻柄用隅鉋とも言う。図6-90のように鉋台小端が下端に対して傾斜しており、その傾斜角は15°である。また、木口鉋や際鉋のように鉋身は鉋台に斜めに仕込まれ、刃口傾斜角10°、刃先幅50mmである。図6-91のような使い方をする。際鉋として使用することもできる。

　(4) 攻め鉋　　図6-92(a)の攻め鉋は、鉋台小端に出ている鋭利な刃先の角によって、(b)のように刳り形や入り隅などの隅を削るのに使用する一枚鉋である。鉋台小端が猿頬面になっている。(a)

図 6-89　ムーヴィングフィリスター(独)[146]　　図 6-90　蟻際鉋(日)　　図 6-91　蟻際鉋の使い方

の攻め鉋の鉋台の寸法は固定定規付き面取り鉋とほぼ同じ大きさである。鉋台下端と小端傾斜面との角度は105°、刃幅19 mm、切削角40°である。加工目的上、鉋身の両角の鋭利さが求められる。

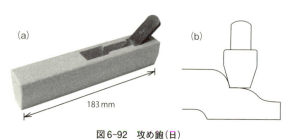

図 6-92　攻め鉋(日)

6.3.3　溝削り用鉋

敷居や鴨居などの溝の底を削る鉋には、決り鉋、機械決り鉋など種類が多い。その他に、V溝を掘る剣鉋などもある。

(1) 決り鉋　決り鉋は、鉋台下端の形状が段欠きされていないものと、されたものの2種がある。鉋台下端が段欠きされていない決り鉋は、鉋台下端と上端の幅が同じであり、図6-93(a)の櫛形決り鉋と(b)の底取り鉋がある。(a)の櫛形決り鉋は鉋台上端がなだらかに湾曲した櫛形である。鑿の形状をした鉋身は竹製楔で固定される一枚鉋である。鉋身は鉋台に斜めに仕込まれ、刃口傾斜角25°である。楔は鉋身の表と鉋台の表馴染みの間に差し込む。溝幅12～24 mmである。(b)の底取り鉋は二枚鉋であり、鉋台小端には指が入りやすいように溝がある。削り屑は鉋台側面から排出される。溝幅は15～30 mm、ベッドアングル45°である。その他に、底取り鉋には隅突き底取り鉋もある。決り鉋は、中国では槽刨、平槽刨、台湾では槽鉋、平槽鉋と言う。

鉋台下端が段欠きされた決り鉋は、図6-94の片方の端が段欠きされた大工決り鉋と、図6-95の両端が段欠きされた大阪決り鉋である。

大工決り鉋は溝加工の粗取りに使用する二枚鉋である。削り屑は鉋台側面から排出する。溝幅は15～30 mmである。大阪決り鉋も二枚鉋であり、段の高さによって溝の最大深さが定まる。削り屑は鉋台上方から排出される。溝幅21 mm、30 mmである。その他に、大阪決り鉋と同じ鉋台の形状

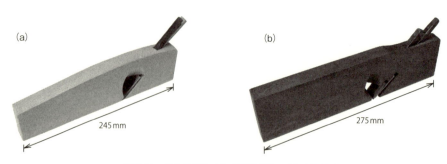

図 6-93　決り鉋(日)：(a) 櫛形決り鉋、(b) 底取り鉋

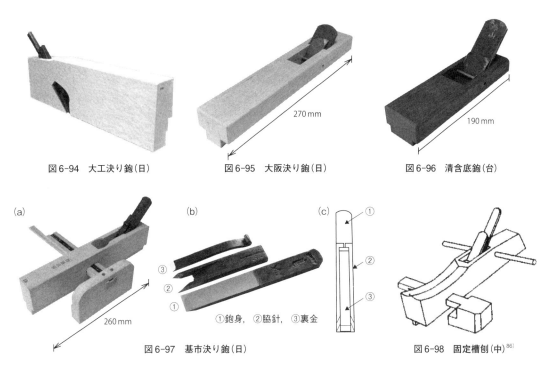

図6-94 大工決り鉋(日)　　図6-95 大阪決り鉋(日)　　図6-96 清含底鉋(台)

①鉋身，②脇針，③裏金

図6-97 基市決り鉋(日)　　図6-98 固定槽刨(中)[86]

の窓枠決り鉋と附け子決り鉋がある。窓枠決り鉋は上下窓の窓枠の戸が滑る溝を作る二枚鉋である。附け子決り鉋は障子の附け子をはめる溝を作るのに使用する二枚鉋である。溝幅は大阪決り鉋に比べて狭く、鉋台の厚さも薄い。大工決り鉋、大阪決り鉋を中国ではそれぞれ建築大工開槽刨、(大阪式)開槽刨と言う。

台湾の窓枠決り鉋は図6-96の清含底鉋である。溝幅36mm、切削角42°である。二枚鉋であるが、鉋台に鉋身を挿入する押え溝はない、押し削りと引き削りの両方ができる。

基市決り鉋は、障子や襖などの浅い溝の溝削りに使用する。大阪決り鉋の鉋台の右側面に鉋台の長さよりも短い定規板を取り付けた鉋である。小田原の道具鍛冶師の基一氏が考案した鉋[25),65)]で、昭和13年頃に出現した[25)]と言われている。基一決り鉋と表記することもある。図6-97のように定規板は竿と一体になっているので、鉋台と竿の間に木製楔を打ち込むことによって定規板が固定される。定規板の内側の面を木材の端面に押し当てながら加工するため、端面と平行な溝を作ることができる。溝の位置は定規の位置調整によって決まる。溝幅9〜21mmである。基市決り鉋は鉋台に(b)の鉋身、脇針、裏金を挿入する。鉋身と脇針を押え溝に挿入して調整後、(c)のように脇針の中央部の溝に裏金を仕込む。図6-97の基市決り鉋は、溝幅18mm、切削角45°である。

中国の基市決り鉋は図6-98の固定槽刨[86)]、台湾の基市決り鉋は図6-99の舊台式槽鉋である。固定槽刨と舊台式槽鉋は基本的に同じ構造であり、定規は大きいブロックである。押し削りをするので丸棒の柄が鉋台に取り付けてある。中国の固定槽刨は脇針がないが、台湾の舊台式槽鉋は脇針がある。舊台式槽鉋による溝加工は図6-100のように押し削りをする。

(2) **機械決り鉋**　図6-101の機械決り鉋は、鉋台と同じ長さの定規板を脇針付きの大阪決り鉋に2組のボルトと蝶ナットで取り付けた構造である。機械作里とも言う。定規の位置調整は調整ねじで行う。鉋台下端の幅の狭い道は、金属あるいはシタンなどの硬材が使われる。溝幅は3〜15mm、切削角45°である。溝幅3mmのものは特に3mm厚のガラスや合板を挿入する狭い幅の溝作りに使用

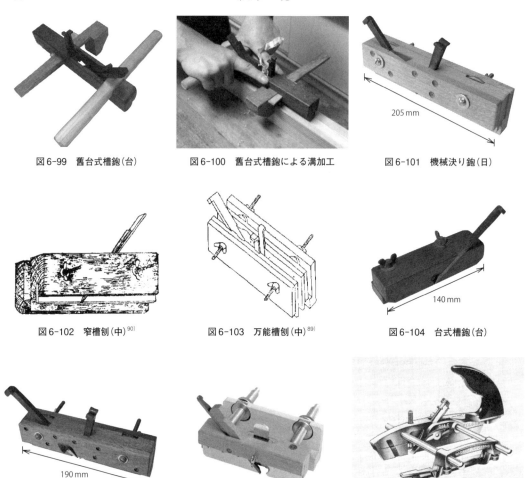

図6-99　舊台式槽鉋（台）　　図6-100　舊台式槽鉋による溝加工　　図6-101　機械決り鉋（日）

図6-102　窄槽刨（中）[90]　　図6-103　万能槽刨（中）[89]　　図6-104　台式槽鉋（台）

図6-105　日式槽鉋（台）　　図6-106　プラウプレイン（独）[134]　　図6-107　プラウプレイン（英）[105]

する。左右2本の脇針によって溝の両脇を仕上げる。

　中国の機械決り鉋は図6-102の窄槽刨[90]と図6-103の万能槽刨[89]であり、台湾の鉋は図6-104の台式槽鉋と図6-105の日式槽鉋（日式嵌槽鉋）である。窄槽鉋と台式槽鉋には脇針がない。いずれも定規を鉋台に固定する2組のボルトと蝶ナットがあり、窄槽鉋は横方向に、台式槽鉋は縦方向に取り付けられている。台式槽鉋は、鉋身の切れ刃が鉋台上端側に向いた返し刃タイプであり、押し削りをする。溝幅5mm、装設角37°、切削角60°である。日式槽鉋は、溝幅8mm、装設角45°であり、引き削りをする。

　欧米の機械決り鉋は、図6-106[134]と図6-107のプラウプレイン（Plow Plane、Plough Plane）[105]である。木材繊維と平行方向の溝加工用鉋として設計された鉋であり、溝の位置を決めるためのフェンスが取り付けてある。図6-106は鉋台が木製で、鉋身の固定は木製楔で行い、溝幅4〜14mm、切削角45°である。図6-107は鉋台が金属製であり、溝幅3〜16mmである。

　太柄決り鉋は機械決り鉋に構造が似た決り鉋である。現在では入手が困難である。その特徴は鉋台下端が段欠きされていないこと、2本の木製角棒で定規板を固定することである。鉋台下端には道はないが、2本の脇針の後ろに打ち込まれ木製楔の先端が道の役割を果たす。

　中国の太柄決り鉋は図6-108の柳刨である。（細小処）窄刨とも言う。木製楔で鉋身を固定し、脇

針はない。溝幅は 3 〜 13 mm、切削角 45°である。鉋台下端の中央と鉋身の表の中央に刻まれたそれぞれの溝に厚さ 2 mm の金属板がはめ込まれている。

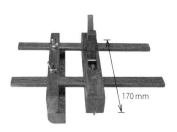

図 6-108 柳刨（中）

（3）ルータープレイン　ルータープレイン（Router Plane）は欧米の溝の両角と底を削る鉋である。その鉋台形状は決り鉋と全く異なる。中国では洋式槽刨と言う。L 型に曲がった鉋身を鉋台の溝に挿入し、鉋台下端から鉋身の刃先までの高さを溝深さに設定して鉋台に固定する。鉋台は図 6-109 の木製[134]と図 6-110 の金属製[148]の 2 種がある。溝幅 10、15、20 mm である。図 6-111 のように、鉋台の両側の取っ手を握って押し削りをする[103]。図 6-112 は約 100 年前のポーランドの書籍に記載されているルータープレイン[115]である。

（4）相決り鉋　相決り鉋は図 6-113 の相決り接ぎの相欠部を決るのに用いる。合決り鉋とも表記し、相欠決り鉋、片決り鉋とも呼ぶ。板厚の半分の深さまで断欠きを行う。図 6-114 の自由相決り鉋は、機械決り鉋のように鉋台下端に左右に移動可能な定規をボルトと蝶ナットで取り付けた構造である。脇針がある。鉋身は鉋台に斜めに仕込まれる。刃口傾斜角 15°、刃先幅 16 mm、鉋台小端での切削角は 45°である。

中国の相決り鉋は边刨と拼板刨である。図 6-115(a) の边刨[90]は日本の相決り鉋とほぼ同じ構造であるが、脇針がない。边刨は図 6-115(b) のように押して削る[186]。図 6-116 は太柄固定式のガイドが移動できる边刨（自由組合式边刨）[80]で、断欠きの幅を調整することができる。図 6-117 は鉋台底面と側面のガイドが自由に移動できるようにした铲刨[90]で、断欠きの幅調整と深さ調整が自由にできる。図 6-118 は拼板刨である。鉋身の固定方法ならびに鉋台の大きさは中国の固定定規面取り鉋と同じであり、幅 7.5 mm、切削角 40°である。最大深さ 5 mm の断欠きができる。

（5）蟻決り鉋　蟻型の相欠き部分を削るのに使用する。蟻決り鉋は凸型の蟻溝を決り、蟻桟鉋と

図 6-109 ルータープレイン（独）[134]

図 6-110 ルータープレイン（米）[148]

図 6-111 ルータープレインによる溝加工[103]

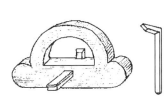

図 6-112 欧州の昔のルータープレイン（1915 年）[115]

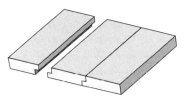

図 6-113 相決り接ぎ

図 6-114 自由相決り鉋（日）

図6-115　(a)边刨(中)[90]、(b)相決り加工[86]

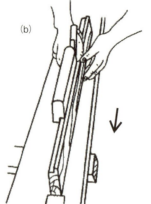

図6-116　边刨(中)[80]

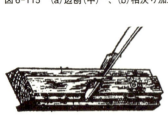

図6-117　铲刨(中)[90]

図6-118　拼板刨(中)

も言う。蟻掛決り鉋は凹型の蟻溝を決る鉋である。

図6-119の蟻決り鉋(調整装置付き)は脇針がある一枚鉋であり、鉋台下端の形状は蟻形である。下端の下側には2本のボルトと蝶ナットで固定できる左右に移動可能な定規がある。その移動距離によって蟻柄(ありほぞ)の深さを調整することができる。蟻勾配67°、刃先幅13mm、切削角45°である。

中国の蟻決り鉋は榫头用燕尾榫边刨である。台湾の蟻決り鉋は**図6-120**の外根鉋である。二枚鉋であり、押し削りをする。蟻勾配

図6-119　蟻決り鉋(日)

67°、刃先幅13mm、鉋台小端での切削角38°である。欧米の蟻決り鉋は**図6-121**のダヴテイルプレイン(Dovetail Plane)[134]である。脇針の代わりに正方形のチップ状の罫引刃(けびきば)が付いている。鉋台下端には金属製の蟻柄の深さを調整する左右移動式のフェンスが取り付けてある。刃幅33mm、切削角45°である。

図6-122の蟻鉋は蟻決りと蟻掛決りを兼ねた鉋である。夫婦(ふうふ(めおと))蟻鉋とも言う。鉋身を鉋台小端の溝に挿入した構造で、2本の脇針がある。蟻勾配67°、刃先幅14mm、鉋台小端での切削角45°である。**図6-123**のように定規を鉋台下端に取り付けると、蟻決り鉋として使用することができる。**図6-124**のように定規を外すと、蟻掛決り鉋として使用することができる。

台湾の蟻掛決り鉋は凹型の蟻溝決り専用の鉋である。**図6-125**の内根鉋であり、門鉋とも言う。引き削りをする。鉋身は鉋台の木端に設けた溝にはめ込まれており、2本の脇針がある。蟻勾配75°、

図6-120　外根鉋(台)

図6-121　ダヴテイルプレイン(独)[134]

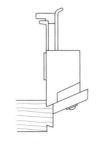
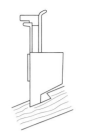

図6-122　蟻鉋（日）　　　　図6-123　蟻決り鉋としての使用　　図6-124　蟻掛決り鉋としての使用

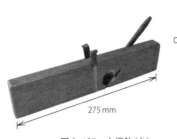

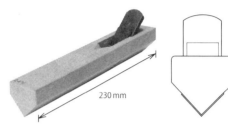

図6-125　内根鉋（台）　　　　　　　　図6-126　剣鉋（日）

刃先幅23 mm、鉋台小端での切削角50°である。中国の蟻掛決り鉋は榫孔用燕尾榫辺刨と言う。

（6）**剣　鉋**　　剣鉋は木材の表面にV溝を掘るのに使用する。剣先鉋とも言う。V溝鉋と呼ばれることもある。**図6-126**のように二枚鉋であり、鉋と裏金の切れ刃は直線ではなくV字で先端は尖っている。刃幅18、24 mm、切削角40°である。剣鉋は、中国ではV形槽刨、台湾では三角鉋、欧米ではパターンメーカーズプレイン（Patternmaker's Plane）、コアボックスプレイン（Core Box Plane）、スウオードプレイン（Sword Plane）と言う。**図6-127**は台湾の三角鉋であり、刃幅15 mm、切削角40°である。その他に、日本には厚経木を材料とする折箱の側を曲げるための三角の溝を掘る剣鉋がある。折り屋鉋と言い、隅折り留め鉋、隅切り折れ鉋とも呼ぶ（P.172参照）。

図6-127　三角鉋（台）

（7）**組手決り鉋**　　組手決り鉋は、障子や襖の組子の組手を作るのに使用する。横削り用決り鉋である。多くの組子を正しく揃えて端金で締め付けてまとめて横削りして欠き取る。鉋身は鉋台に斜めに仕込まれており、2本の脇針がある。**図6-128**の組手決り鉋は、溝幅13.5 mm、刃口傾斜角20°である。

図6-128　組手決り鉋（日）

6.3.4　脇削り用鉋

脇鉋は溝の側面、すなわち敷居や鴨居の脇削りに使用する。脇取り鉋とも言う。脇鉋は、中国では沟槽側面刨、台湾では側邊鉋、欧米ではサイドラベットプレイン（Side Rabbet Plane）と言う。

脇鉋は、**図6-129**のように幅の狭い鉋台側面に仕込んだ剣小刀状の鉋身で削る構造の二枚鉋である。鉋台下端に幅の狭い陸がある。脇鉋の一種に樋布倉鉋があり、比布倉鉋とも表記し、樋布倉とも

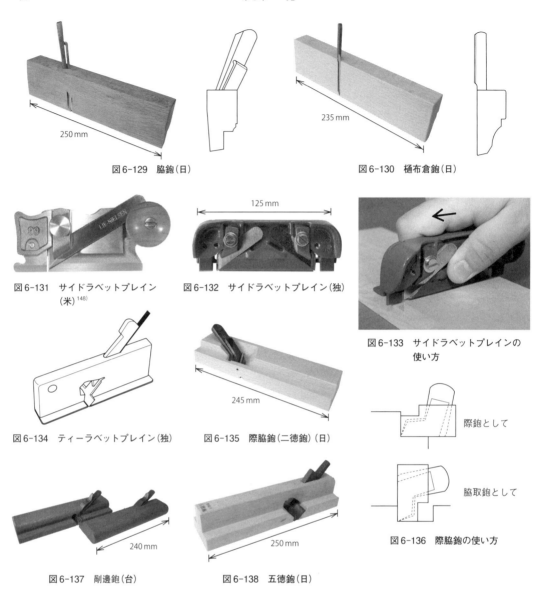

図6-129 脇鉋(日)
図6-130 樋布倉鉋(日)
図6-131 サイドラベットプレイン(米)[148]
図6-132 サイドラベットプレイン(独)
図6-133 サイドラベットプレインの使い方
図6-134 ティーラベットプレイン(独)
図6-135 際脇鉋(二徳鉋)(日)
図6-136 際脇鉋の使い方
図6-137 剛邊鉋(台)
図6-138 五徳鉋(日)

言う。図6-130のように鉋台側面の剃小刀状の鉋身で削るのは脇鉋と同じであるが、鉋身と鉋台の形状が異なる。脇鉋と樋布倉鉋には右勝手と左勝手がある。

図6-131はサイドラベットプレイン[148]であり、右勝手と左勝手がある。図6-132のサイドラベットプレインは1丁の鉋で右勝手と左勝手が兼用できる脇鉋である。図6-133のように使用し、溝幅を調整して仕上げる。また、欧米には形状が下記の日本の五徳鉋に似た、図6-134のティラベットプレイン(Tee Rabbet Plane)がある。鉋台の幅よりも広い金属板を鉋台下端に固定し、T型の鉋身をラベットプレインと同一形状の鉋台に挿入して木製楔で固定する。刃幅48mm、ベッドアングル45°である。

鉋台小端を段欠きし、際鉋と脇鉋が兼用できる図6-135の際脇鉋がある。二徳鉋とも言う。鉋身は鉋台に斜めに仕込んであり、刃口傾斜角20°、刃先幅46mmである。右勝手と左勝手がある。図6-136の使い方をする。脇際鉋は、中国では兩面刨、台湾では剛邊鉋、外邊鉋、洗邊鉋と言う。五徳

鉋は、断面が凸形の鉋台に凸形の鉋身が仕込まれた鉋である。平鉋、左右の際鉋、左右の脇鉋の5種類の使い方ができるので、この名称が付けられている。**図6-137**の剷邊鉋は、刃幅36 mm、切削角38°である。**図6-138**の五徳鉋は、刃幅64 mm、切削角40°である。

6.3.5 角(面)削り用鉋

角(面)削り鉋は、建具、家具指物、小工芸品などの装飾に用いられる。定規を当て、一定の部分を繰り返し正確に削ることで複雑な形の面を作ることができる。面取り鉋と呼び、面鉋とも言う。固定定規面取り鉋と自由定規付面取り鉋に大別される。面の種類は国によって種々のものがある。

(1) 固定定規面取り鉋 日本の固定定規面取り鉋は、鉋台の下端の両側に木材の角を挟み、加工中に鉋台が揺れるのを防ぐため三角形の定規が付けられている。**図6-139**は坊主面鉋であり、

図6-139 坊主面鉋(日)

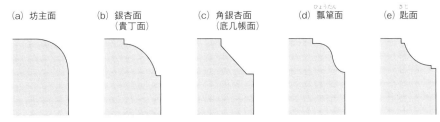

図6-140 固定定規面取り鉋の鉋台断面形状

切削角38°である。各種固定定規面取り鉋の鉋台の断面形状は**図6-140**の通りである。(a)の坊主面(丸面)、(b)の銀杏面(几帳面、貴丁面)、(c)の角銀杏面(底几帳面)、(d)の瓢箪面、(e)の匙面などがある。

中国の固定定規面取り鉋は起线刨であり、抹角刨、内角刨、单线刨、双线刨などがある。**図6-141**は抹角刨と单线刨である。金属製楔のねじで鉋身を鉋台に固定する。鉋台長さは、抹角刨120 mm、单线刨135 mmと小型である。各面取り鉋の鉋台断面

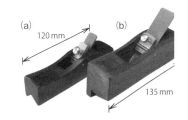

図6-141 中国の固定定規面取り鉋(中)
(a)抹角刨、(b)单线刨

形状は**図6-142**の通りである。(a)の抹角刨は坊主面鉋に、(b)の内角刨は匙面鉋に、(d)の单线刨②は紐面に対応する。いずれも切削角45°である。起线刨には、**図6-143**の木角刨もある。鉋台下端に三角形の定規がボルトで固定された構造の二枚鉋である。鉋身は押え溝に挿入し、裏金に付属のねじで鉋身を固定する。天井の竿縁・建具の桟などに用いる日本の猿頬面鉋(猿面鉋)に対応する。刃幅

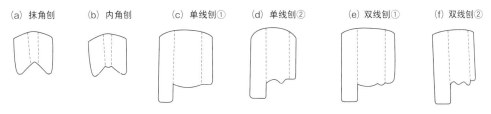

図6-142 中国の固定定規面取り鉋の鉋台断面形状

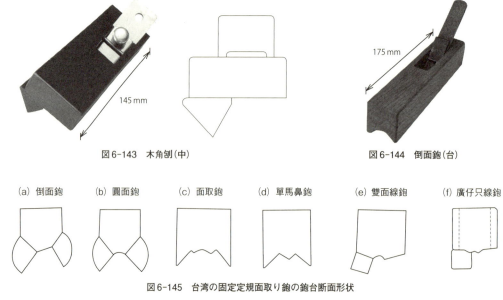

図6-143　木角刨(中)　　　　　　　　　　図6-144　倒面鉋(台)

(a) 倒面鉋　(b) 圓面鉋　(c) 面取鉋　(d) 單馬鼻鉋　(e) 雙面線鉋　(f) 廣仔只線鉋

図6-145　台湾の固定定規面取り鉋の鉋台断面形状

図6-146　チャンファープレイン　　図6-147　チャンファープレイン　　図6-148　面取りガイドを取り付けた
　　　　　　　　　　　　　　　　　　　　　　　　　　　　　　　　　　　　　ブロックプレイン(加)[160]

30 mm、切削角38°である。

　台湾の固定定規面取り鉋は線鉋と言い、二枚鉋である。図6-144は倒面鉋である。細長い鉋身と鉋台の形状は日本の固定定規面取り鉋に類似する。(a)の倒面鉋、(b)の圓面鉋、(c)の面取鉋、(d)の單馬鼻鉋、(e)の雙面線鉋、(f)の廣仔只線鉋があり、それらの鉋台断面形状は図6-145の通りである。いずれの線鉋も押し削りと引き削りの両方が可能である。(a)の倒面鉋は猿頬面鉋に、(b)の圓面鉋は坊主面鉋に、(c)の面取鉋は銀杏面鉋にそれぞれ対応する。いずれの線鉋も切削角45°である。

　欧米の固定定規面取り鉋のうち、日本の切面(角面)鉋に対応する鉋はチャンファープレイン(Chamfer Plane)である。日本の切面(角面)鉋は45°の面取り専用鉋で、用材の角の面を取るのに使用する。鉋台は、図6-146の木製、図6-147の金属製がある。押し削りをする。図6-148のチャンファープレイン[160]はブロックプレインの鉋台下端に面取りガイドをねじ止めした構造である。

　欧米のモウルディングプレイン(Moulding Plane)は、図6-149に示す鉋台断面形状の固定定規面取り鉋である。図6-149の(a)のコーヴ(Cove)は匙面、(b)のオヴォロ(Ovolo)は銀杏面、(c)のサムネイル(Thumbnail)は片銀杏面、(d)のビード(Bead)はデッキ面、(f)のアストラガル(Astragal)は後述の丸印籠面、(h)のオジー(Ogee)は瓢箪面に対応する。欧米にはその他に、コーナリングツール(Cornering Tool)と称する、図6-150のように手で握って押し、引き両用の工具もある。面取り半径1/16 inch、1/8 inchである。

6.3 種類

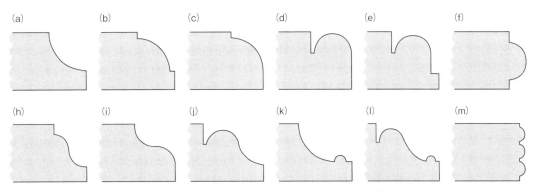

図6-149 欧米の書籍に見るモールディングプレインの鉋台断面形状
(a) コーヴ(Cove)、(b) オヴォロ(Ovolo)、(c) サムネイル(Thumbnail)、(d) ビード(Bead)、(e) トールスビード(Torus Bead)、(f) アストラガル(Astragal)、(h) オジー(Ogee)、(i) ビヴァースオジー(Beverse Ogee)、(j) グリーシアンオジー(Grecian Ogee)、(k) コーヴアンドビード(Cove and Bead)、(l) グリーシアンオジーアンドビード(Grecian Ogee and Bead)、(m) リーズ(Reeds)

(2) 自由定規付面取り鉋 自由定規付面取り鉋は、柄あるいは蟻形に切り込んだ定規の側面から小型の平鉋の鉋台をはめ込んだ構造の、**図6-151**に示す面鉋である。定規は中央で二分割されており、木材の角を挟んで削る。自由角面鉋、角面取り鉋とも言う。面取り幅は定規中央部の間隔をねじ調整によって定まる。ねじの代わりに太柄を用いた、**図6-152**の太柄式自由定規付面取り鉋もある。建具製作に用いる自由定規付面取り鉋には、**図6-153**の自由几帳面取り鉋、**図6-154**の自由猿頬面取り鉋、**図6-155**の組子面取り鉋がある。**図6-151**と**図6-154**の面取り鉋はいずれも、刃幅30mm、切削角40°であり、鉋台下端の台尻側にはシンチュウ板が貼り付けられている。

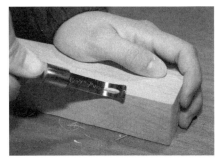

図6-150 コーナリングツール(加)

自由几帳面面取り鉋は几帳面を、自由猿頬面取り鉋は猿頬面を加工する障子の組子用の面取り鉋で

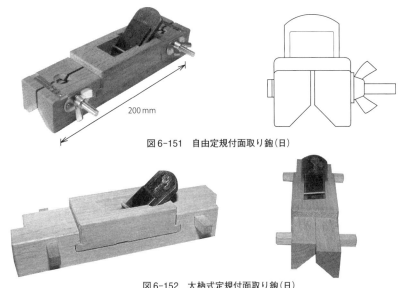

図6-151 自由定規付面取り鉋(日)

図6-152 太柄式定規付面取り鉋(日)

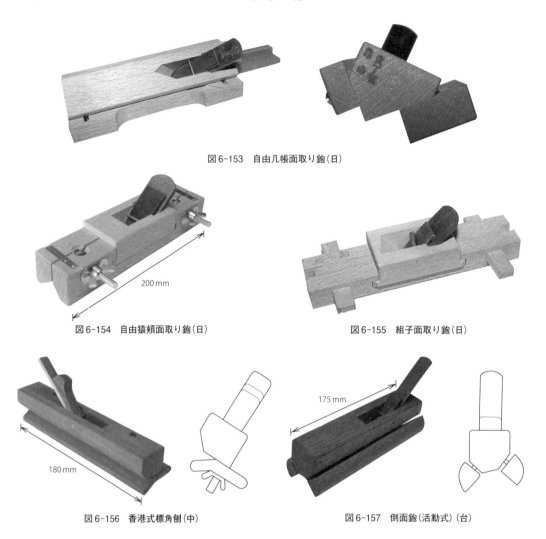

図6-153　自由几帳面取り鉋(日)

図6-154　自由猿頬面取り鉋(日)

図6-155　組子面取り鉋(日)

図6-156　香港式標角刨(中)

図6-157　倒面鉋(活動式)(台)

ある。いずれも鉋台に取り付けた2枚の定規の位置を調整することによって、几帳面あるいは猿頬面の幅と深さを調整する。定規は木ねじで固定する。**図6-155**の組子面取り鉋も猿頬面を加工する組子用の面取り鉋である。定規は3分割されており、定規の下面は、中央が両刃(V字)形、両側は片刃形である。1丁の鉋で左右両方の猿頬面を削ることができる。

中国の自由定規付面取り鉋は**図6-156**の香港式標角刨である。香港式倒角刨とも言う。鉋台に押え溝がなく、斜めに仕込まれた鉋身を木製楔で鉋台に固定する構造の一枚鉋である。鉋台下端に可動式の定規が付いており、蝶ねじで固定する。定規と鉋台下端の間隔が狭いため、薄い板材の面取りに使用される。

台湾の自由定規付面取り鉋は、日式斜角鉋と**図6-157**の倒面鉋(活動式)である。日式斜角鉋は日本の自由定規付面取り鉋と同じ構造をしているのでこの名称があるが、押え溝はない。押し削りと引き削りの両方が可能である。倒面鉋(活動式)は定規が可動式である。鉋台下端の両側に穴が2つずつあいており、定規に接着固定された計4本の太柄が鉋台の穴内を移動できる構造である。鉋身は斜めに仕込まれ、刃口傾斜角10°、刃先幅16mmである。

欧米の自由定規付面取り鉋は、**図6-158**のチャンファープレインである。鉋台は木製である。鉋

図6-158 チャンファープレイン

図6-159 チャンファースポークシェーブ(独)[146]

身は楔で固定し、定規は水平方向に移動する。面取り幅は定規の移動量によって決まる。その他に、**図6-159**のチャンファースポークシェイブ(Chamfer Spokeshave)[146]がある。鉋台下端に三角状の定規(フェンス)が取り付けてあり、面取り幅は2つの定規の取り付け間隔によって定まる。中国では金属制倒角起线刨、台湾では金屬框幅鉋と言う。

(3) 実　鉋　　実鉋は**図6-160**の実接ぎのA材の凸面を加工する。実接ぎは平板どうしの接合の1つであり、両部材の木端に凹面と凸面を作って接合する。床板などの接ぎ手として用いられる。本実接ぎ、本実平接ぎとも言う。**図6-161**の実鉋の切れ刃は、中央部が丁度欠けたような形状であり、その両側の切れ刃で削って凸面を作る。**図6-161**の実鉋は、実幅6mm、切削角42°である。**図6-162**の自由実鉋は凸面の実幅を自由に調整することができる。なお、**図6-160**のB材の凹面作りには機械決り鉋を使用する。

中国の実鉋は**図6-163**の拼板刨である。拼板用槽榫刨とも言う。鉋台は木製で、凸面作り鉋と凹面作り鉋で1組になっている。実幅5mm、切削角45°である。台湾の実鉋は舌鉋と言う。欧米の実鉋は**図6-164**のタンアンドグルーヴプレイン(Tongue and

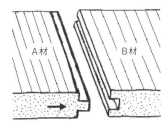

図6-160 実接ぎ

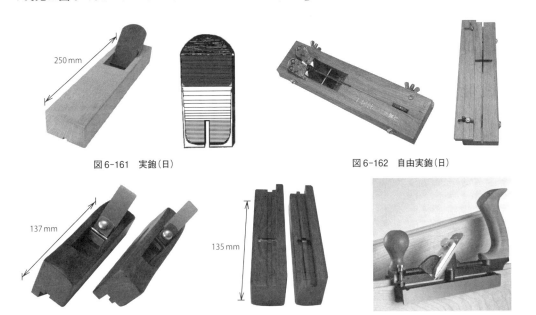

図6-161 実鉋(日)　　図6-162 自由実鉋(日)

図6-163 拼板刨(中)　　図6-164 タンアンドグルーヴプレイン(米)[148]

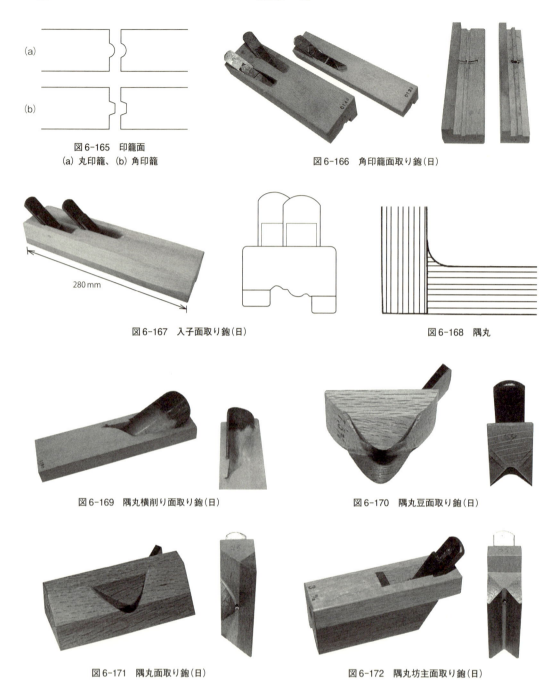

図6-165 印籠面
(a) 丸印籠、(b) 角印籠

図6-166 角印籠面取り鉋(日)

図6-167 入子面取り鉋(日)

図6-168 隅丸

図6-169 隅丸横削り面取り鉋(日)

図6-170 隅丸豆面取り鉋(日)

図6-171 隅丸面取り鉋(日)

図6-172 隅丸坊主面取り鉋(日)

Groove Plane)[148]である。鉋台は金属製であり、1丁の鉋で凹面と凸面の両面を作ることができる。実幅5mm、切削角45°である。マッチングプレイン(Matching Plane)とも呼ばれる。

(4) 印籠面取り鉋　印籠面取り鉋は印籠を削るのに使用する。図6-165の丸印籠と角印籠がある。これらに対応して丸印籠面取り鉋と図6-166の角印籠面取り鉋がある。風雨の侵入を防ぐために、昔は雨戸などの木製建具の縦框に印籠が使用された。ガラス戸には丸印籠が、雨戸には角印籠が採用された。丸印籠面取り鉋、角印籠面取り鉋はともに、凸面作り鉋と凹面作り鉋で1組になっている。

(5) 入子面取り鉋　入子面取り鉋は、鉋台に鉋身が2枚横手にずらして仕込まれた、幅の広い複

6.3 種　類

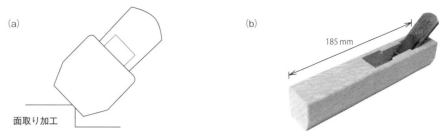

図6-173　敷居面取り鉋(日)

雑な刳り形の面を削る鉋である。この鉋による正確な面取りは、留め接合における目違いを防ぐことができる。図6-167の入子面取り鉋は、刃幅24mm、切削角40°である。

(6)　隅丸面取り鉋　　隅丸面取り鉋は、図6-168の障子などの角丸戸框の隅丸部を削るのに使用する。図6-169の隅丸横削り面取り鉋、図6-170の隅丸豆面取り鉋、図6-171の隅丸面取り鉋、図6-172の隅丸坊主面取り鉋などがある。

(7)　敷居面取り鉋　　敷居面取り鉋は、図6-173(a)のように敷居の面取りをする。攻め鉋に似た形状の二枚鉋である。(b)の敷居面取り鉋の鉋台寸法は、固定定規付き面取り鉋とほぼ同じ大きさである。鉋台下端と斜め小端面との角度は115°、鉋身の切れ刃には耳がなく、刃幅21mm、切削角38°である。

6.3.6　曲面削り用鉋

木材の曲面削りを行う鉋には、丸鉋、反り台鉋、南京鉋、と台湾の滾鉋がある。

(1)　丸　　鉋　　丸鉋の主な用途は木端面の丸削りや丸棒削りであるが、刳り形の成形や桶や樽の仕上げ削りなどにも使用される。鉋台下端が凹形の内丸鉋と凸形の外丸鉋がある。凹凸それぞれの曲面を削るのに使用される。曲面の大きさに合わせて大小種々の鉋がある。

図6-174の内丸鉋は材面を凸形に削るため、鉋台下端が凹形の二枚鉋である。刃幅51mm、切削角40°である。図6-175はシタン、コクタン削り用内丸鉋で、刃幅37mm、切削角90°である。中国の内丸鉋は図6-176の凸刨[90]であり、卡刨、凹圓刨とも言う。一枚鉋であり楔で鉋身を固定する。台湾の内丸鉋は図6-177の内圓鉋であり、外圓底鉋とも言う。押え溝のない二枚鉋である。押し削りと引き削りの両方ができる。刃幅21mm、切削角45°である。欧米の内丸鉋は図6-178のフォークスタッフプレイン(Forkstaff Plane)[157]である。ノージングプレイン(Nosing Plane)とも言う。図6-179は約100年前のポーランドの書籍に記載されているフォークスタッフプレイン[115]である。いずれも木製楔で鉋身を固定する。

図6-174　内丸鉋(日)

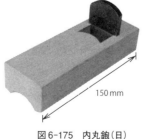

図6-175　内丸鉋(日)

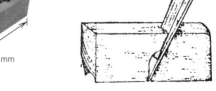

図6-176　凸刨(中)[90]

図6-177 内圓鉋(台)　　図6-178 フォークスタッフプレイン(米)[157]　　図6-179 欧州の昔のフォークスタッフプレイン(1915年)[115]

図6-180 外丸鉋(日)　　図6-181 凹刨(中)　　図6-182 凹刨(中)[80]

図6-183 外圓鉋(台)　　図6-184 ガタープレイン(独)[134]　　図6-185 欧州の昔のガタープレイン(1915年)[115]

外丸鉋は桶の内側など凹面を削るのに使用する。鉋台下端が凸形の図6-180の二枚鉋である。刃幅は9～60mmである。中国の外丸鉋は図6-181の凹刨であり、凸圓刨、圓底刨とも言う。一枚鉋で押え溝はなく木製楔で鉋身を固定する。図6-182の柄付きの凹刨[80]もある。台湾の外丸鉋は図6-183の外圓鉋または内圓底鉋であり、二枚鉋である。刃幅21mm、切削角40°である。欧米の外丸鉋は図6-184のガタープレイン(Gutter Plane)[134]であり、ラウンディングプレイン(Rounding Plane)、スパウトプレイン(Spout Plane)、コンヴェックスプレイン(Convex Plane)とも呼ぶ。切削角45°である。図6-185は約100年前のポーランドの書籍に記載されているガタープレイン[115]である。凹面の曲面削りには、図6-186の凸面の形状のスワンネックスクレーパー(Swan Neck Scraper)を使用することもできる。グースネックスクレーパー(Goose Neck Scraper)とも言う。

(2) 反り台鉋　反り台鉋は丸鉋と違って、大きく湾曲した面の仕上げ削りに使用する。小鉋の下端が大きく反った形をしている。反り台鉋には、反り台鉋、逆反り台鉋、外丸反り台鉋、内丸反り台鉋の4種がある。

一般的な図6-187の反り台鉋は、鉋台下端が鉋台の台頭から台尻にかけて凸型に湾曲している。刃幅24～48mmである。刃幅が広いほど、鉋台は厚く、長くなる。その他に、切れ刃の角を鉋台小端に出した際削りができる反り台鉋もあり、際反り鉋と言う。

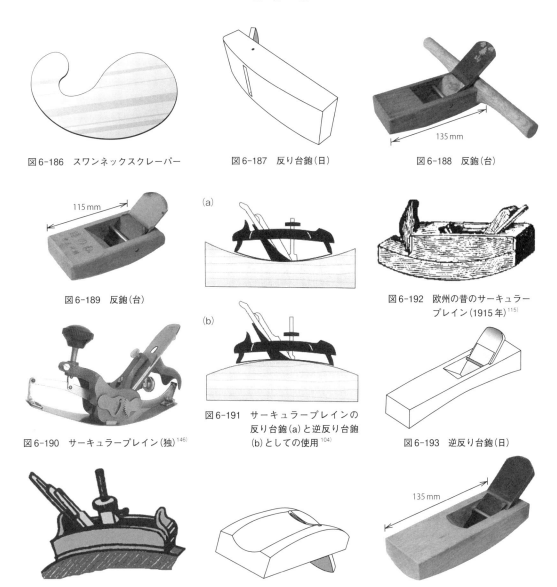

図6-186 スワンネックスクレーパー　　図6-187 反り台鉋(日)　　図6-188 反鉋(台)

図6-189 反鉋(台)　　図6-192 欧州の昔のサーキュラープレイン(1915年)[115]

図6-190 サーキュラープレイン(独)[146]　　図6-191 サーキュラープレインの反り台鉋(a)と逆反り台鉋(b)としての使用[104]　　図6-193 逆反り台鉋(日)

図6-194 欧州のカーヴプレイン(1990年)[108]　　図6-195 内丸反り台鉋(日)　　図6-196 外丸反り台鉋(日)

中国の反り台鉋は圓弧刨と言う。台湾の反り台鉋は反鉋、圓鉋、幅鉋、小翹鉋刀と言い、図6-188の柄付きと図6-189の柄なしがある。刃幅は、図6-188は36 mm、図6-189は42 mmである。欧米の反り台鉋は図6-190のサーキュラープレイン(Circular Plane)[146]であり、刃幅44 mmである。コンパスプレイン(Compass Plane)、レイディアスプレイン(Radius Plane)とも言う。なお、サーキュラープレインは鉋台下端の金属板を反らせる向きによって、図6-191(b)のように逆反り台鉋としての使用も可能である[104]。図6-192は約100年前のポーランドの書籍に記載されているサーキュラープレイン[115]である。

逆反り台鉋は図6-193のように、鉋台下端が台頭から台尻に凹型に湾曲している。内反り鉋とも呼ばれる。刃幅36〜48 mmである。台湾では翹鉋と言う。欧米ではカーヴプレイン(Curve Plane)と言い、図6-194の形状[108]である。

内丸反り台鉋は、図6-195のように内丸鉋と反り台鉋が組み合わさった鉋であり、鉋台下端が台頭から台尻までは凸型、小端から反対の小端まで凹型に鉋台下端が湾曲している。中国では内圆圆弧刨と言う。

外丸反り台鉋は、椅子の座板の刳り加工などの家具製作、臼の内側削りや球面の内側削りに使用される。図6-196のように外丸鉋と反り台鉋が組み合わさった鉋である。四方反り台鉋、羽虫鉋(はねむし)とも呼ばれる。中国の外丸反り台鉋は、図6-197の球形小刨[80]または外圆圆弧刨と言う。

図6-197　球形小刨(中)[80]

(3) 南京鉋　南京鉋(なんきん)は中国から伝えられた鉋である。用途は反り台鉋と同じであり、家具指物の彫刻部や椅子の曲線部など複雑な曲線や木口の仕上げ削りに使用される。刃幅18～42mmである。図6-198のように反台鉋の両小端に柄を付けたような構造の一枚鉋である。裏金付きの二枚鉋もある。

図6-198　南京鉋(日)

中国の南京鉋は、鉋台が木製の弯刨、軸刨、一字刨と金属製の铁弯刨である。木製の弯刨は押え溝がなく鉋身を木製楔で固定する。鉋台上端に削り屑を排出する別の孔を設けている。柄の長さによって中弯刨と図6-199の大弯刨があるが、刃幅はいずれも30mmである。鉋台下端は平底と丸底があり、金属プレートがね

図6-199　大弯刨(中)

じ止めされている。鉋台にはシタンあるいはコクタンが用いられる。铁弯刨は、刃幅と柄長によって中铁弯刨と図6-200の大铁弯刨の2種がある。刃幅は44、52mmである。いずれも鉋身は厚い金属板をねじで本体に固定し、鉋台下端は平底である。大铁弯刨は鉋身上部に位置する左右の調節ねじによって刃先の出を微調節することができる。

台湾の南京鉋は日本と中国と同型であり、南京鉋、幅鉋、彎鉋と言う。平底と丸底があり、図6-201は丸底の南京鉋である。刃幅30、42mmである。使用方法は図6-202の通りである。

欧米の南京鉋はスポークシェイヴである。鉋台は金属製であり、図6-203の刃先の出を微調節するねじのないスポークシェイヴ[146]と、2つのねじで調整する図6-204のアジャスタブルスポークシェイヴ(Adjustable Spokeshave)[146]の2種がある。図6-203(a)は鉋身の刃先が真っ直ぐで鉋台下端は平底であり、面取りを行うこともできる。(b)は凹面を削る外丸鉋に、(c)は凸面を削る内丸鉋に対応する。図6-204のアジャスタブルスポークシェイヴは図6-200の中国の铁弯刨と同じで、刃先の出をねじで調整する。鉋台下端は、(a)は平底、(b)は丸底であり、反り台鉋と同様に湾曲面を削る。なお、図6-203と図6-204のスポークシェイヴはいずれも刃幅52mmである。

(4) 滾鉋　滾鉋は図6-205(a)の台湾の鉋である。押し削

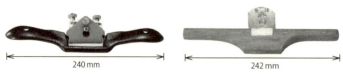

図6-200　大铁弯刨(中)　　図6-201　南京鉋(台)

図6-202　南京鉋(台)の使用方法

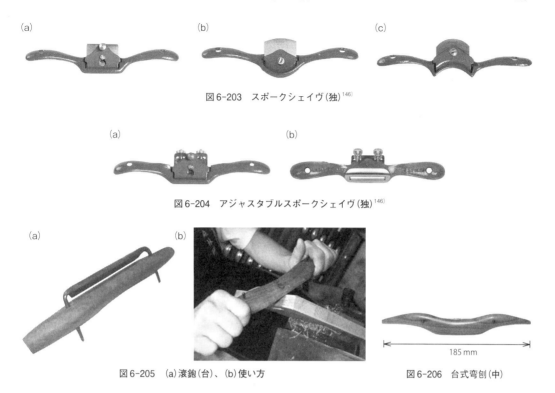

図6-203　スポークシェイヴ(独)[146]

図6-204　アジャスタブルスポークシェイヴ(独)[146]

図6-205　(a)滾鉋(台)、(b)使い方

図6-206　台式弯刨(中)

りと引き削りによって、(b)のような面取りなどに使う。香蕉鉋、彎鉋、一字鉋、軸鉋とも言う。鉋身の両側は細い丸棒であり、木製の鉋台にあけた2個の穴に折り曲げた鉋身の丸棒を挿入したシンプルな構造の一枚鉋である。刃幅52、72、105 mmである。日本と欧米では見られない鉋である。中国では台式弯刨と呼ばれ、図6-206の形状で、刃幅42、68 mmである。

6.3.7　その他の鉋

本書ではその他の鉋として、日本の留め鉋、デコラ鉋、名栗鉋、紙貼り鉋、欧米のマイタープレイン(Miter Plane)、トウシングプレイン(Toothing Plane)、ラウンダー(Rounder)を取り上げた。

(1) 留め鉋　留め鉋は、板材の木端面あるいは木口面を45°に削るときに使用する図6-207の一枚鉋である。鉋台下端と小端傾斜面との角度が135°である。(b)のように鉋台小端傾斜面を工作台上で滑らせて板材の木端面あるいは木口面を削ると、45°に仕上げることができる。図6-207の留め鉋は、刃幅21 mm、切削角40°である。台湾の留め鉋は、図6-208の斜角鉋である。斜角鉋は、刃幅15 mm、装設角40°である。

図6-207　(a)留め鉋(日)、(b)留め削り作業

図6-208　斜角鉋(台)

図6-209 (a)マイタープレイン(米)[148]、(b)留め削りの様子[148]

図6-210 デコラ鉋(日)　　　図6-211 (a)名栗鉋(日)の下端、(b)名栗面削り

(2) **マイタープレイン**　留め接ぎは2本の部材の両木口面を木端面に対して正確に45°に削って接ぐ接合法である。マイタープレイン[148]は留め削りを行う欧米の鉋である。図6-209の形状で鉋台は金属製であり、刃幅51mm、ベッドアングル20°、切削角45°である。(b)のように留め削りを行う。

(3) **デコラ鉋**　デコラ鉋は、ボード表面に貼り付けた薄いデコラ板(メラミン樹脂板)端部の面取りに使用する一枚鉋である。鉋台下端には、ステンレス板が全面あるいは刃口部にねじ止めされている。図6-210のデコラ鉋は、刃幅40mm、切削角40°である。

(4) **名栗鉋**　名栗鉋は柱や梁の名栗面の加工に使用する二枚鉋である。擲面鉋とも表記する。名栗面は釿(手斧)で削った表面が凹凸の仕上げ面である。図6-211のように際鉋の鉋身と鉋台の角を丸くした形状であり、元々作業者自ら際鉋を加工して拵えるものであった。鉋身は鉋台に斜めに仕込まれ、刃口傾斜角20°である。図6-211(b)のように横削りを行う。

(5) **紙貼り鉋**　紙貼り鉋は、障子の紙を貼る部分を削るのに使用する図6-212の鉋である。紙決り鉋とも言う。

(6) **トウシングプレイン**　トウシングプレイン[134]はジャックプレインまたはトライプレインで鉋削りした面どうしを接着する時に使用する、図6-213の欧米の一枚鉋である。切れ刃が鋸歯状であるためにこの名称が付いている。接着剤を塗布する前にトウシングプレインで表面を削り、スクレーパーあるいはスムーシングプレインで加工面を仕上げてから接着作業を行う。節の多い木材や加工しにくい広葉樹材を削るときにも使用される。刃幅48mm、ベッドアングル70°である。

(7) **ラウンダー**　ラウンダーは、小型手回し鉛筆削りで鉛筆を削るように、木材を丸棒削りする鉋である。図6-214(a)の形状で、鉋台には円錐形の削り穴があいている。鉋台の一部分が切り取られており、その切断面にナイフが斜めに取り付けられている。(b)のように、直径が大きい穴から木材を挿入し、木材を回転させながら送り、ナイフで木材を丸棒削りする。図6-214のラウンダーは台湾製で、丸棒の仕上がり直径は13、19、25mmである。台湾では圓棒鉋と呼ばれる。

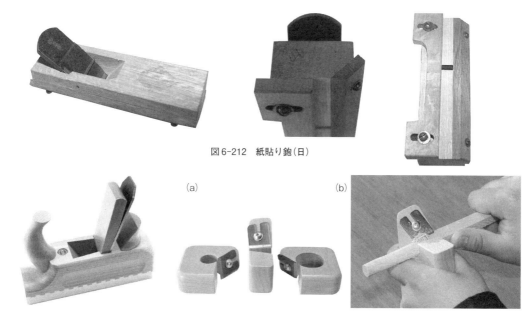

図6-212 紙貼り鉋(日)

図6-213 トウシングプレイン(独)[134]

図6-214 (a)圓棒鉋(ラウンダー)(台)、(b)丸棒削りの様子

6.3.8 昔のイタリアの鉋

図6-215は、Giuseppen Šebesta氏(1919～2005)によって収集された、イタリアMuseo degli Usi e Costumi della Gente Trentinaに展示されている、今から100～250年前にイタリアTrento地方で使用されていた鉋である。鉋台はいずれも木製である。Router Planeのように現在とほぼ同じ形状のものもあるが、その他の鉋には鉋台の形状や鉋身の前方に位置するKnobの形状にユニークなものが多く見られる。

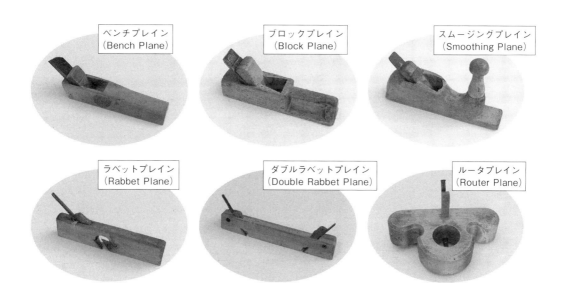

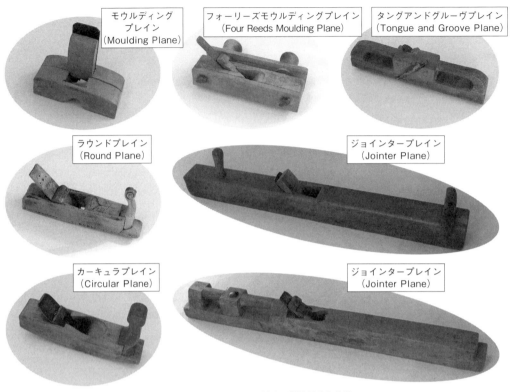

図6-215 イタリアTrento地方で昔使用された鉋

第7章　鑿

鑿(のみ)は木造建築の構造材や各種木工品の部材に孔をあけるのに使用する。その起源は、ヨーロッパ、中国で新石器時代に遡り、青銅器時代に青銅製の鑿が、また鉄器時代には鉄製の袋式鑿が出土している。エジプト時代になると叩き鑿(Firmer Chisel)と木槌、向待ち鑿(Mortise Chisel)が出現した。

日本では、鉄製の多烈弥のみであったが刃物の首部を袋状にして、柄をここに差し込む袋鑿が、さらに江戸時代には刃物部を柄にあけた穴に差し込む「込み式」が考案された。しかし、込み式は江戸以外では使用されず、明治の初期まで袋鑿が広く使用された。今日の日本の鑿は込み式が主流である。

建築構造材の柱や梁の柄穴の刻みは、以前は鑿による手作業で行われたが、現在ではプレカット機械で行われることが多くなった。

7.1　構　造

7.1.1　鑿の構造

日本の鑿は図7-1(a)のように、穂と首からなる刃物と木製の柄で構成され、刃物は柄に保持される。鑿は叩き鑿と突き鑿に大別される。叩き鑿は作業者が柄を手で握って柄頭を槌で叩き、突き鑿は柄を手で突き部材を削る。叩き鑿は柄頭に冠(かつら)があり、突き鑿には冠がない。冠(輪金)は鉄製のリングで作られており、玄能や槌で柄頭を叩く際に柄の割れを防ぐために取り付けられる。首(軸)と柄(束)の取り付け部は口金(はかま)で締め付けられる。

欧米の鑿には図7-1(b)のように、首の端と口金(Ferrule)の間に衝撃緩和皮革であるレザーウォッシャー(Leather Washer)が挿入された鑿もあり、強い打撃に耐えられるようになっている。口金と冠(Hoop)を有する鑿をダブルフープトチズル(Double-Hooped Chisel)と呼ぶ。

刃物を柄に取り付ける方法は、図7-2に示す込み式と袋式がある。欧米では込み式はタング(Tang)式と言い、図7-2(a)のように首の端に設けた込みを柄に差し込む。袋式はソケット(Socket)式と言い、(b)のように首部を袋状にして柄を差込む。

刃物は穂と首から構成され、日本の刃先の断面形状を図7-3に示す。(a)面取り形、(b)角打ち形、(c)鎬形の3つの形状がある。いずれの断面形状の穂も、図の上面の地金(軟鋼)と下面の鋼が鍛接されており、刃先の両角の鋭利さと丈夫さが求められるので、鋼が刃裏から両側に巻いている。首と

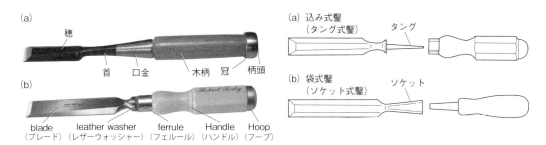

図7-1　鑿の構造と各部の名称　　　　　　　　図7-2　込み式鑿と袋式鑿[96]

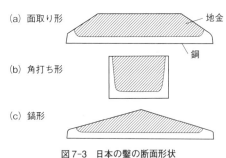

図7-3 日本の鑿の断面形状

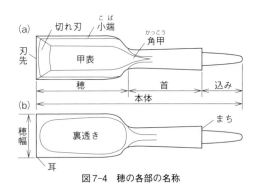

図7-4 穂の各部の名称

込みは地金である。このような付鋼の穂は日本と台湾に見られ、鋼だけの穂は中国と欧米に見られる。欧米では面取り形をベヴェルドエッジ（Beveled Edge）形、角打ち形をスクウェアードエッジ（Squared Edge）形と呼ぶ。

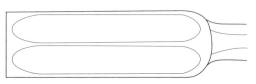

図7-5 裏透きが二枚裏鑿の刃裏

日本の鑿の本体の各部の名称を**図7-4**に示す。穂の上面が表で甲表、下面が裏で刃裏と呼ぶ。穂は傾斜しており、傾斜面を切れ刃と言い、切れ刃と刃裏との角度が刃先角（切れ刃角）である。刃裏の先端が刃先であり、刃先の両角を耳、穂の両側面を小端と呼ぶ。込みは柄に差し込まれるが、込みは首よりも直径が小さく、首と口金が接する面をまち（胴付）と言う。

鑿の刃裏には2つの形式がある。その1つは付鋼式の日本と台湾の鑿に見られ、日本の鉋身と同じように裏透きが設けられる。日本の鑿の裏透きは**図7-4**(b)のように1列の一枚裏が通常であるが、鑿によっては裏透きが**図7-5**の2列の二枚裏の他に、3列の三枚裏、4列の四枚裏もある。複数列の裏透きは砥石で研ぐ際に安定して研ぐことができ、さらに刃裏の工作面への密着性がよくなる利点があると言われている[28]。他の1つは鋼製の中国、欧米の鑿に見られ、裏透きがなく、刃裏は全面平滑である。

柄は作業者が手で握る鑿の部分で、日本の鑿は主にアカガシやシラカシで作られる。その他に、ツバキ、ツゲ、グミ、シタン、コクタンなども使われる。柄の直径は、叩き鑿は柄の中央付近でやや大きく、柄頭でやや小さいが、突き鑿は柄頭に向けて大きくなっている。中国と台湾の鑿の柄の形状は日本の鑿に類似している。一方、欧米の鑿はブナ、ツゲ、トネリコで作られ、柄の形状は日本の鑿の柄と比べると種類が多い。

7.2 製造工程

鑿は本体の製造、鑿の刃研ぎ、柄の製造と柄付けは分業で行われる。本体の製造工程は次の通りである。

❶ **鋼造り**：刃物鋼を所定の寸法に切断する。
❷ **地鉄造り**：槌で叩いて所定寸法に鍛造する（図7-6①）。
❸ **鍛接**：鍛造した地鉄の上に接合剤を敷いて、鋼を載せて上から押さえる（同②）。炉で加熱後、鋼の上を槌で叩く。さらに鋼の両耳3mm位を地鉄に箱型に巻き付けて槌で叩き、鍛造用機械ハンマーでおおよその寸法に穂造りする（同③）。切断プレスで所定の長さに切断する。
❹ **鍛造**：鍛造用機械ハンマーで首と込みを繰り返し叩いて成形する（同⑥）。

❺ **火造り**：穂を加熱し、小槌で手打ちし所定の寸法に整える(同⑦)。

❻ **焼なまし**：約750℃まで加熱後、藁灰(わらばい)の中で徐冷する。

❼ **生ならし**：槌で叩いて刃裏に窪みを付け、歪(ひず)みを取る(同⑧)。

❽ **研磨**：鑿の表面全体をグラインダーで荒研磨する。

❾ **仕上げ研磨**：バフ研磨で、穂の研磨目を消す。

❿ **刻印打ち**：鑿の表の地鉄部に銘を刻印する。

⓫ **泥塗り**：水で溶かした砥の粉を刷毛(はけ)で地鉄部は厚く、鋼部は薄く塗り乾燥させる。

⓬ **焼入れ**(やきいれ)：鋼を硬くするため、炉で加熱する(同⑩)。加熱後水中で急冷する。

⓭ **歪取り**：焼き入れによる歪みを取る。

⓮ **焼戻し**(やきもどし)：炉で再び少し加熱して空冷し、刃先に粘り強さを持たせる(同⑪)。

⓯ **歪み取り**：再び歪みを取る。

⓰ **裏研ぎ**：バフで研磨の荒目を消す(同⑫)。

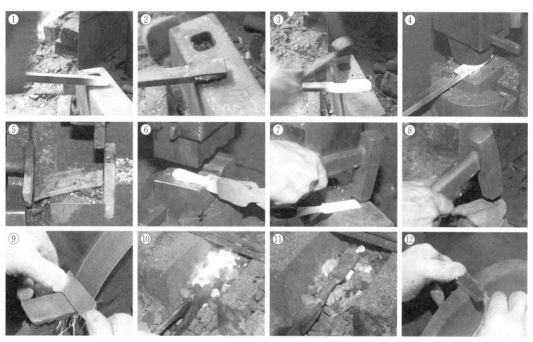

図7-6　鑿穂の製造工程

鑿の研ぎ工程は次の通りである。

❶ **荒研ぎ**：切れ刃を直径の大きい丸砥石で荒研ぎする(図7-7①)。

❷ **仕上げ研ぎ**：荒研ぎした切れ刃を平回り椀砥石で仕上げ研ぎする(同②)。

❸ **ボヤ出し**：平回りボヤ砥石に刃部を当てボヤ出しをする(同③)。

❹ **裏押し**：刃裏を裏押しする(同④)。

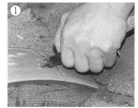

図7-7　鑿研ぎ工程

鑿柄の製造工程と柄付け工程は次の通りである。材料はシラカシ角材である。

❶ **寸法切り**：丸鋸盤で角材を所定寸法で鋸断する（図7-8①）。

❷ **鑿柄削り整形**：旋盤で鑿柄の形状に丸棒削りをする（同②）。口金をはめ込む鑿柄の部分を旋盤で削る（同③）。

❸ **鑿柄仕上げ**：旋盤で鑿柄を回転させながら、紙やすりを当て仕上げる（同④）。

❹ **蝋引き**：鑿柄に蝋を塗り、回転する熱で蝋を溶かし、全体をコーティングする（同⑤）。

❺ **穴あけ**：鑿柄に込みを挿げる丸穴をあける（同⑥）。さらに小径穴をあけ、角穴に近づける（同⑦）。箱形鑿で角穴に仕上げる。

❻ **刻印打ち**：鑿柄に刻印する。

❼ **鑿柄の打ち込み**：込みを上に向け、口金と冠を挿げた鑿柄を挿入して玄能で打つ（同⑧）。

図7-8　鑿柄の製造工程と柄付け工程

7.3　種　類

鑿は槌で叩く叩き鑿と手で前方に突く突き鑿に大別できる。

7.3.1　叩き鑿

叩き鑿は、柱や梁といった構造部材の刻みに使用する鑿であり、荒仕事用である。造作仕事に使用する突き鑿よりも肉厚で頑丈である。荒仕事には、本叩き鑿、広鑿、中薄鑿、半叩き鑿、中叩き鑿、穴屋鑿が、小細工用には、追入れ鑿、向待ち鑿、二股向待ち鑿が、曲面用には、裏丸鑿（外丸鑿）、内丸鑿、壺鑿がある。中国には、宽刃凿、窄刃凿、圆凿（外刃口）（内刃口）、台湾には寛刃鑿、窄刃鑿、筒眼鑿、内圓鑿、外圓鑿などがある。欧米には、フレーミングチズル（Framing Chisel）、ファーマーチズル（Firmer Chisel）、バットチズル（Butt Chisel）、モーティスチズル（Mortise Chisel）、サッシュモーティスチズル（Sash Mortise Chisel）、インカナルファーマーガウジ（In-Canal Firmer Gouge）、アウトカナルファーマーガウジ（Out-Canal Firmer Gouge）などがある。

（1）**厚　鑿**　厚鑿は建築構造材の刻みに用いる鑿である。柱や梁にさまざま大きな穴を掘るなど、建前までの荒仕事に使用する。追入れ鑿を大きく頑丈に作った鑿であり、穂は厚く、穂、首、柄はいずれも長い。穂長約90 mm、首長60〜90 mmである。厚鑿は穂幅によって、本叩き鑿と広鑿に分けることができる。本叩き鑿は叩き鑿あるいは略して本叩きとも呼ばれる。鑿打ちには大玄能を用いる。中国では厚凿、台湾では打鑿と言う。

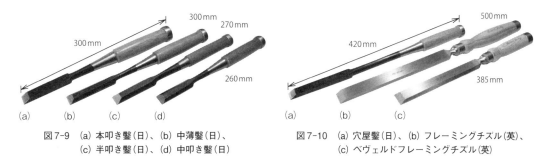

図7-9 (a) 本叩き鑿(日)、(b) 中薄鑿(日)、
(c) 半叩き鑿(日)、(d) 中叩き鑿(日)

図7-10 (a) 穴屋鑿(日)、(b) フレーミングチゼル(英)、
(c) ベヴェルドフレーミングチゼル(英)

図7-9(a)の本叩き鑿の穂の断面は角打ち形であり、穂幅3～30mmである。広鑿の穂の断面は面取り形であり、穂幅24～60mmである。穂の厚さは本叩きに比べるとやや薄く、穂長約60～90mm、首長約90～120mmである。穂幅36mmまでを小広、42mmまでを中広、48mm以上を大広と言う。広鑿はさらい鑿とも呼ばれ、本叩きによって掘られた穴の繊維と平行方向の面をさらって仕上げる。なお、穂幅24mmと30mmについては、いずれも角打ち形と面取り形の両方があり[29]、角打ち形は堀り鑿、面取り形はさらい鑿に使い分ける。(b)の中薄鑿は、穂と柄の長さが本叩き鑿とほぼ同じであるが、穂の厚さがやや薄く、穂が面取り形の鑿である。使用目的は本叩き鑿と同じであり、なかでも差口などの丁寧な仕事に使用される。穂幅3～60mmである。(c)の半叩き鑿は厚鑿と追入れ鑿の中間の鑿であり、(d)の中叩き鑿は中薄鑿と追入れ鑿の中間の鑿である。いずれも造作用の鑿である。半叩き鑿と中叩き鑿はほぼ同じような全長であり、追入れ鑿よりも長い。穂の断面はいずれも面取り形である。穂幅は、半叩き鑿12～42mm、中叩き鑿3～54mmである。首長50mm前後である。穂はいずれも追入れ鑿よりも厚く、半叩き鑿は中叩き鑿よりも厚い。

穴屋鑿は、建築構造材に本叩き鑿では掘ることができない深い穴を掘るときに使用する。江戸時代中頃から存在した穴屋あるいは穴大工と称する職人が使用した鑿である。図7-10(a)のように、穂と首が長いのが特徴である。穂の断面は角打ち形であり、穂幅12～60mmである。なお、刃裏の裏透きが2列と3列の二枚裏、三枚裏の穴屋鑿もある。穴屋鑿よりも全長が長く、さらに深い穴を掘る鑿を入母屋鑿と言う。

フレーミングチゼルは、建築構造材に深い柄穴を掘る欧米の鑿である。図7-10(b)のフレーミングチゼルと(c)のベヴェルドフレーミングチゼル(Beveled Framing Chisel)は大型の頑丈なファーマーチゼルであり、穴屋鑿に対応する。穂の断面は、(b)は角打ち形であるが、(c)は面取り形である。いずれも口金と冠があり、ハンドルの首(フェルール部)には衝撃緩和皮革が挿入されている。穂幅はいずれも25～50mmであり、全長はフレーミングチゼルの方がベヴェルドフレーミングチゼルよりも長い。全長400～500mm、穂長230～270mmである。

(2) 追入れ鑿 図7-11の追入れ鑿は、建築構造材の刻み後の床框、鴨居、敷居、天井仕事などの大入れの仕口を作るのに使用する。叩き鑿の中では最も多く使用される日本の造作用鑿で、大入れ鑿、尾入れ鑿、押入れ鑿とも表記する。向待ち鑿や厚鑿と比べると穂と首が短いので深い穴あけには不適である。穂幅3～48mmである。切刃角20～30°、穂長90～100mm位、柄長100～120mm位である。穂を短く作ったのを奴鑿と言う。奴鑿を中国では平

図7-11 追入れ鑿(日)

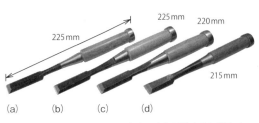

図7-12　(a) 木成追入れ鑿(日)、(b) 平待追入れ鑿(日)
　　　　(c) 平丸追入れ鑿(日)、(d) 短穂追入れ鑿(日)

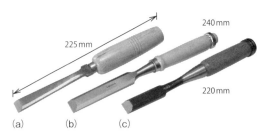

図7-13　(a)(b) 寛刃凿(中)、(c) 寛刃鑿(台)

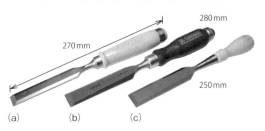

図7-14　(a) ベヴェルドエッジチズル(英)
　　　　(b) ベヴェルドエッジチズル(スロバキア)
　　　　(c) ソケットファーマーチズル(英)

头凿、平头铲凿、台湾では短鑿と言う。

　追入れ鑿には図7-5のように刃裏の裏透きが複数列のもある。この列数は穂幅が広くなると増え、穂幅12〜21mmでは二枚裏、24〜30mmでは三枚裏、36〜48mmでは四枚裏である。

　追入れ鑿には図7-12のように、穂の厚さと長さ、首の形と厚さによって種々のものがある。図7-12(a)の木成追入れ鑿は、追入れ鑿よりも穂が薄く首が細い。軽作業に用いる。(b)の平待追入れ鑿は、木成追入れ鑿よりも穂と首が薄く作られ、追入れ鑿よりも深い穴堀りに適する。(c)の平丸追入れ鑿は、平待追入れ鑿よりも穂と首は厚く、首と口金との段差をなくした形状で、首が平らであるので使いやすく、木材に傷が付きにくい。平待丸軸追入鑿とも言う。(d)の短穂追入れ鑿は、穂が短い方が使いやすい作業者のために、穂を最初から短くしてある。

　中国の追入れ鑿は寛刃凿、台湾の追入れ鑿は寛刃鑿である。図7-13(a)の寛刃凿は、穂と首は同じ厚さで、穂幅は穂先から首に向かってテーパになっている。刃裏は裏透きがなく平面で、柄に冠がない。鍔鑿のように首に鍔があるのが特徴である。穂幅13〜38mmである。(b)の寛刃凿は、次に述べる欧米のベヴェルドエッジチズル(Beveled Edge Chisel)と同じ形状である。(c)の台湾の寛刃鑿は、(a)(b)の中国の寛刃凿とは形状を異にし、追入れ鑿と同じ形状である。刃裏には裏透きがある。穂幅6〜36mmである。柄が六角形の台湾の寛刃鑿を斜棱鑿と言う。

　欧米の追入れ鑿はファーマーチズルである。この名称はFermoirとして知られるフランスの古い鑿に由来する。ファーマーチズルの穂の断面は、日本の角打ち形に相当するスクウェアードエッジと日本の面取り形に該当するベヴェルドエッジの2種がある。後者の鑿はベヴェルドエッジチズルと呼ばれ、図7-14と図7-15のファーマーチズルがこれに該当する。穂幅16〜75mm、刃先角20°前後である。

　図7-14は欧米のベヴェルドエッジチズルである。(a)(b)の穂と柄の接合は込み式である。ハンドルの首部にフェルールとハンドルの頭部にフープを持つダブルフープトチズルである。穂幅は2〜50mmである。ヘヴィデューティファーマーチズル(Heavy Duty Firmer Chisel)は穂が厚く柄が太いベヴェルドエッジチズルであり、重作業用である。カーペンターズチズル(Carpenter's Chisel)とも呼ばれる。(c)の穂は柄に袋式で差し込まれる。ソケットファーマーチズル(Socket Firmer Chisel)と呼ばれ、重作業用である。

　図7-15の鑿は穂の形状からベヴェルドエッジチズルであるが、口金の材質がシンチュウの鑿は

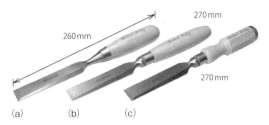

図7-15 (a)ギルトエッジチズル(英)、(b)伝統的なベヴェル
エッジドチズル(英)、(c)ロンドンオクタゴンベヴェ
ルエッジドチズル(英)

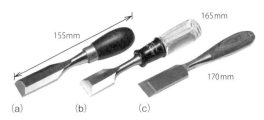

図7-16 (a)バットチズル(英)、(b)バットチズル(加)、
(c)バトニングチズル(加)

ギルトエッジチズル(Gilt Edge Chisel)と呼ばれる。(a)(b)の柄は伝統的なカーヴィングハンドル(Carving Handle)である。(c)の柄は上部がロンドンオクタゴン(London Octagon)と言う八角形のダブルフープトチズルである。(b)(c)はハンドルの首部に衝撃緩和皮革が挿入してあり重作業用である。

図7-16(a)(b)のバットチズルはファーマーチズルの1種である。穂幅6～38mmであるが、穂長と全長はファーマーチズルと比べるとかなり短く、穂長75mmである。日本の奴鑿に対応する。図7-17の丁番取り付けの溝削りなどの細かい作業に使用する。バットチズルは中国では平头凿、平头铲刀、台湾では短鑿と言い、窓や扉の取り付け、修復に使用する。

図7-16(c)のバトニングチズル(Batoning Chisel)はバットチズ

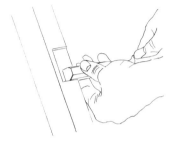

図7-17 バットチズルによる丁番加工

図7-18 オールスティールチズル(仏)

ルの一種である。特徴は切れ刃と刃先が穂の側面にも付けられていることである。穂幅24mm、柄の形は扁平であり、刃先から柄頭まで同一材料で製作されており、柄の両面に木材が取り付けられている。後述のオールスティールチズル(All-Steel Chisel)の1種である。鑿としての使用の他に、側刃で木材の割断、削り、罫書きなどを行うことができる。

欧米の追入れ鑿には、刃先から柄頭まで同一鋼で一体型に製作された鑿がある。オールスティールチズルと言う。図7-18の形状で、穂幅19～38mmである。柄は金槌の打撃に耐えられるように強固である。一般的な大工仕事の他に、屋根や枠の接合部の加工など重作業に使用される。

(3) 向待ち鑿　図7-19の向(むこうま)待ち鑿は建具製作で木枠を組むための枘穴の穴掘りや小溝を掘るのに使用する。その他に、建築造作や家具指物などでも使用する。建具屋鑿、孔鑿、柄鑿、框鑿とも呼ばれる。穂幅1.5～24mmと狭く、穂は厚く、穂の断面は角打ち形である。刃先と首の幅の差がなく、ともに長く丈夫に作られている。穂長90～100mm、首長36～50mmと長く、柄長約110mmである。首部は追入れ鑿のように円形断面ではなく、鑿の甲表と刃裏は首の部分までそれぞれ平面になっており、深い穴掘りに都合が良い。刃先角30°～35°位であるが、硬材用には切れ刃を二段研ぎして、刃先の強度を高めることがある。

図7-20の二本向待ち鑿は刃先が二股(ふたまた)に分かれた向待ち鑿である。2つの並列した枘穴を同時に同形に掘ることができる。二股向待ち鑿とも呼ぶ。穂幅はほぼ同じ6mmが普通である。穂どうしの間隔は約4.5、6.0、7.6mmである。

中国の向待ち鑿は窄刃凿、台湾の向待ち鑿は窄刃鑿である。深い仕口加工、溝掘り、浅い枘穴掘り

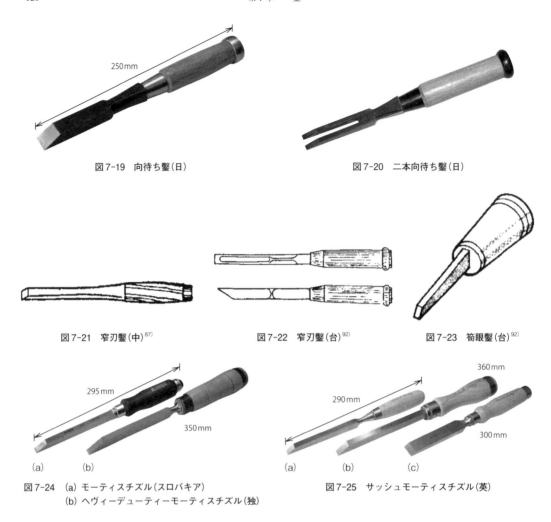

図7-19 向待ち鑿(日)
図7-20 二本向待ち鑿(日)
図7-21 窄刃鑿(中)[87]
図7-22 窄刃鑿(台)[92]
図7-23 筍眼鑿(台)[92]
図7-24 (a) モーティスチズル(スロバキア)
(b) ヘヴィーデューティーモーティスチズル(独)
図7-25 サッシュモーティスチズル(英)

に適している。穂幅3～16mmである。首は丸く、元部ほど太い。図7-21の中国の窄刃鑿[87]は鑿子、打鑿とも言う。図7-22の台湾の窄刃鑿[92]は窄鑿、框鑿、孔鑿とも言う。窄刃鑿の刃先角はいずれも向待ち鑿と同じで30°～35°位であるが、硬材用に切れ刃を二段研ぎして40°位にすることがある。また、台湾には図7-23の筍眼鑿[92]があり、深い枘穴を掘るのに使用する。首部は平坦である。

欧米の向待ち鑿は図7-24(a)のモーティスチズルである。ジョイナーズモーティスチズル(Joiner's Mortise Chisel)とも呼ぶ。モーティスは枘穴(ほぞあな)を意味し、Morticeとも記す。穂の断面は角打ち形で、穂の柄への差し込みは込み式と袋式のソケットモーティスチズル(Socket Mortise Chisel)がある。使用目的によって穂長、穂幅、柄の取り付け方式が異なる。穂幅3～16mmである。(b)のヘヴィーデューティーモーティスチズル(Heavy Duty Mortise Chisel)はモーティスチズルよりも深い枘穴を掘るときに使用する重作業用鑿である。図7-25に示すサッシュモーティスチズルは建具あるいは家具の枘穴加工用に、指物師(さしものし)が使用する。穂の断面は角打ち形であり、穂長200～220mmである。(a)はロンドンパターンサッシュモーティスチズル(London Pattern Sash Mortise Chisel)であり、ハンドルの首部にフェルールと衝撃緩和皮革を有する。穂幅3～13mmである。(b)はヘヴィーデューティーサシュモーティスチズル(Heavy Duty Sash Mortise Chisel)であり、さらに深い枘穴加工を行うときに使用する。フェルールとフープを有し、ハンドルの首部には衝撃緩和皮革が挿入されてい

7.3 種　類

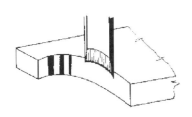

図7-26　裏丸鑿による曲面掘り[107]

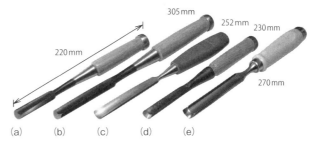

図7-27　(a) 追入れ裏丸鑿(日)、(b) 叩き裏丸鑿(日)、(c) 圓凿(中)、
(d) 内圓鑿(台)、(e) インカナルファーマーガウジ(独)

る。穂幅6〜16mmである。(c)はレジスタードモーティスチズル(Registered Mortise Chisel)である。穂幅6〜50mmであり、モーティスチズルと比べると穂幅の広いものが多い。柄頭にフープを取り付け強い打ち込みに耐える鑿であり、衝撃緩和皮革がハンドルの首部にある。穂幅6〜50mmである。その他のモーティスチズルには、ホイールライツチズル(Wheelwright's Chisel)や後述のスワンネックチズル(Swan Neck Chisel)がある。

(4) 丸　鑿　丸鑿は裏丸鑿(外丸鑿)と内丸鑿に分けることができる。

裏丸鑿(外丸鑿)は図7-26のように曲線部の加工や面を粗掘りする鑿である[107]。垂直に凹面を掘り込むことができるが、しゃくることはできない。柄肩を削り出すときにも使用する。図7-27(a)は追入れ裏丸鑿、(b)は叩き裏丸鑿である。(a)(b)の刃先は同じ形状で、図7-28のように甲表は窪んでいる。切れ刃は凹面側にある。叩き裏丸鑿は追入れ裏丸鑿よりも穂と首が長く、柄も長く太くなっており重作業用である。穂幅3〜42mmである。(c)は中国の圓凿(外刃口)、(d)は台湾の内圓鑿、(e)は欧米のインカナルファーマーガウジである。(a)(b)の日本の裏丸鑿と異なる点は、刃先が直線であることである。(e)は袋形式のソケットファーマーガウジ(Socket Firmer Gouge)である。

内丸鑿は、図7-29のように材料の表面に丸溝を掘るのに使用する[107]。刃裏の向きは裏丸鑿と逆であり、切れ刃は凸面側にある。図7-30(a)は追入れ内丸鑿、(b)は中国の圓凿(内刃口)、(c)

(c) 側面

図7-28　裏丸鑿の穂先

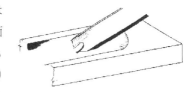

図7-29　内丸鑿による加工[107]

(c) 側面

図7-31　内丸鑿の穂先

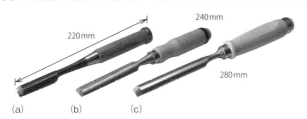

図7-30　(a) 追入れ内丸鑿(日)、(b) 圓凿(内刃口)(中)、
(c) アウトカナルファーマーガウジ(独)

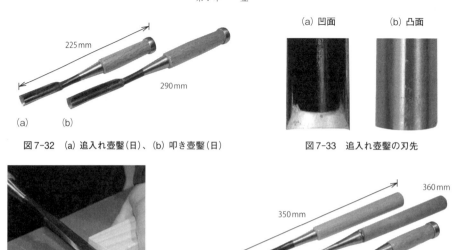

図7-32 (a) 追入れ壺鑿(日)、(b) 叩き壺鑿(日)　　図7-33 追入れ壺鑿の刃先

図7-34 薄鑿によるほぞ仕上げ　　図7-35　薄鑿・(a) 薄鑿(日)、(b) 木型稍平鑿(台)、(c) 修鑿(台)

は欧米のアウトカナルファーマーガウジである。図7-31のように刃先は直線である。穂幅は、(a)3
〜18mm、(b)6〜24mm、(c)6〜50mmである。内丸鑿を台湾では外圓鑿、短圓鑿と言う。

　壺鑿は穂が壺錐のような形をした鑿である。曲線のある穴や曲線部を裏丸鑿で削った後の仕上げ削
りに使用する。図7-32(a)は追入れ壺鑿、(b)は叩き壺鑿である。刃先が裏丸鑿よりも薄いので、薄
丸鑿とも呼ばれる。切れ刃は裏丸鑿と同じように凹面側にあり、刃先は図7-33のように直線である。
叩き壺鑿は追入れ壺鑿よりも穂と首が長く、柄も長く太くなっており、重作業用である。穂幅12〜
36mmである。台湾では畫線鑿と言う。

7.3.2　突き鑿

　突き鑿は両手で柄を握り前方に突いて使用する。叩き鑿で掘った穴の内壁の仕上げなどに用いる鑿
の総称である。日本には、薄鑿、突き鑿、丸突き鑿、鎬鑿、鏝鑿、撥鑿、角鑿がある。中国には、扁凿、
魚尾凿、曲頸凿、方凿が、台湾には扁鑿、削鑿、木型稍圓鑿、修鑿、杯鑿、曲頭鑿、鏝鑿が、欧米に
は、シンチズル(Thin Chisel)、ペアリングチズル(Paring Chisel)、インカナルペアリングガウジ(In-
Canal Paring Gouge)、クランクトペアリングガウジ(Cranked Paring Gouge)、ダヴテイルチズル
(Dovetail Chisel)、クランクトベヴェルドエッジペアリングチズル(Cranked Beveled Edged Paring
Chisel)、スキューチズル(Skew Chisel)、コーナーチズル(Corner Chisel)、コーナークリーニングチ
ズル(Corner Cleaning Chisel)がある。

　(1) 薄　　鑿　　薄鑿は図7-34のように、建具や指物などの製作時のほぞや柄穴の側面仕上げに用
いる。図7-35(a)のように穂が薄くて長く、首と柄も長い仕上げ鑿である。木成鑿、透き鑿、押突き鑿、
仕上げ鑿とも言い、建具格子や連子格子の製作に使用するので、格子鑿とも呼ばれる。柄を両手で握
り突いて使う。穂幅9〜60mmであり、穂の断面は面取り形である。

　中国の薄鑿は扁凿である。台湾の薄鑿は扁鑿、削鑿と図7-35(b)の木型稍平鑿であり、扁鑿は薄鑿
とも呼ぶ。削鑿は柄穴の角や蟻溝などの隅仕上げに使用する。穂先断面は面取り形で、柄は木製の丸
形かプラスチック製の六角形である。木型稍平鑿の穂幅は3〜36mmである。(c)の台湾の修鑿は槌

で軽く叩いて仕上げることができる。薄鑿と比べると柄が短く、柄頭には冠がある。形状は平待追入れ鑿に酷似し、首が薄い。薄鑿は欧米ではシンチズルと呼ばれる。

(2) 突き鑿　突き鑿は、**図7-36**(a)のように穂と首が薄鑿より長く、柄穴、切組、継ぎ手などの加工面の仕上げに使用する。その特徴は両手で柄を握って突いて使うため、柄がとくに長いことである。差鑿、大突き鑿、本突き鑿とも呼ぶ。穂幅15～60mmであり、穂の断面は穂幅が15～24mmでは鎬形であり、30mm以上では面取り形である。なお、刃裏の裏透きが2列、3列、4列の二枚裏、三枚裏、四枚裏の突き鑿もある。

中国の突き鑿は**図7-36**(b)の魚尾凿、台湾の突き鑿は(c)(d)の杯鑿である。いずれも日本では見られないユニークな形状であり、欧米のスリック(Slick)[152]の小形に対応する。杯鑿は板鑿とも呼ばれる。建築構造材の削り作業に使用される。穂幅は魚尾凿42～89mm、杯鑿48～60mmである。

(3) ペアリングチズル　欧米の仕上げ鑿はペアリングチズルである。穂はファーマーチズルよりも薄く長い。ロングシンペアリングチズル(Long Thin Paring Chisel)あるいはベヴェルドエッジペアリングチズル(Beveled Edge Paring Chisel)とも言い、穂の断面は面取り形である。薄鑿と比べると、**図7-37**(a)のように穂が長く首が短い。ハンドルの首部は衝撃緩和皮革が挿入されている。穂の柄への差し込みは原則として込み式であるが、袋式もある。刃先角15°前後と小さい。穂幅2～50mmである。穂先からまちまで230mmと長い。(b)は穂がS形に湾曲したペアリングチズルであり、Sフォームチズル(S-Form Chisel)と呼ばれている。刃幅は10～20mmである。なお、首がクランク状のものもあるが後述する。

図7-38のスリック(Slick)は大型のペアリングチズルである。ジャイアントペアリングチズル(Giant Paring Chisel)とも呼ぶ。建築構造材、船甲材などの削り作業に使用する。柄頭は丸くなっている。作業は**図7-38**のように両手で突くか、作業者の肩を柄頭の端に当てて突く。穂幅60～85mmであり、全長750mm位で長い。

(4) 丸突き鑿　丸突き鑿は、突き作業で軽微な曲線削りを行う鑿である。裏丸鑿と穂先形状は同じであるが、柄長ならびに全長が長く、冠のない仕上げ裏丸鑿である。日本には木型丸突き鑿、台湾には木型稍圓鑿、欧米にはインカナルペアリ

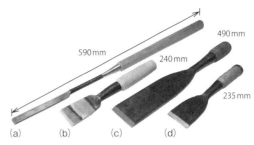

図7-36　突き鑿：(a) 突き鑿(日)、(b) 魚尾凿(中)、(c)(d) 杯鑿(台)

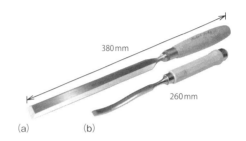

図7-37　(a) ペアリングチズル(英)、(b) Sフォームチズル(独)

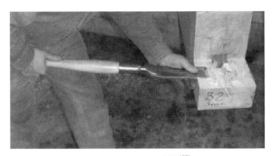

図7-38　スリック(英)[152]

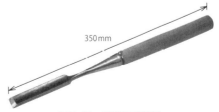

図7-39　木型稍圓鑿(台)

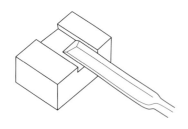

図7-40　鎬薄鑿による蟻溝の
入り隅の仕上げ

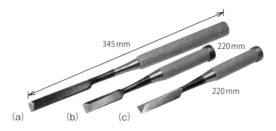

図7-41　(a) 鎬薄鑿（日）、(b) 鎬追入れ鑿（日）、(c) 三方刃鎬追入れ鑿（日）

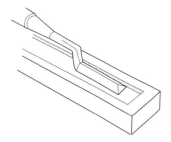

図7-42　鏝鑿による突き止め溝の
底さらい作業

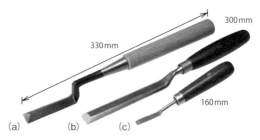

図7-43　(a) 鏝鑿（日）、(b) クランクトベヴェルドエッジペアリングチズル（英）、
(c) クランクトネックスクウェアエンドチズル

ングガウジがある。鏝鑿のように首の曲がった仕上げ裏丸鑿もあり、日本の木型鏝突き丸鑿、欧米のクランクトペアリングガウジに対応し、パターンメーカーズガウジ（Patternmaker's Gouge）とも言う。図7-39は台湾の丸突き鑿で木型稍圓鑿という。

　(5) 鎬 鑿　　鎬鑿は仕上げが困難な図7-40の蟻溝の入隅や柄穴の入隅の仕上げなどに使用する。蟻鑿、埋木鑿、埋木木成鑿とも呼ばれる。鎬薄鑿と鎬追入れ鑿の2種があり、穂の断面は三角形である。図7-41(a)の鎬薄鑿は穂と柄が長く、柄頭に冠がない。穂幅3～48mmである。なお、甲表が丸形で切れ刃面が半円に似た形状の鎬薄鑿もあり、甲丸鎬薄鑿と呼ばれる。

　作業によっては槌で叩くことがあるので、柄頭に冠のある(b)の鎬追入れ鑿がある。やや特殊な鑿として(c)の三方刃鎬追入れ鑿もある。鎬追入れ鑿は埋木追入れ鑿とも言い、欧米ではダヴテイルチズルと呼ばれる。穂幅3～36mmである。刃裏の裏透きが二枚裏、三枚裏、四枚裏の鎬追入れ鑿もある。三方刃鎬追入れ鑿は両小端も切れ刃になっているので、切れ刃は3面にある。側刃は丁番取り付けの溝加工時に溝の入り隅の仕上げに使用することができる。穂幅6～18mmである。

　(6) 鏝 鑿　　鏝鑿の穂の断面は鎬鑿と同じように三角形の鎬形であり、首は曲がった鏝形状である。溝の底、とくに決り鉋を使うことができない図7-42の突き止め溝の底や、蟻溝の底の入り隅を仕上げるのに都合が良い鑿である。穂幅6～36mmである。図7-43(a)は日本の鏝鑿、(b)は欧米のクランクトベヴェルドエッジペアリングチズルであり、パターンメーカーズチズル（Pattern Maker's Chisel）とも呼ばれる。(c)は小型のクランクトネックスクウェアエンドチズル（Cranked Neck Square End Chisel）である。いずれも突いて作業するため、柄頭に冠がない。鏝鑿は、中国では曲頸凿、台湾では曲頭鑿、鏝鑿と言う。曲頭鑿は欄間彫や神社仏閣の彫刻に使用されるが、入手が困難になっている。

　鏝鑿はその他に、切れ刃の反対側にあごがあるあご付き鏝鑿、あご側にも切れ刃のある両鏝鑿、鏝鑿の甲表と刃裏が入れ替わった逆鏝鑿、首が途中で曲がっている二段鏝鑿がある。図7-43(b)のクランクトベヴェルドエッジペアリングチズルの穂の断面は面取り形であり、穂が長く首が短いのが特

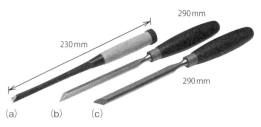

図7-44 (a) 撥鑿(日)、(b)(c) スキューチズル(英)

図7-45 スキューチズルによる蟻枘穴の仕上げ

図7-46 コーナーチズル(英)

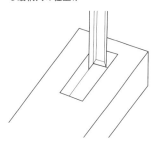

図7-47 コーナーチズルによる枘穴の入り隅仕上げ

徴である。穂幅6～25mmである。

(7) 撥鑿　撥鑿(ばち)は蟻仕上げに使用する。蟻仕上げを行う欧米の撥鑿はスキューチズルである。図7-44(a)の撥鑿は、包み蟻組接ぎの女木の蟻枘穴の底面と隅などの仕上げに使用する。穂は三味線の撥の形をしている。穂が魚の尾の形に見えるので、欧米ではフィッシュテイルチズル(Fish Tail Chisel)と呼ばれる。(b)(c)のスキュー

図7-48 コーナークリーニングチズル(英)

チズルは刃先が斜めに向いた鑿であり、右傾斜と左傾斜がある。図7-45のように蟻枘穴の仕上げに使用する。穂幅13～25mmである。蟻仕上げ用鑿は通常の枘や枘穴の入り隅を仕上げることもできる。

(8) 角鑿　角鑿(かく)は鑿あるいは角のみ盤で堀った枘穴の入り隅を直角に仕上げる。欧米の角鑿は図7-46のコーナーチズルである。ファーマーチズルの直製の刃先が直角に折れ曲がった形をしており、コーナーカッティングチズル(Corner Cutting Chisel)とも呼ぶ。図7-47のように四隅を仕上げる。角鑿は中国では方凿と言う。穂がV字形をしたコーナーチズルもあり、ブラズチズル(Bruzz Chisel)あるいはVシェイプトチズル(V-Shaped Chisel)と呼ぶ。その角度と幅は50～60°、12～25mmであり、全長250～600mmと長い。また、欧米には建築構造材用としてコーナーティンバーフレイミングチズル(Corner Timber Framing Chisel)もある。その他に、コーナーチズルの1つとして図7-48のコーナークリーニングチズルもある。この鑿は穴の隅の削り残しをさらって綺麗にしたり、接着作業後にはみ出た硬化した接着剤を取り除くのに使用する。

7.3.3　その他の鑿

本書ではその他の鑿として、日本の銛鑿、底さらい鑿、鎌鑿、打抜き鑿、鍔鑿、マキハダ鑿、間渡

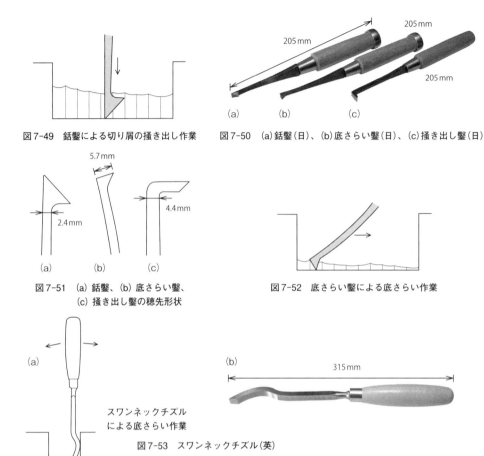

図7-49 銛鑿による切り屑の掻き出し作業　図7-50 (a)銛鑿(日)、(b)底さらい鑿(日)、(c)掻き出し鑿(日)

図7-51 (a) 銛鑿、(b) 底さらい鑿、(c) 掻き出し鑿の穂先形状　図7-52 底さらい鑿による底さらい作業

図7-53 スワンネックチズル(英)

し鑿、中国の鉤針凿、掏底凿、刀刃凿、台湾の清底鑿、直角鑿刃、欧米のハープーンチズル(Harpoon Chisel)、ボトムクリーニングチズル(Bottom-Cleaning Chisel)、スワンネックチズル、シックルチズル(Sickle Chisel)、ヒンジチズル(Hinge Chisel)、ドロアーロックチズル(Drawer Lock Chisel)、フロアーチズル(Floor Chisel)、ボックスチズル(Box Chisel)、リッピングチズル(Ripping Chisel)、ピーリングチズル(Peeling Chisel)を取り上げた。

(1) 銛　鑿　銛鑿は建具製作の柄穴加工で使用され、向待ち鑿で堀った柄穴の底に残った削り屑を**図7-49**のように繰り返し打ち込んでは引き上げ、崩して掻き出す。**図7-50**(a)の銛鑿は、**図7-51**(a)のように穂先が鉤形であり、魚を捕る銛のような形をしている。中国では鉤針凿、欧米ではハープーンチズルと言う。

(2) 底さらい鑿　底さらい鑿は**図7-52**のように柄穴の底をさらって、削り屑を掻き出すのに使用する。**図7-50**(b)の底さらい鑿は、**図7-51**(b)のように穂先が首が弓なりに反った形をしている。**図7-50**(c)の掻き出し鑿は、**図7-51**(c)のように首が先端部で直角に折れ曲がった形状の底さらい鑿である。底さらい鑿は、中国では掏底凿、台湾では清底鑿、欧米ではボトムクリーニングチズルと言う。

スワンネックチズルは、止まり柄穴の底を**図7-53**(a)のように曲がった首部をてこにして、刃先で底をさらう欧米の鑿である。ロックモーティスチズル(Lock Mortise Chisel)とも言う。(b)のように断面が方形のブレードの前面が湾曲しており、穂幅1/4インチ、3/8インチである。その他に、柄頭

7.3 種　　類

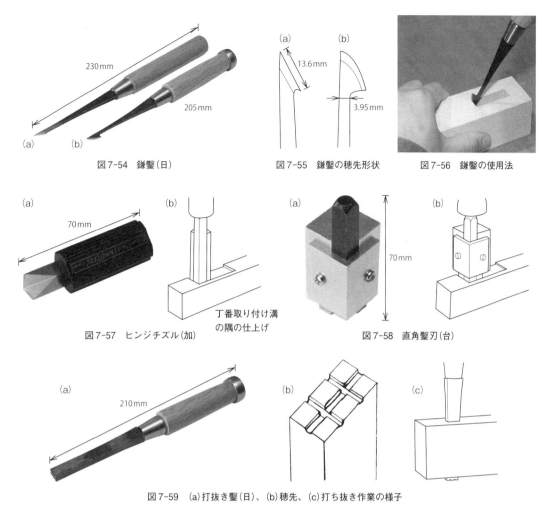

図7-54　鎌鑿(日)　　　図7-55　鎌鑿の穂先形状　　図7-56　鎌鑿の使用法

図7-57　ヒンジチズル(加)　　図7-58　直角鑿刃(台)

図7-59　(a)打抜き鑿(日)、(b)穂先、(c)打ち抜き作業の様子

に冠があるスワンネックモーティスチズル(Swan Neck Mortise Chisel)もある。

　(3) 鎌　　鑿　　鎌鑿は柄穴の四隅の仕上げの他に、小刀を使うのが難しい穴の四隅の正確な直角仕上げに使用する。柄頭を叩いて切り下げる。刃先は両刃で、図7-54(a)の直線刃と(b)の湾曲刃の2種がある。穂先形状を図7-55に示す。(b)は鎌切り鑿あるいは曲鎌鑿と呼ばれる。図7-56のように使用する。鎌鑿は、中国では刀刃凿、欧米ではシックルチズルと言う。

　(4) ヒンジチズル　　丁番は扉やドアをスムースに開閉させる金具であり、ヒンジあるいは蝶番とも言う。図7-57(a)のヒンジチズルは、丁番取り付け用の溝を鑿あるいは電動ルーターで掘った後に2カ所のコーナーを、(b)のように槌で叩いて直角に仕上げる鑿である。コーナーチズルとも呼ばれる。図7-58(a)は台湾のヒンジチズルであり、直角鑿刃と言う。(b)のように使う。なお、この作業は図7-46のコーナーチズルで行うこともできる。

　(5) 打抜き鑿　　打抜き鑿は、とくに障子の框の組子の通し柄穴加工で、材の両面から向待ち鑿などで半分近くまで堀った後、一方から打ち抜くときに使用する。打抜きとも言い、図7-59の形状で穂の断面は長方形、穂先は(b)のように平面に縦横の筋が刻まれている。(c)の使い方をする。穂先の中央部がV字形にへこんだ鑿もあり、打込みと言う。穂幅6～15mmである。

　(6) 鍔　　鑿　　鍔鑿は合釘や船釘などの大きい釘類の下穴あけに使用する。図7-60のように、

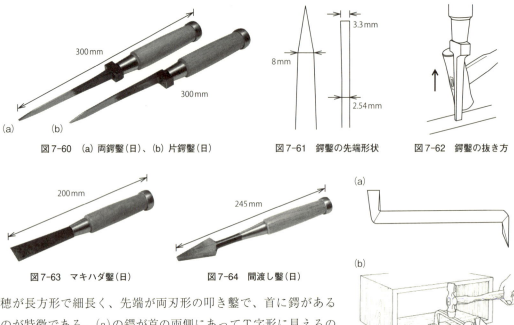

図7-60 (a) 両鍔鑿(日)、(b) 片鍔鑿(日)　　図7-61 鍔鑿の先端形状　　図7-62 鍔鑿の抜き方

図7-63 マキハダ鑿(日)　　図7-64 間渡し鑿(日)

穂が長方形で細長く、先端が両刃形の叩き鑿で、首に鍔があるのが特徴である。(a)の鍔が首の両側にあってT字形に見えるのを両鍔鑿、(b)の片側にあってL字形に見えるのを片鍔鑿と呼ぶ。図7-61の先端形状であり、打ち込んだ後に、図7-62のように鍔の下面を下方から玄能で叩いて抜く。長方形の穴をあけることができ、船大工が使用する。鑿の多くは鋼と地金を鍛接しているが、鍔鑿は全て鋼である。鍔鑿の鍔下は120〜300 mmである。図7-60の鍔鑿の鍔下は135 mm、穂の大きさは元身9×13 mmで、穂幅3.3 mmである。なお、刃先の断面が円形のものは打込み錐あるいは鍔錐と呼ばれるが、後述する。

(7) マキハダ鑿　マキハダ鑿は和船の造船で、水漏れを防ぐためにマキハダと言う植物繊維を埋め込むのに使用する。図7-63の形状で、穂幅24〜36 mmである。

(8) 間渡し鑿　図7-64の間渡し鑿は日本家屋の土壁に入っている竹を柱に差し込むときに必要な穴をあけるのに使用する。穂長56 mm、首長50 mm、全長225 mmである。

(9) ドロアーロックチズル　ドロアーロックチズルは図7-65

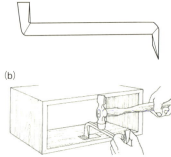

図7-65 (a) ドロアーロックチズル、(b) 使用例[103]

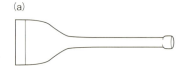

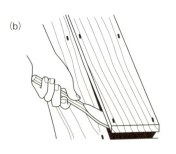

図7-66 フロアーチズルの使用例

(a)の形状で、引き出しや箪笥の錠前を組み込む窪みを掘るのに使用する。角棒の両端が直角に折り曲がった形状で、両先端に切れ刃がある。切れ刃は、一方は首と平行で、他方は首と直角になっている。作業空間が狭いところで使用し、金槌の打撃面あるいは側面で鑿の首を叩いて作業を行う。使用例[103]を図7-65(b)に示す。

(10) フロアーチズル　フロアーチズルは図7-66(a)の形状で、(b)のように縁甲板や長尺材を持ち上げて、切断するのに使用する。穂幅30〜60 mm、全長460 mmであり大形である。穂は薄く、柄は木製ではなく、刃先から柄頭まで同じ材料で製造されたオールスティールチズルの1種である。鍬の形状をしており、柄頭を金槌で叩く。穂先は熱処理され両面が研磨されているので、釘を切断する

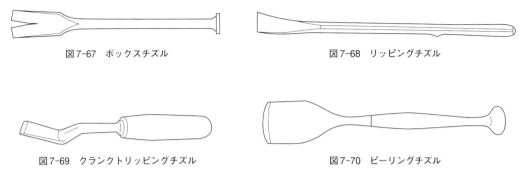

図7-67 ボックスチズル　　　　　　　　　　図7-68 リッピングチズル

図7-69 クランクトリッピングチズル　　　　図7-70 ピーリングチズル

ことができる。

　(11) **ボックスチズル**　　ボックスチズルは釘止めした木箱や梱包箱をあけたり、解体するのに使用する。**図7-67**のように、刃先はクローハンマーの釘抜き部のようにV字形の刻みがある。首の断面は丸形、四角形、八角形などであり、オールスティールチズルの1種である。全長400 mmである。

　(12) **リッピングチズル**　　リッピングチズルは2種ある。**図7-68**は引き剥がしなどの部材を縦方向に荒割りする鑿である。木箱の解体などで使用する。全長450 mmである。**図7-69**のクランクトリッピングチズル(Cranked Ripping Chisel)は首の曲がった形状の鑿であり、家具職人が椅子の布張り作業でステップル(U字釘)を抜く時に使用する。

　(13) **ピーリングチズル**　　ピーリングチズルはアッズ(Adze)と同様、樹皮の剥皮に使用する。剥皮は樹木の乾燥を早めるために行われる。**図7-70**の形状で、全長270〜360 mmである。

第8章　やすり

鑢(以下やすりと表記)は、木材、金属、プラスチックなどの面や角を削ったり、滑らかにしたり、穴や隙間を拡大したり、仕上げたりするのに使用する。工具の切れ刃を研いだり、鋸歯の目立てを行うやすりもある。

やすりの語源については、「鏃(やじり)をする」のやするが「やすり」に、ますます綺麗に磨くと言う意味の「弥磨(いやすり)」が「やすり」になったのではと言われている。板状の鋼の表面に鋭い目(突起)を立てて焼入れ硬化させて使用する。

やすりの起源は、紀元前2000年頃にギリシャのクレタ島でブロンズのやすりが発明されたのが最初で、紀元前1300年頃に銅製のやすりが、紀元前700年頃に鉄製のやすりがエジプトで作られたと言われている。日本では奈良時代の宮城県東山遺跡から発掘されている。奈良の正倉院には、当時のやすり5本(南倉の工匠具3本と北倉の十合鞘御刀子2本)が保存されている。南倉の工匠具のやすりは木工細工や彫金細工に使用されたものと考えられている。東大寺所蔵のヒノキ材に細かい鋸歯を斜めに多列植え込んだ工具は、木やすりと推定されている。

木工やすりはシタン、コクタンなどの硬材のやすり掛けを行う木工具であり、木やすりとも言う。また、木工作業では、面仕上げ用として紙やすりが用いられる。

紙やすりは、12世紀に乾燥した鮫皮で擦り磨いたことに始まる。13世紀に入り、中国では貝殻を羊皮紙にゴム質樹液で糊付けさせて使用していた記録があり、少し遅れて、スイスでは、ガラス粉を羊皮紙や皮につけて使われていたとされている。

8.1 構　造

8.1.1 やすりの構造

やすりは**図8-1**のように、穂と木製の柄で構成される。穂は柄に保持される。木材のやすり掛けを行う面を面、穂の先端は穂先、穂の両側面は小端と呼ぶ。首と柄(束)の取り付け部は口金で締め付けられる。穂を柄に取り付ける方法は、込み(タング)を柄に差し込む、込み式である。柄は作業者が手で握る部分であり、柄の直径は中央付近でやや小さく、柄頭は握りやすいように大きく面取りされて丸くなっている。

木工やすりの穂の断面形状を**図8-2**に示す。断面形状によって、(a)平やすり、(b)半丸やすり、(c)丸やすりの3種がある。半丸やすりは甲丸やすりとも言う。

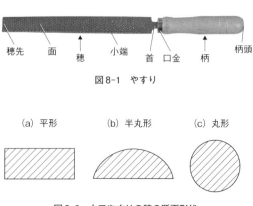

図8-1　やすり

図8-2　木工やすりの穂の断面形状

8.1.2 紙やすりの構造

紙やすりは、図8-3のように基材であるクラフト紙の上に研磨材である砥粒を均一に散布して接着したものである。砥粒には、溶融アルミナ(A)、炭化ケイ素(C)、ガーネット(ざくろ石)(G)、けい石(F)、エメリー(E)の硬質粒子が用いられ、砥粒の破砕面の頂点を刃物として利用し、木材の表面研磨や塗装での素地調整などに使用す

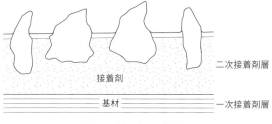

図8-3 紙やすりの構造

る。研磨紙、サンドペーパー(Sand Paper)とも呼ぶ。砥粒の大きさ、すなわち粒度は番手と呼ばれる。日本工業規格(JIS)では、紙やすりの番手は#40～#2500までの22種ある。番手は25.4 mm当たりの間にあるふるい目の数で示し、この数値が大きくなるほど砥粒は小さく細かくなる。

8.2 製造工程

8.2.1 やすりの製造工程

やすりの製造工程は次のとおりである。

❶ **やすり材の圧延**：熱間加工で、普通鋼または炭素鋼をやすりの断面形状に圧延する。

❷ **切断**：やすりとほぼ同じ長さに切断する。

❸ **鍛造成形(火造り)**：炉で加熱してハンマーで叩き形を造る(図8-4①)。

❹ **焼なまし**：目立てを容易にするために、電気炉で加熱、徐冷し軟らかくする。

❺ **研磨**：表面の酸化被膜を除去し、砥石で表面の脱炭層を研磨する。

❻ **目立て**：手切りあるいは目立て機械でたがねを打ち込み、鋭い目(突起)を立てる(同②)。

❼ **刻印**：銘を刻印する。

❽ **味噌付け**：刷毛でやすりに味噌を付けて乾燥させる(同③)。味噌への添加物は食塩、硝酸カリウム、水である。味噌付けで焼入れが容易になり、焼割れを防ぎ、鉛浴炉での鉛粒子の付着を防ぐ。

❾ **焼入れ**：炉で加熱後、水中で急冷硬化させる(同④)。

❿ **仕上げ**：湯炊きによって酸化被膜を取り除き、空気圧で研磨材を吹き付けるドライホーニングをする。

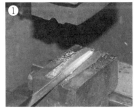   

図8-4 やすりの製造工程

8.2.2 紙やすりの製造工程

紙やすりの製造工程は次のとおりである。

❶ **基材セット**：ロール状に巻かれたクラフト紙を製造ラインにセットする(図8-5①)。

❷ **ラベル印刷**：基材の裏面に製品名、規格などを印刷する(同②)。

❸ **一次接着剤塗布**：70℃前後に暖め溶かした膠をローラー塗布する（同③）。

❹ **接着剤ならし**：塗布した一次接着剤をローラーで均一にならし、蒸気、送風などで適切な状態に保つ（同④）。

❺ **研磨材塗装**：所定の番手（粒度）の研磨材をスリットから、砂時計のように落下させて、一次接着剤面に付着させる。その後不要な研磨材をふるい落とす（同⑤）。

❻ **乾燥**：熱風で一次接着剤を乾燥させる（同⑥）。

❼ **二次接着剤塗布**：研磨材を強固に付着させ、研磨紙の柔軟性を高めるために、再度溶かした膠をローラーで塗布する（同⑦）。

❽ **乾燥**：熱風乾燥させる（同⑧）。

❾ **巻き取り**：乾燥直後の研磨紙を巻き取る（同⑨）。

❿ **養生**：ロール状に巻き取った研磨紙を1週間程度養生する。

⓫ **裁断**：規格寸法に裁断する。

図8-5 紙やすりの製造工程

8.3 種類

木材加工で使用するやすりには、木工用やすり、紙やすり、天然研磨剤がある。

8.3.1 木工用やすり

木工用やすりには、鬼目やすり、シャリ目やすり、波目やすり、ボードやすり、鉋台下端調整用やすり、雁木やすり、ラスプ（Rasp）、リフラー（Riffler）、鋸やすり、サーフォーム（Surform）、ドレッサー、ブロック型サンダーがある。木工やすりは中国では木銼、台湾では木銼刀、木工銼刀と言う。

(1) 木工やすり　一般の木工作業で使用する木工やすりのやすり目は、表面が**図8-6**の鬼目と裏面が**図8-7**のシャリ目である。鬼目で粗削りした後、シャリ目で仕上げる。鬼目はわさびおろしの目

図8-6 鬼目

図8-7 シャリ目

図8-8 木工やすり（日）
(a) 平やすり、(b) 半丸やすり、(c) 丸やすり

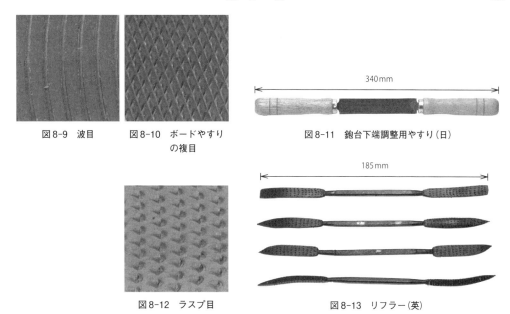

図8-9 波目　　図8-10 ボードやすり
　　　　　　　　　　　の複目　　　　　図8-11 鉋台下端調整用やすり（日）

図8-12 ラスプ目　　　図8-13 リフラー（英）

に似ていることからわさび目とも言い、石目、いばら目とも呼ぶ。木工やすりは、図8-8のように平やすり、半丸やすり、丸やすりの3種がある。これら3種を欧米ではフラットファイル（Flat File）、ハーフラウンドファイル（Half Round File）、ラウンドファイル（Round File）と言う。平やすりは両面ともに平面で、削り取る部分の面積が広いために尖った角や縁の面取りに適する。半丸やすりは片面が平面、他面が丸面である。丸やすりは円形である。鬼目やすりは、中国では粗锉、台湾では粗銼刀、欧米ではコアースラスプ（Coarse Rasp）と言う。

やすり目が洗濯板のようなやすりを波目やすりと言う。図8-9のようにやすり目のピッチが大きいので、目づまりを起こしやすい材料のやすり掛けに適する。木材の他にアルミなどの軽金属に使用する。平やすり、半丸やすりの2種がある。波目は筋目とも言い、中国では波纹锉、台湾では波紋銼刀、欧米ではウェイヴィーラスプ（Wavy Rasp）と言う。

石膏ボード用のやすりをボードやすりと言う。表面の鬼目で粗削りし、図8-10の裏面の金工用の複目で仕上げる。石膏ボードの他に、木材、レンガなどに使用する。その他に、日本の鉋の鉋台下端調整用やすりがある。図8-11の形状で、やすり目は金工用の複目である。紅木、象牙などの加工に適する雁木（がんぎ）やすりがある。片面がシャリ目、他面が金工用の単目である。

手挽き鋸の目立ては、鉄工用の単目の目立てやすり（両刃やすり）と製材用やすりを使用する。目の種類は並目、細目、油目の3種がある。

（2）ラスプ　　ラスプはやすり目が図8-12のように鬼目よりも粗く、加工が速くできる欧米のやすりである。平型、半丸型、丸型、キャビネットラスプ（Cabinet Rasp）、シューラスプ（Shoe Rasp）、ホースラスプ（Horse Rasp）がある。平型、半丸型、丸型は荒削りに使用する。半丸型、丸型には中仕上げ、仕上げ削り用のやすり目もある。キャビネットラスプは半丸型で、やすりや紙やすりで研磨する前の粗削りに使用される。シューラスプは多方面に利用でき、片側はやすり目、他方はラスプ目である。皮革にも利用できる。ホースラスプはラスプの中で最も粗い目である。端面は四角形であるが込みはない。

（3）リフラー　　図8-13のリフラーは柄の両側に曲線状の鬼目やすり刃が付いた欧米のやすりで

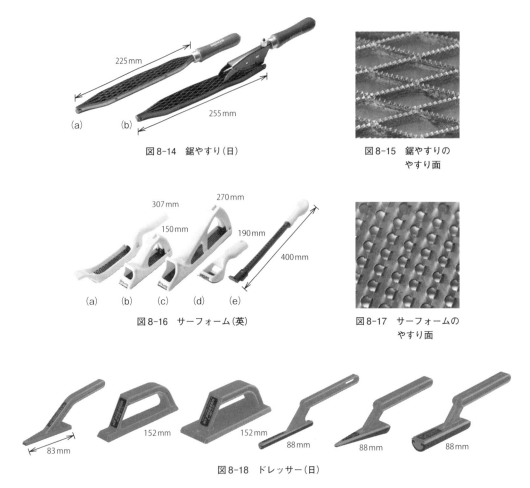

図8-14　鋸やすり(日)

図8-15　鋸やすりのやすり面

図8-16　サーフォーム(英)

図8-17　サーフォームのやすり面

図8-18　ドレッサー(日)

ある。凹面のやすり作業で使用する。やすり刃の形状には平面、三角形、四角形がある。さらにそれぞれの番手が異なるものでセットになっている。

(4) 鋸やすり　図8-14(a)(b)の鋸やすりは、図8-15のようにハクソーの鋸刃が集合した形で、隙間の面積が広い。鋸刃で木材を削り取る粗削り用である。面取りや材面のペンキ剥がしにも使用する。鋸目やすり、万能やすりとも言い、中国では鋸锉、台湾では鉎鋸、欧米ではソーラスプ(Saw Rasp)と言う。鋸刃の歯数は中目が歯距2.8mm、小目が1.1mmである。

(5) サーフォーム　図8-16のサーフォームは欧米の木工用やすりである。やすり目は図8-17のように網目状である。同様のやすり目のやすりが日本にもあり、やすりかんなと呼ばれている。やすり掛けを行うと、削り屑は刃の目を通過して裏側に出る。目詰まりを起こしにくいので、効率よくやすり掛けができる。しかし、加工面が粗いので鉋の代用にはならない。曲面のやすり掛けでは、木材の繊維に対して斜め方向に移動させると加工面は粗くなるが、平行方向に移動させると削り屑が小さくなって加工面は平滑になる。図8-16(a)はフラットファイル、(b)と(c)は欧米の鉋のように使用するブロックプレインとプレイン、(d)はシェイバー(Shaver)、(e)は穴の内側や曲面に使用するラウンドファイルである。

(6) ドレッサー　ドレッサーは、金属製のやすり板をプラスチック製のグリップにねじで固定したやすりである。替え刃方式であり、面の形状によって平面と曲面がある。図8-18のように種々の

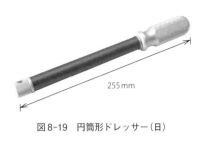

図8-19　円筒形ドレッサー（日）　　図8-20　ドレッサーの　　　図8-21　ブロック型サンダー（日）
　　　　　　　　　　　　　　　　　　　　やすり面

　図8-22　紙やすりのカット方法　　　　図8-23　平面研磨　　　　　　図8-24　曲面研磨

形状がある。番手には荒目、中目、やすり目がある。糸鋸で曲線挽きした面の修正やプラスチックの面取りなどに使用される。**図8-19**は円筒形のドレッサーであり、プラスチック製のグリップに金属製の円筒形やすり板を取り付けたものである。曲面や窪み面のやすり掛けに適する。ドレッサーのやすり面は、**図8-20**のように多くの細かい粒状のやすり歯が突起物のように散在している。

　（7）ブロック型サンダー　　プラスチック製のブロックに金属製のやすり板を固定したのがブロック型サンダーである。**図8-21**のように小型で、やすり板の研磨面は50×30 mmである。木工作業の他に、アルミニウムやプラスチックの整形や仕上げに使用することもできる。番手には荒目、中目と細目がある。それぞれの紙やすりの相当番手は、#120～180、#220～280、#320～400である。

8.3.2　紙やすり

　木工作業ではガーネット（ざくろ石）の紙やすりが一般に多く使用される。日本工業規格では、紙やすりのサイズは230×280 mmと190×280 mmの2種あるが、前者が汎用される。紙やすりは、中国では砂紙、台湾では砂紙、欧米ではサンドペーパーと言う。

　木材の表面研磨では、紙やすりの使用番手は#80から始め、#150で研磨面を整え、さらに#240で仕上げる。塗装では、素地調整は#240、上塗り直前の研磨は#400で行う。紙やすりは所定のサイズにカットしてから研磨作業を行う。紙やすりのカットは、はさみやカッターナイフで行うと刃先が痛むので、**図8-22**のように紙やすりの裏面上に直尺を押し当てて行う。平面研磨では、**図8-23**のように手作りの当て木に紙やすりを巻き付けて木材の繊維と平行方向に磨く。曲面研磨では、**図8-24**のように木材や塩化ビニルパイプなどの丸棒に巻き付けて磨く。平面研磨用の紙やすりの保持に便利な、**図8-25**の紙やすりホルダーや**図8-26**のサンディングブロック（Sanding Block）がある。パッドのサイズは、**図8-25**は74×240 mm、**図8-26**は68×196 mmである。サンディングブロックは、中国では砂磨块、台湾では砂磨塊と言う。また、24×280 mmの幅の狭い紙やすりを保持する**図8-27**の紙やすりホルダーもある。

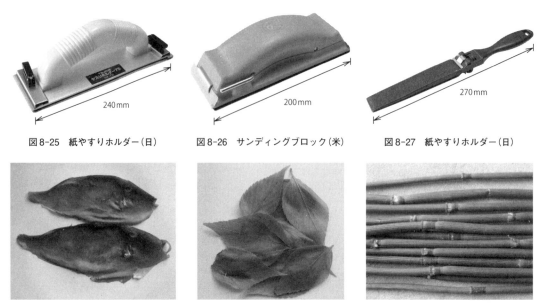

図8-25 紙やすりホルダー(日)　　図8-26 サンディングブロック(米)　　図8-27 紙やすりホルダー(日)

図8-28 カワハギの皮　　図8-29 椋の葉　　図8-30 木賊

8.3.3 天然研磨材

木賊(とくさ)、椋(むく)の葉、カワハギの皮、鮫皮(さめかわ)、鹿の粉末などがある。春慶塗、八雲塗、輪島塗などの伝統木工芸品は、#400程度の紙やすりで研磨後、木賊や椋の葉を研磨の最終段階に用い、研磨面に艶を出す。また、コクタン、コウキ、カリンなどの唐木の最終研磨には欠かせない研磨材である。江戸時代には入れ歯師が最終仕上げの研磨に常用した。これらの天然資源が研磨材に用いられるのは、木賊、椋の葉にケイ素化合物が、カワハギにはカルシウム化合物が含まれているためである。触ってザラザラ感ずるのはこれらの化合物が存在することに原因する。研磨により表面の繊維のまくれ、毛羽立ちが細胞の窪みに埋め込まれ、表面が平滑となり艶が出る。図8-28のカワハギの皮は乾燥させた後に使用する。図8-29の椋の葉は蒸煮して柔らかくし使用する。また、図8-30の木賊は束ねるか、長さ方向に切り開き表面積を広くして使用する。

第 9 章　　錐

　錐は切っ先が尖った刃物で木材や竹材に穴をあけるのに使用する。両手を「揉む」ように使って細長い円柱状の柄に往復回転を与える手揉み錐、片手で突き、引く動作を繰り返す手錐と、冶具を使って錐柄を往復または一方向に回転させる器械錐がある。

　錐は旧石器時代に既に使用されており、打製の揉み錐器、石錐が出土している。これらの穿孔具は素手で回転させたり、前後に動かして使われた。新石器時代になると一段階進み、冶具を使って往復回転させる弓錐、舞錐が使用された。弓錐は、紀元前15世紀のエジプト古墳の壁画に穴あけを行っている様子が描かれている。弓錐は中国、インド、西アジア、北アメリカ北部（イヌイット）で現在も利用されている。一方向回転の曲がり柄錐は、15世紀初期には北ヨーロッパで使われており、十字軍が西アジアから持ち帰ったという説がある。欧米で曲がり柄錐は現在も汎用されている。

　日本では、旧石器時代の石錐が出土し、縄文時代の弓錐用とみられる小さな弓も現存する。飛鳥、奈良時代になると大陸から建築技術の技術者が渡来した関係上、弓錐、舞錐も伝わった筈である。しかし、弓錐、舞錐は勾玉の穴あけなど、限られた穴あけに利用されたのみである。日本では、旧石器時代の素手で揉む方法を発展させ、現在の両手を「揉む」ように使って細長い円柱状の柄に往復回転を与える、世界でも珍しい錐を考案している。

9.1　構　　造

9.1.1　錐の構造

　錐は、錐身と回転運動を与える錐柄で構成される。錐柄には、揉み柄、回転柄がある。揉み柄は、上部は細い円錐形であるが、錐身側の下部は図9-1のように太い円柱形あるいは四角柱形である。錐の各部の名称は図9-2の通りである。錐身(穂)は軸と刃先からなる。

　回転柄は回転させるのに揉み錐より大きな力が必要であるので、柄は刃部に対して半径の大きいものが多い。

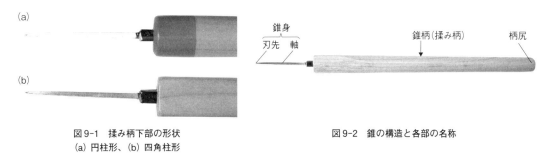

図 9-1　揉み柄下部の形状
　　　(a) 円柱形、(b) 四角柱形

図 9-2　錐の構造と各部の名称

9.2　製造工程

　錐は、錐柄の製造と錐身の製造、錐柄の錐身への打ち込み作業は分業で行われる。四つ目錐の製造工程を図9-3に示す。

　柄の製造工程は次の通りである。材料はホオノキである。

❶ 木造り：所定寸法の角材に切断する。
❷ 丸棒削り：角材を木工旋盤で、円錐状に丸棒削りする（図9-3①）。
❸ 穴あけ：錐柄に錐身の大きさに応じた径の穴をあけ、金属製の輪を打ち込む。
❹ 研磨：錐柄の頭部を仕上がりの長さに切断し、丸棒研削用ベルトサンダーで研磨する。
❺ 塗装：錐柄の塗装は行う場合と行わない場合がある。

錐身の製造工程と錐柄の錐身への打ち込み工程は次の通りである。

❶ 火造り：炭素鋼を炉で加熱し、金槌で叩いて鍛造する（同②）。
❷ 曲がり取り：錐身を真っ直ぐにする。
❸ 焼入れ：錐身を焼入れして硬くする。
❹ 焼戻し：錐身を焼戻しする。
❺ 仕上げ研磨：錐身を荒バフで荒仕上げ後、仕上げバフで仕上げる。
❻ 錐身の固定：錐身の刃先を下に向けて金属加工用万力に固定する（同③）。
❼ 錐柄の打ち込み：万力に固定した錐身に錐柄を差し込み、柄尻を木槌で叩いて打ち込む（同④）。

図9-3　錐の製造工程

9.3　種　類

錐には、手で揉んだり、回したり、打ち込んで穴をあける手揉み錐、手回し錐、ねじ錐、打込み錐と、機器に穴あけ工具を取り付けて穴をあける器械錐がある。

9.3.1　手揉み錐

手揉み錐は手作業による錐揉みによって穴をあける工具である。図9-2のように錐身と錐柄（揉み柄）から構成される。揉み錐とも言う。図9-4の四つ目錐、三つ目錐、壺錐、ねずみ歯錐などがある。手揉み錐による錐揉みでは、先ず刃先を穴あけ位置に垂直に立てて柄尻を軽く叩いて食い込ませる。次に両方の手のひらで錐柄の上部を交互に摺り合わせ、手のひらを柄の下部側に移動させる。この動作を繰り返して穴をあける。

(1) 四つ目錐　四つ目錐は細く深い穴があき、釘打ちの下穴あけに使用する。四角形の断面の方錐形の刃先と錐柄で構成される。四方錐、四面錐とも言う。サイズは大、中、小の3種がある。中国では四角錐子、台湾では四角錐、欧米ではフォーアイドギムリット（Four-Eyed Gimlet）と言う。

(2) 三つ目錐　三つ目錐は大きい釘や木ねじの下穴あけに使用する。錐身が丸く、先端が三角錐で刃先に溝がある。錐身は刃先より細く、穴の径は四つ目錐に比べて大きい。サイズは大、中、小の3種がある。中国では三角錐子、台湾では三角錐、欧米ではスリーアイドギムリット（Three-Eyed Gimlet）と言う。とくに木ねじの下穴あけ用の錐はブラッドオール（Bradawl）である。

(3) 壺　錐　壺錐は円筒状の穴あけに使用する。丸鑿に似た全部焼入れした炭素鋼の刃と揉み柄で構成される。穂先が半円筒形の手揉み錐で、切れ刃は壺鑿と同じように刃先の凹面側にあり、加

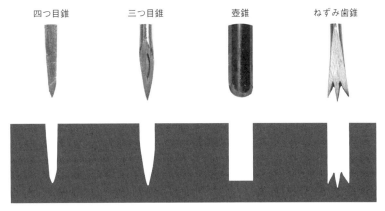

図9-4 手揉み錐の種類（日）

工穴内側はきれいに仕上がる。だぼ穴や隠し釘などの穴あけに適する。坪錐とも表記し、半円錐、埋め木錐とも言う。直径4.5、6、7.5、9、10.5、12mmである。中国では弧形锥子、台湾では弧形錐、欧米ではポットギムリット（Pot Gimlet）と言う。

図9-5 三つ又錐（日）

(4) **ねずみ歯錐** ねずみ歯錐は壺錐と同じように大きい径の穴あけに使用する。竹材用として生まれた錐であるので、竹材、硬材、唐木の穴あけに適する。扁平で三つ目に分かれている。中央部は少し長い四角錐、左右に罫引き刃が付いている手揉み錐で、円筒形の穴があく。ねずみ錐とも言う。予め四つ目錐で案内を作っておくと、錐揉みしやすくなる。刃幅3～9mmである。中国では三齿鼠牙锥子、欧米ではマウスティースギムリット（Mouth-Teeth Gimlet）と言う。

(5) **三つ又錐** 図9-5の三つ又錐は、酒樽などの栓口（飲み口）などの穴あけに使用する。ねずみ歯錐を大きくした形の大型の手揉み錐で、円筒形の大きな穴があく。揉み錐の中では最大で、中心錐は長く、三つ目錐となっている。左右の錐は鋭く小刀状である。揉み柄長450～600mm、刃幅15～35mmである。

(6) **剣　　錐** 剣錐は硬材木口面の穴あけや鑿の込みを束に仕込む時の穴あけに使用する。剣先錐とも言う。錐身は半円形の断面で先端は剣先形で、元身が先端より細い。刃幅3mm位までである。

9.3.2　手回し錐

手回し錐は片手で使う柄の短い錐であり、手錐、手回しビット、オーガギムリット（Auger Gimlet）がある。

(1) **手　　錐** 手錐は、太く短い柄に四つ目、三つ目、円の各錐身を取り付けた錐を言う。錐柄の形状は手揉み錐とは異なる。このうち、錐身が円形の図9-6の円錐は細く、布片や紙など軟らかいものを突き通すのに使用する。千枚通しとも言う。中国では穿纸锥子と言う。欧米ではオール

図9-6 円錐（日）

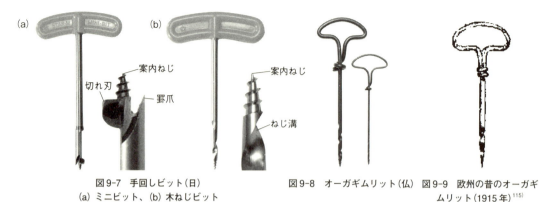

図9-7 手回しビット(日)　　図9-8 オーガギムリット(仏)　図9-9 欧州の昔のオーガギ
(a) ミニビット、(b) 木ねじビット　　　　　　　　　　　　　　　　　　　　ムリット(1915年)[115]

(Awl)と言う。

(2) 手回しビット　手回しビットは、柄を片手で右方向に回すことによって穴をあける。図9-7(a)は比較的直径の小さい穴をあけるビットであり、ミニビットと呼ばれる。刃先に罫爪、案内ねじ、切れ刃を持つが、錐身にねじれ溝は刻まれていない。直径6～24mmである。(b)は木ねじや釘の下穴をあけるビットで、木ねじビットと呼ばれる。錐身の先端に案内ねじがあり、ねじれ溝が刻まれている。サイズは錐身の直径で表し、3、4、5mmの3種がある。

(3) オーガギムリット　オーガギムリットは、木ねじの下穴をあける手回しビット形式の図9-8の欧米の錐であり、直径2～5mmである。先端は図9-7(b)の木ねじビットと同じ形状であり、手回しでねじ込みやすくなっている。図9-9は約100年前のポーランドの書籍に記載されているオーガギムリット[115]である。現在のものとほぼ同じ形状である。

9.3.3　ねじ錐

ねじ錐はねじれ溝を有する錐であり、ボルト錐がある。両手でT字形の長い柄を握って回転させ、ボルトなど通す径の大きい深穴をあける。ボルト錐はリングオーガー、棒刀錐、南蛮錐とも言う。中国では麻花钻、螺旋钻、台湾では長棹螺旋鑽、欧米ではリングオーガー(Ring Auger)と言う。図9-10のように刃先には罫爪、案内ねじ、切れ刃を持つ。直径6～36mmである。

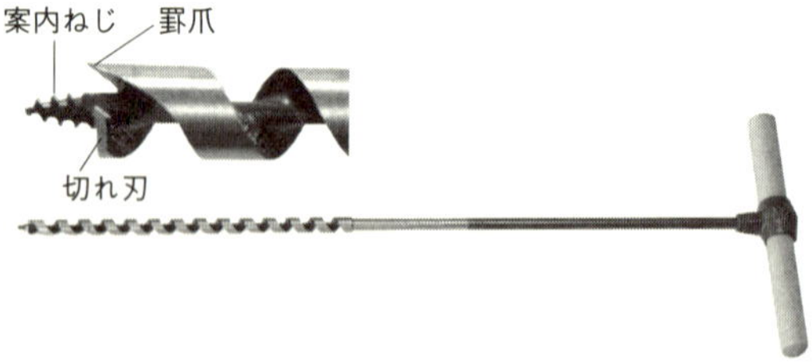

図9-10　ボールト錐(日)

9.3.4　打込み錐

打込み錐は厚い板を合わせる時の釘穴あけなど、木材に大きな釘類を打込む穴あけに使用する。鍔錐とも呼ばれる。中国では打孔锥子と言う。図9-11のように、その構造は鍔鑿によく似ているが、刃先の断面は、鍔鑿は四角であるのに対し、打込み錐は円形である。鍔鑿と同様、柄尻には冠があり、叩いて穴をあける。さらに、口金部に鍔があり、打ち込んだ後に腕力で抜けない場合

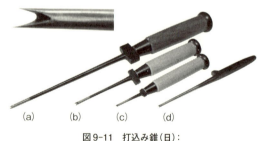

図9-11　打込み錐(日):
(a) 180mm(両鍔)、(b) 90mm(両鍔)
(c) 40mm(両鍔)、(d) 105mm(片鍔)

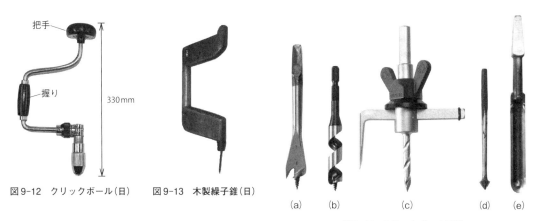

図9-12 クリックボール(日)　図9-13 木製繰子錐(日)

図9-14 クリックボール用錐
(a) 板錐、(b) らせん錐(オーガビット)、
(c) 自在錐、(d) 皿錐、
(e) 貝形錐(スプーンビット)

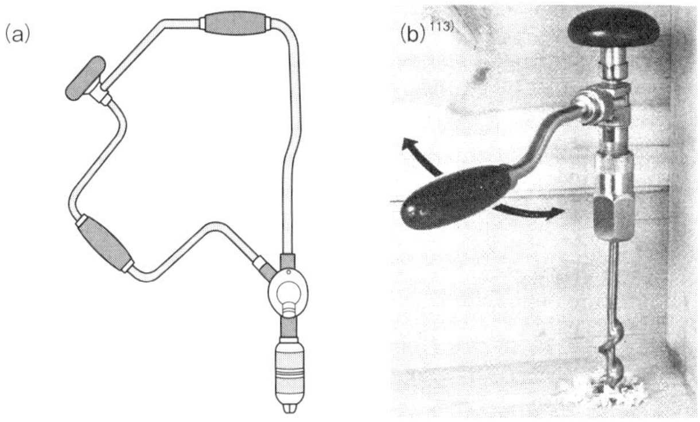

図9-15 コーナーブレイス

に、玄能で鍔を下から叩いて抜く。両鍔と片鍔があり、桶職人が用いる。打込み錐のサイズは錐身長で表し、40～300 mm である。

9.3.5 器械錐

　手揉み錐、手錐、ねじ錐は直接手で錐柄を揉んだり、回して木材に穴をあける。器械錐は穴あけ工具を取り付けた機器を回転させて穴をあける。回転錐とも言う。器械錐にはクリックボール、ハンドドリル(Hand Drill)、自動錐、舞錐、胡弓錐がある。

　(1) クリックボール　　クリックボールは繰子錐とも言い、中国では手揺钴、弓钴、台湾では弓形鑽、鑽弓、欧米ではブレイス(Brace)と言う。**図9-12**のように、U字形に湾曲した軸先端に穴あけ工具を取り付けるチャックが、軸上端には饅頭形の木製の把手がある。**図9-13**は日本の昔の木製繰子錐である。穴あけは、**図9-14**のねじ錐、板錐、らせん錐(オーガビット)などをチャックに取り付け、工具を材面に対して垂直に保持し、回転中に軸がぶれないように把手を上方から押さえながら、軸中央部の握りを右回りに回転させることによって行う。工具を回転させる握りの回転半径が大きいので、大きい回転力を得やすい。従って、径の大きい深い穴を容易にあけることができる。自在錐を取り付けると直径が任意の穴あけができ、皿錐(菊錐、菊座錐)を取り付けると皿取りができる。その他に、貝形錐(スプーンビット)、三つ目錐、十字ねじ回しビットなどを取り付けることができる。

　なお、壁隅の穴あけや壁下の幅木やすそ板の穴あけなど、クリックボールを回転させるには空間が

第9章　錐

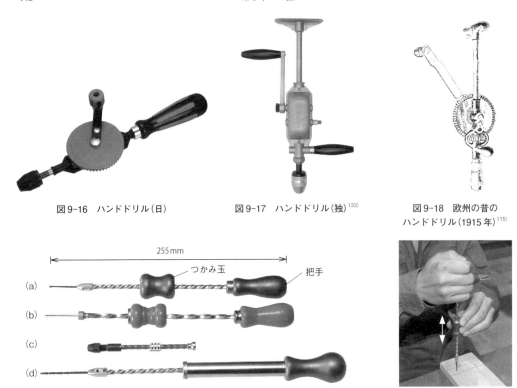

図9-16　ハンドドリル(日)　　図9-17　ハンドドリル(独)[133]　　図9-18　欧州の昔の
　　　　　　　　　　　　　　　　　　　　　　　　　　　　　　　　　　ハンドドリル(1915年)[115]

図9-19　自動錐　　　　　　　　　　　　　　　　図9-20　自動錐の使い方

限られて作業が困難な場合は、図9-15のコーナーブレイス(Corner Brace)[113]を使用する。

　(2)　ハンドドリル　　ハンドドリルはチャックに錐を取り付け、図9-16は把手を手で握り、図9-17[133]は把手を胸で上方から押さえながら、ぶれないようにハンドルを回して穴をあける。ハンドドリルは手回し錐、ハンドル錐、ブレスドリルとも言う。中国では转盘式摇钻、手摇钻、台湾では手搖鑽、欧米ではハンドドリルと言う。ハンドルを回すと、かさ歯車によって回転するチャックで錐が回転する。チャックに取り付けるビットはクリックボールと同じである。図9-18は約100年前のポーランドの書籍に記載されている胸当て式ハンドドリル[115]であり、古くから存在した。

　(3)　自動錐　　自動錐は釘あるいは木ねじの下穴あけに使用する。中国では自动锥子、台湾では自動手鑽、欧米ではジュエラーズドリル(Jeweller's Drill)、スパイラルプッシュドリル(Spiral Push

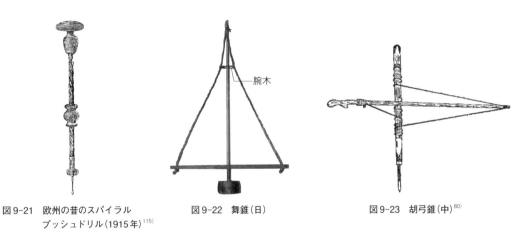

図9-21　欧州の昔のスパイラル　　　図9-22　舞錐(日)　　　図9-23　胡弓錐(中)[80]
　　　　プッシュドリル(1915年)[115]

Drill)と言う。自動錐はらせん状の軸の下端にチャックを介して錐を取り付け、軸の上端に把手が取り付けられている。図9-19(a)(b)(c)は把手を上方から押さえながら、図9-20のようにつかみ玉を下方に移動させると、錐が回転して穴があく。(d)は把手を下方に押して穴をあける。図9-21は約100年前のポーランドの書籍に掲載されているスパイラルプッシュドリル[115]である。

(4) 舞　錐　　舞錐は、算盤玉、勾玉など硬木や竹などの小径穴の穴あけに使用する。心棒の先端のチャックに取り付けた錐を回転させて穴をあける錐である。轆轤錐、手轆轤、独楽錐とも言い、中国では坨鑽、欧米ではパンプドリル(Pump Drill)、アップアンドダウンドリル(Up-and-Down Drill)と言う。図9-22のように、心棒のチャック上方に位置する腕木の両端の穴と心棒の上端の穴に紐を通し、腕木を上下させて紐の巻きほどきによって心棒を回転させて穴をあける。

(5) 胡弓錐　　胡弓錐は家具の小径穴、広葉樹の下穴あけに使用する。舞錐の作用を弦に切り替えたような錐である。弓錐とも言い、中国では拉杆鑽、欧米ではバウドリル(Bow Drill)と言う。図9-23の構造[80]であり、上端に軸受けを取り付けた上下方向の回転柄に錐刃を取り付け、横棒の両端に結んだ紐を回転柄に巻き付けて横棒を左右に動かし、錐身を往復回転させる。

第10章　槌

　槌は大工道具として最も古い歴史を持ち、240万年前に種々の形をした石を使って、木や骨などを叩き、加工したことに始まる。旧石器時代になると木や鹿の角製の柄を革紐などで結び使用するようになり、さらに改良が進み、石に穴をあけ柄を差し込んで使用するようになった。青銅器時代では、柄を取り付ける穴のある青銅または銅製の槌が出現している。紀元前200年頃、ローマで鉄製の槌が使用され始め、西暦75年頃になると、今日汎用されている釘を引き抜くための溝を取り付けた鉄製の槌の原型が使用されている。柄が頭から抜けないようにするという工夫は早くから重ねられたが、19世紀になってアメリカの鍛冶職人によってはじめて解決された。現在も玄能や金槌の改良が重ねられているが、とくに建築の分野では電動の釘打ち機が出現して、玄能や金槌による釘打ちは激減したと言われている。

　槌の頭は金属製、木製、硬質ゴム製、プラスチック製、ウレタン樹脂製がある。金属製は「玄能」「金槌」、木製は「木槌」「掛矢」、硬質ゴム製、プラスチック製、ウレタン樹脂製は「ソフトハンマー」と言う。玄能は鑿打ちと釘打ちに、金槌は釘、鋲打ちなどに使用する。木槌は材料に傷を付けず叩く槌であり、鑿打ち、彫刻、鉋身の抜き差し、木釘と竹釘打ち、家具と建具の組み立て、柄組の打ち込みなどに使用する。掛矢は建築部材の組み立て作業に使用する。

10.1　構　造

10.1.1　槌の構造

　玄能と金槌は、鋼製の頭と丈夫な木製の柄で構成される。頭は練鉄、叩く部分に鋼を鍛接したのもある。頭には柄を差し込む穴があり櫃（柄穴、孔）と呼ぶ。玄能は玄翁とも表記する。

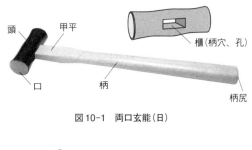

図10-1　両口玄能（日）

　図10-1の両口玄能は、叩く部分に対して柄の取り付け部分が細く、打面である口は同じ大きさであるが、片方は平面で、他方はやや中高である。後者を木殺し面と呼ぶ。鑿叩きでは平らな面を使用する。釘打では、平らな面で釘の頭が3〜

図10-2　金槌（日）

5mm位残るまで打ち込んだ後、木殺し面で釘の頭が材面に沈めるまで打ち込む。木殺し面は木材の表面の叩き締めにも使用する。柄はシラカシの他に、ウツギ、カマツカ、ツゲ、サカキ、サクラ、ウメ、ヒッコリー、アオダモ、トネリコなどの強靭な材を使用する。

　図10-2の金槌は鉄製の頭と丈夫な柄で構成される。頭部は先端の片方が付鋼された平らな口と、他方が尖ってるもの、細長い直線状のもの、釘抜きが付いているものがあり、さらに、両端が長細い直線状のものがある。柄は木製と鉄製がある。頭の柄への取り付けは図10-3のように、(a)の櫃に挿し込んだ柄に楔を打ち込む方法[96]、(b)の頭部と一体になっているストラップに柄をねじ締めする方法[117]、(c)の櫃に挿し込んだストラップに柄をねじ締めする方法[117]がある。

　木槌の頭は木製である。ソフトハンマーの頭は硬質ゴム、プラスチック、ウレタン樹脂である。

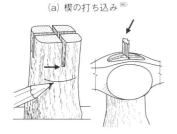
(a) 楔の打ち込み[96]

(b) ストラップへのねじ込み[117]

(c) ストラップへのねじ込み[117]

図10-3　金槌の頭の柄への取り付け方

10.2　製造工程

槌の製造工程は次の通りである。

❶ **鍛造**：鍛造して頭の形に仕上げる（図10-4 ①）。
❷ **グラインダー加工**：頭の表面の凹みや傷を削り取る（同②）。
❸ **荒バフ加工**：❷で付いた傷を取り除く。
❹ **焼入れ**：焼入れして頭を硬くする（同③）。
❺ **焼戻し**：割れにくい粘り強い状態にする（同④）。
❻ **仕上げバフ研磨**：表面を研磨する（同⑤）。
❼ **酸化促進・煮沸処理**：錆にくい黒い酸化表面にし、付着した薬液を煮沸して取り除く。
❽ **着色ワイヤーバフ研磨**：穴の中を研磨する。
❾ **洗浄処理**：表面の汚れを取り除く。
❿ **口研磨**：酸化して黒くなった口を光沢が出るまで磨く（同⑥）。
⓫ **防錆処理**：表面にニスを塗る（同⑦）。
⓬ **柄入れ**：柄を打ち込む（同⑧）。

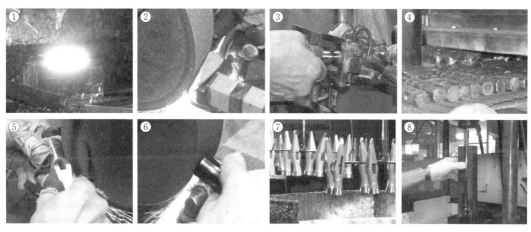

図10-4　玄能の製造工程

10.3　種　類

槌には、槌の頭が鉄製の玄能、金槌、木製の木槌、硬質ゴム製、プラスチック製、ウレタン樹脂製のソフトハンマーがある。その他に、釘打ち作業に関連する釘締め、釘抜き、喰い切りがある。

図 10-5　丸玄能(東型)(日)　　図 10-6　丸玄能(地型)(日)　　図 10-7　丸玄能(日)　　図 10-8　平頭鎚(台)

10.3.1　玄　能

玄能は、円形または方形の打撃面が2つある両口玄能と、円形の打撃面が1つの片口玄能に分けることができる。

(1) 両口玄能　両口玄能は釘打ちと鑿打ちに使用する。打撃面の形状から、大きく丸玄能、四角玄能、八角玄能に区分できる。打撃面が丸形と八角形の両者を備えた片八角玄能もある。中国には打撃面が四角形の方頭鋼錘、斧のような形状の鑿打ち専用の雕花斧、台湾には平頭鎚がある。

表 10-1　両口玄能の大きさ

	頭重量 (g)	(匁)	頭長 (mm)	口径 (mm)
	115	30	67	16 × 18
	150	40	71	19 × 21
	185	50	75	22 × 22
豆	225	60	77	22 × 26
小小	300	80	85	25 × 28
小	375	100	92	27 × 30
中	450	120	96	30 × 32
大	570	150	102	31 × 36
大大	670	180	109	32 × 38
極大	750	200	115	34 × 40

(参考) 1匁 = 3.75 g

両口玄能の大きさは頭重量で表され、重量は元々匁で示されていた。重量によって呼び方が異なる。**表 10-1** に両口玄能の頭重量 (g、匁)、頭長、口径の1例を示す。

頭重量は 115 g から 750 g までの間で種々がある。大は 570 g であり、建築での鑿打ちに使用する。670 g と 750 g をそれぞれ大大と極大と呼ぶ。中は 450 g であり、建具、家具指物、小細工用である。375 g と 300 g はそれぞれ小と小小と呼ぶ。豆は 225 g であり、小釘打ち、鋲打ちに使用する。豆よりさらに軽量のものに、185 g、150 g、115 g がある。

丸玄能は打撃面の形によって、関東地方で使用される **図 10-5** の東型と関西地方で用いられる **図 10-6** の地型がある。それぞれ小判型、真丸型とも呼ばれている。**図 10-7** の玄能は表面がクロムメッキされた、軽量小型の細工用両口玄能である。

台湾の丸玄能は、鑿打ちや組み立てに使用される **図 10-8** の平頭鎚である。口径 45 mm、全重量 1160 g であり、日本の両口玄能の極大以上に該当する。玄能鐵鎚とも言い、台湾での平頭鎚の英語表記は Japanese Hammer である。

打撃面が円形でない両口玄能がある。釘打ちやその他小細工に使用する。**図 10-9** は日本の一文字玄能、**図 10-10** は中国の玄能錘である。一文字玄能は日本で明治期に使用された槌であり、口の断面は丸玄能の両櫃側を平らにした形状である。頭重量は 260 g (70匁) である。中国の玄能錘は打撃面が楕円形の両口玄能であり、頭重量は 230 g (8 oz) である。欧米ではオーヴァルハンマー (Oval Hammer) と呼ばれる。

打撃面が四角形と八角形の両口玄能もある。それぞれ、四角玄能、八角玄能と呼ばれる。**図 10-11** の四角玄能の打撃面は、片面が平面、他面が木殺し面であるのに対し、**図 10-12** の八角玄能の打撃面は両面とも木殺し面である。八角玄能は頭の側面が平面で横打ちができるので、狭い所での釘打

10.3 種　類

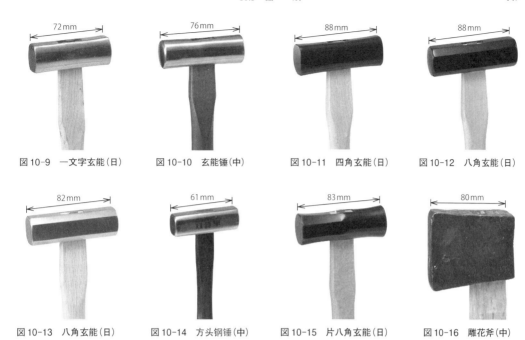

図 10-9　一文字玄能(日)　　図 10-10　玄能錘(中)　　図 10-11　四角玄能(日)　　図 10-12　八角玄能(日)

図 10-13　八角玄能(日)　　図 10-14　方头钢锤(中)　　図 10-15　片八角玄能(日)　　図 10-16　雕花斧(中)

ちに使用できる。**図 10-13** の純銅製の八角玄能は、鉋身と裏金の抜き差しや刃先の調整に使用する。木槌よりも使いやすく、玄能よりも材質が柔らかいために鉋身と裏金の頭のめくれを生じにくい。

　図 10-14 の方头钢锤は中国の四角玄能である。口径 17 × 19 mm、頭重量 100 g の小型の槌であり、後述の日本の四分一金槌あるいは欧米のピンハンマーの両口版と同類と見なすことができる。また、日本の珍しい玄能として、**図 10-15** の片八角玄能がある。打撃面の片面が丸玄能、他面が八角玄能の 1 本の玄能で二役こなす。中部地方で広く使用される。さらに珍しい両口玄能として、中国には斧のような形状の鑿打ち専用の**図 10-16** の雕花斧がある。名称は斧であるが玄能である。斧の刃先部を 5 × 60 mm の細長い長方形に変化させた形状である。鑿打ちは細長い長方形の面では行わず、斧の側面で行う。**図 10-17** に中国での鉋台製作における斧による鑿打ちの例を示す。

　(2) **片口玄能**　　片口型の玄能には、片口玄能、舟手玄能、船屋玄能がある。

　図 10-18 の片口玄能は円形の面で釘の打撃を行い、尖った他端は釘締めに使用する。片口玄能の頭部形状は後述の先切り金槌とほぼ同様である。先切り金槌は口径 30 mm 未満であるのに対し、片口玄能は口径 30 mm 以上である。大きい口径のものに 42 mm がある。片口玄能は先切り金槌の大型と見なすことができ、主に関西で使用される。片口玄能は後述の下腹槌やまきち金槌と頭の形状が似ているが、頭が長い。**図 10-19** の舟手玄能は岩国型とも言う。口径 21 ～ 38 mm であり、主に中国地方、北海道で使用される。**図 10-20** の船屋玄能は北海道片口とも言う。口径 24 ～ 39 mm であり、平らな頭の側面で釘の横打ちができる。主に北海道、東北地方で使用される。

図 10-17　中国の鉋台製作における斧による鑿打ち

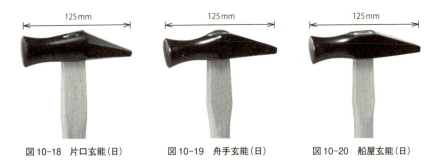

図10-18 片口玄能(日)　　図10-19 舟手玄能(日)　　図10-20 船屋玄能(日)

10.3.2 金　槌

金槌は、釘抜きがないものとあるものに分けることができる。

(1) 釘抜きなし金槌　釘抜きなしの金槌には、先切り金槌、下腹槌、やまきち金槌、四分一金槌、唐紙槌、隅打ち金槌、ガラス屋金槌、屋根屋槌がある。また、中国には扁尾錘、台湾には尖尾鎚、欧米にはクロスピーンハンマー(Cross Peen Hammer)、ワーリントンハンマー(Warrington Hammer)、ピンハンマー(Pin Hammer)、タックハンマー(Tack Hammer)、テレフォンハンマー(Telephone Hammer)、グレイジアーズハンマー(Glazier's Hammer)がある。

図10-21の先切り金槌の頭部形状は片口玄能とほぼ同じである。釘の打撃面は円形であるが、他端は尖っており釘締めなどに使用する。片口玄能と異なるのは、先切り金槌の口径は30mm未満であり、15、18、21、24、27mmである。口径30mm以上の片口玄能と比べると、一回り小さい。**図10-22**の台湾の尖尾鎚は形状が先切り金槌に似ており、口径27mmである。**図10-23**の下腹槌は頭長が短いので、振り上げ幅が大きく取れない狭い所での釘打ちが容易になる。関西より西で使用される。**図10-24**のやまきち金槌は下腹槌とほぼ同形で、九州の一部で使用され、山吉槌あるいは舎金槌とも表記する。

図10-25のワーリントンハンマーは欧米で釘打ちに使用される一般的な金槌である。頭の片面は円形であるが、他面は先端が丸みを帯びた直線の形状で、ピーン(Peen)と言う。ピーンが柄に対して直角方向に向いているハンマーをクロスピーンハンマーと呼ぶ。平行のハンマーはストレートピーンハンマー(Straight Peen Hammer)と言い、形状が球状のものをボールピーンハンマ(Ball Peen Hammer)と言う。クロスピーンハンマーによる釘打ちは、打ち始めは釘を指の間に挟んでピーンの方で打ち、その後円形あるいは方形の打撃面で打つ。柄の材質はトネリコ(Ash)かヒッコリー(Hickory)である。

クロスピーンハンマーにはワーリントンパターン(Warrington Pattern)、ロンドンパターン

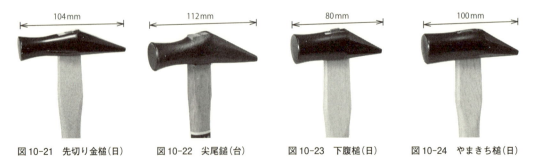

図10-21 先切り金槌(日)　　図10-22 尖尾鎚(台)　　図10-23 下腹槌(日)　　図10-24 やまきち槌(日)

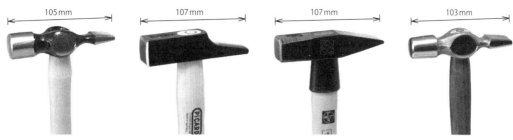

図10-25　ワーリントンパターンクロスピーンハンマー(英)　　図10-26　フレンチパターンクロスピーンハンマー(独)　　図10-27　コンチネンタルパターンクロスピーンハンマー(独)　　図10-28　扁尾錘(中)

図10-29　四分一金槌(日)

(London Pattern)、フェレンチパターン(French Pattern)、コンチネンタルパターン(Continental Pattern)がある。**図10-25**のワーリントンパターンクロスピーンハンマー(Warrington Pattern Cross Peen Hammer)をワーリントンハンマーと言うが、ジョイナーズハンマー(Joiner's Hammer)とも呼ぶ。**図10-26**のフレンチパターンクロスピーンハンマー(French Pattern Cross Peen Hammer)はキャビネットメーカーズハンマー(Cabinetmaker's Hammer)とも言う。フレンチパターンクロスピーンハンマーと**図10-27**のコンチネンタルパターンクロスピーンハンマー(Continental Pattern Cross Peen Hammer)の打撃面は方形である。**図10-28**の中国の扁尾錘はクロスピーンハンマーに相当する。

　四分一金槌や唐紙槌は小釘打ちあるいは鋲打ちに用いる金槌である。**図10-29**の四分一金槌はガラス桟を小釘や鋲で止めるのに使う。とがり金槌とも言う。古くは四分市金槌とも表記した。打撃面は方形で12mm角であり、他端は丸みを帯びた直線である。現在は入手困難であり、頭重量100g位の四角玄能あるいは八角玄能で代用する。釘抜き付きの四分一先割れ金槌もあるが後述する。**図10-30**と**図10-31**の唐紙槌は建具屋が使う槌であり、襖や屏風の表装などに使用される。釘打ちは円形の打撃面で行うが、直線状の扁平な他端は鋸身の歪み取りや鉋身の裏出し、各種の組み立てに使用する。口径13〜24mmである。

　欧米では、小釘打ちあるいは鋲打ちにピンハンマーやタックハンマーが使用される。**図10-32**のピンハンマーはワーリントンハンマーの頭部が100g位のものである。このように頭重量が軽いハンマーをライトウエイトハンマー(Light Weight Hammer)と言い、パターンメーカーズハンマー(Pattern Maker's Hammer)やタックハンマーなどが含まれる。ピンハンマーの柄が長いものをテレフォンハンマーと言い、電話コードを固定するステープルを打つ時に用いるのでこの名称がある。**図**

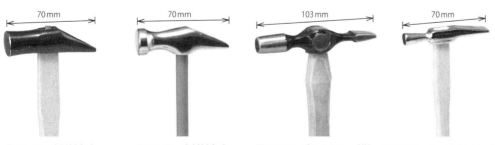

図10-30　唐紙槌(日)　　図10-31　唐紙槌(日)　　図10-32　ピンハンマー(英)　　図10-33　タックハンマー(加)

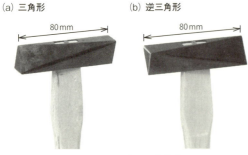

(a) 三角形　　(b) 逆三角形

図10-34　隅打ち金槌(日)

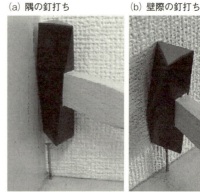

(a) 隅の釘打ち　　(b) 壁際の釘打ち

図10-35　隅打ち金槌の使用法

10-33のタックハンマーも同じ目的で使用する超小型の金槌である。釘抜き付きのタックハンマーもあるが後述する。

　図10-34の隅打ち金槌の打撃面形状は三角形である。三角形の向きが2つの打撃面で異なる。すなわち、1つは三角形の底辺が柄側、もう1つは三角形の頂点が柄側に位置している。図10-34ではそれぞれ三角形、逆三角形と記した。図10-35のように前者の打撃面で隅隅の釘打ちを、後者の打撃面で際の釘打を行うと、隅打ちが容易になる。中国では鉚角錘、台湾では鉚釘鎚、欧米ではコーナーハンマー(Corner Hammer)と言う。

　ガラス屋金槌は木製ガラス戸の製作で使用する小型の槌である。打撃面は図10-36のように台形である。パテ代わりに桟に平鋲を留める時に使用する。その他に額縁の小釘打ちにも使用する。グレイジアーズハンマーはガラス屋金槌に対応する欧米の槌で、額縁の製作に用いる。打撃面は図10-37のように丸形と三角形であり、図10-38のように三角面で額縁の内側から木釘または鋲を打つ[127]。130gと軽量であり、三角面の側面をガラス面に接しやすくするために三角面は回転し、打ちやすい。ピクチャーフレーマーズハンマー(Picture Framer's Hammer)とも言う。中国では装玻璃錘と言う。

　図10-39の屋根屋槌は屋根の檜皮葺での木釘打ちあるいは竹釘打ち、瓦葺きでの下地に薄板を張る釘打ちに用いる日本の槌である。現在では入手困難である。頭の形状はさいころ状であり、4面で打撃できる。3面は付け鋼で鉄釘を打ち、残りの1面は鍛鉄で木釘と竹釘を打つ。柄はカシで作られ、八角形で太く握りやすい。図10-40は島根県松江市佐太神社での屋根屋槌による檜皮葺の様子である。図10-41は、渋沢史料館所蔵の「衣喰住之内家職幼絵解之図」(第十一、第十二、二代歌川国輝画)に描かれた明治初期の屋根屋槌による板葺の様子である。

(2) 釘抜き付き金槌　釘抜き付き金槌は、日本には、角箱屋槌、丸箱屋槌、名古屋型箱槌、梱包屋槌、りんご槌、平柄三徳金槌(にしん槌)、ネイルハンマー、盛岡型槌、舞台屋槌、マグネット付き

図10-36　ガラス屋金槌(日)

図10-37　グレイジアーズハンマー(英)

図10-38　グレイジアーズハンマーの使用法[127]

図10-39　屋根屋槌(日)

10.3 種類

図 10-40 屋根屋槌による檜皮葺

図 10-41 屋根屋槌による板葺

ネイルハンマー、仮枠槌、ツーバイフォーハンマー、解体ハンマー、四分一先割れ槌、椅子屋金槌がある。中国には羊角锤、开叉木工锤、羊角磁铁锤、方头磁铁锤、台湾には爪鎚、欧米にはクローハンマー（Claw Hammer）、フレーミングハンマー（Framing Hammer）、ルーフィングハンマー（Roofing Hammer）、タックハンマー、アプフォルスターハンマー（Upholster Hammer）などがある。

箱屋槌は、箱屋と称する職人が木箱の組み立てや分解に用いた金槌であったことから、この名称がある。図 10-42 の角箱屋槌は打撃面が角形でメッシュ状の筋目が入っているので、釘を打つときに滑りにくい利点がある。打撃面の四隅は柄の下面あたりまで大きく面取りされている。図 10-43 の丸箱屋槌は打撃面が丸形であり、打撃面の少し上の位置がくびれた形状である。関西から西、九州地方で使用される。釘抜き面と頭との角度が丸箱屋の方が大きいために、角箱屋槌よりも長い釘を引き抜くことができる。図 10-44 の名古屋型箱槌は打撃面が円形で、頭の形状が柄の下面あたりまで円筒形になっている丸箱屋槌であり、中部地方で使用される。頭の側面は、角箱屋槌では全面が平らに、名古屋型箱槌では円筒部以外の面が平らになっている。平らな側面は釘の側面打ちが可能である。

図 10-45 の梱包屋槌は、港湾で荷崩れを防ぐために木材で箱や土台を作るのに使用する角箱屋槌である。打撃面の口径は 13 × 13 mm と小さいのが特徴であり、メッシュ状の筋目が入っている。図 10-46 のりんご槌は、りんご箱作りに使用されてきた角箱屋槌である。8 分釘用で、口径 26 ×

図 10-42 角箱屋槌（日）

図 10-43 丸箱屋槌（日）

図 10-44 名古屋型箱槌（日）

図 10-45 梱包屋槌（日）

第10章　槌

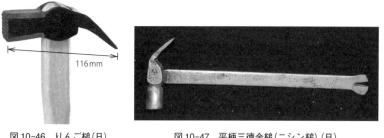

図10-46　りんご槌（日）　　図10-47　平柄三徳金槌（ニシン槌）（日）　　図10-48　ネイルハンマー（日）

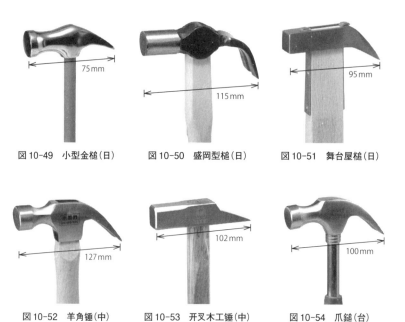

図10-49　小型金槌（日）　　図10-50　盛岡型槌（日）　　図10-51　舞台屋槌（日）

図10-52　羊角錘（中）　　図10-53　开叉木工錘（中）　　図10-54　爪鎚（台）

26mm、メッシュ状の筋目が入っている。**図10-47**の平柄三徳金槌は、柄が金属製の平らな形状の丸箱屋槌である。柄尻に釘抜きが付き、3カ所使用できるので三徳と言う名称が付けられている。漁場で収穫したニシンを入れる木箱を作るときに用いた金槌であり、ニシン槌とも言う。

箱屋槌以外の一般的な釘抜き付き金槌を日本ではネイルハンマーと言う。**図10-48**のネイルハンマーの他に、口径の小さい**図10-49**の小型金槌、**図10-50**の盛岡型槌、**図10-51**の舞台屋槌がある。小型金槌は、頭にクロムメッキが施された軽量の工作用槌である。盛岡型槌は木造船を造る時に用いる金槌である。舞台屋槌は演劇や撮影所などで大道具職人が舞台装置の製作と解体に用いる金槌である。NHK型、松竹型があったと言う。打撃面は方形で、頭の側面は全面が平らである。櫃穴が長く、頭と柄はストラップを頭側から柄の上下両面に挿入して釘で固定している。柄は他の金槌と比べて太く、柄には柄尻から0.5寸間隔で4寸まで刻みが入っており、寸法測定と寸法取りができる。ナグリ、舞台玄能とも言う。

中国のネイルハンマーは**図10-52**の羊角錘と**図10-53**の开叉木工錘である。开叉木工錘は**図10-26**のフレンチパターンクロスピーンハンマーの釘抜き付きに相当する。台湾のネイルハンマーは**図10-54**の爪鎚であり、抜釘鎚とも言う。

欧米のネールハンマーはクローハンマーである。いずれも打撃面が円形である。釘抜きにはV字型

10.3 種　類

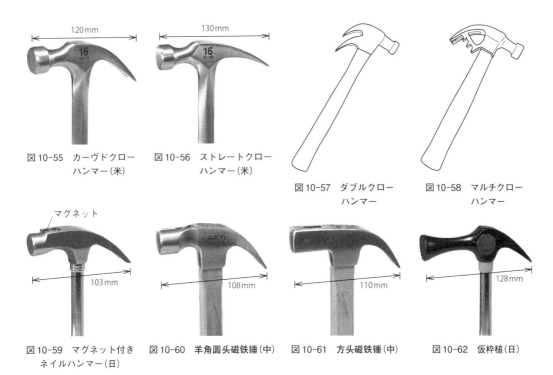

図 10-55　カーヴドクローハンマー(米)
図 10-56　ストレートクローハンマー(米)
図 10-57　ダブルクローハンマー
図 10-58　マルチクローハンマー
図 10-59　マグネット付きネイルハンマー(日)
図 10-60　羊角圆头磁铁锤(中)
図 10-61　方头磁铁锤(中)
図 10-62　仮枠槌(日)

溝があり、湾曲しているので床板などの持ち上げにも使用する。クローハンマーは頭の前面の湾曲の程度によって、図 10-55 のカーヴド(Curved)タイプと図 10-56 のストレート(Straight)タイプに区分される。カーヴドタイプのカーヴドクローハンマー(Curved Claw Hammer)は欧米で汎用の金槌である。ストレートクローハンマー(Straight Claw Hammer)はリップハンマー(Rip Hammer)とも呼ばれ、建物の組み立てや解体に使用する。クローハンマーの柄は木製、グラスファイバー製、金属パイプ製が一般であるが、図 10-55 と図 10-56 のように頭と柄が一体になっているワンピース(One-piece)タイプもある。クローハンマーは340g (12oz)、450g (16oz)、560g (20oz)の頭重量のものが多く使用される。図 10-57 のダブルクローハンマー(Double-Claw Hammer)と図 10-58 のマルチクローハンマー(Multi-Claw Hammer)は長い釘を引き抜くことができる珍しいハンマーである。釘抜き溝は前者が2本、後者は4本付いている。現在では入手困難である。

　図 10-59 のマグネット付きネイルハンマーは、頭に磁力を持つ溝がある。溝に釘を装着して釘打ちを行う金槌である。釘を手で押さえる必要がないので片手で打つことができる。頭重量230g (8oz)、375g (13oz)、450g (16oz)である。同ハンマーを中国では磁铁锤と言い、打撃面の形状によって、図 10-60 の円形は羊角圆头磁铁锤、図 10-61 の方形は方头磁铁锤と言う。いずれも柄に単板積層材が使用されているのが特徴である。

　仮枠槌は仮枠作業や土木作業に使用され、中国では混凝土模板锤、台湾では磚鎚、欧米ではフレーミングハンマーと言う。仮枠槌には打撃面に筋目の入った滑り止め付きと滑り止めが付かない2つのタイプがある。前者は東日本で、後者は西日本で使用されている。頭が長いので長い釘も抜きやすい。図 10-62

図 10-63　仮枠槌を使用した仮枠作業

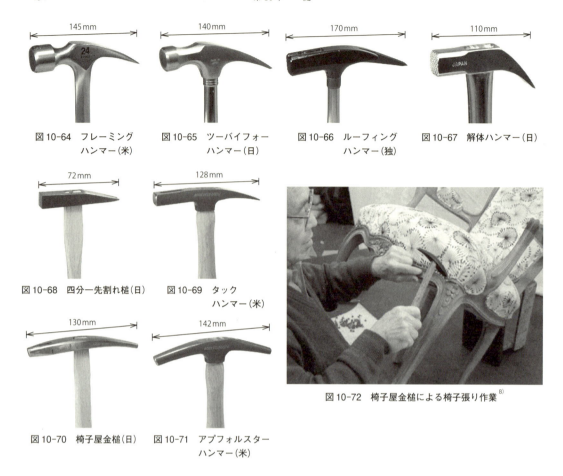

図10-64 フレーミングハンマー(米)　図10-65 ツーバイフォーハンマー(日)　図10-66 ルーフィングハンマー(独)　図10-67 解体ハンマー(日)

図10-68 四分一先割れ槌(日)　図10-69 タックハンマー(米)

図10-70 椅子屋金槌(日)　図10-71 アプフォルスターハンマー(米)

図10-72 椅子屋金槌による椅子張り作業[8]

は打撃面に筋目の入ったパイプ柄の仮枠槌である。図10-63は建築現場での仮枠槌による仮枠作業の様子である。

図10-64のフレーミングハンマーの頭は重く、560 g (20 oz)、620 g (22 oz)、670 g (24 oz)、780 g (28 oz)、840 g (30 oz)がある。図10-65のツーバイフォーハンマーは2×4材用の日本製の金槌である。頭の形状と大きさがほぼ同じで、頭重量の軽いフレーミングハンマーと見なすことができる。打撃面に筋目の入った滑り止め付きと、筋目の入らない2種がある。

その他に、建築で使用される釘抜き付き金槌として、欧米のルーフィングハンマーと日本の解体ハンマーがある。ルーフィングハンマーは中国では独角錘と言う。図10-66のルーフィングハンマーは屋根工事で使用される。釘抜き部分の尖った2つの先は長さが異なっており、長い方がスパイク状になっているのが特徴である。図10-67の解体ハンマーは建築の解体作業などで使用される。角箱屋槌に金属製パイプを溶接した金槌であり、頭のパイプ空間で型枠用のセパレーターを折る、いわゆるセパ折り作業を行う。

小釘打ちと鋲打ちに用いる釘抜き付き金槌は、図10-68の日本の四分一先割れ槌と図10-69の欧米のタックハンマーである。とくに椅子張り専用の金槌は椅子屋金槌とアプフォルスターハンマーであり、中国では椅子泡釘錘と言う。四分一先割れ槌の打撃面は一辺が12 mmの方形で、頭長72 mmで短く、柄も細く、軽量である。タックハンマーは四分一先割れ槌より大型で、打撃面が大きく、頭長が長く重い。方形の打撃面の片面の中央には溝があり、磁力を持つ。図10-70の椅子屋金槌と図

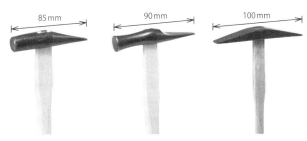

図 10-73　刃槌(日)　　図 10-74　刃槌(土佐型)(日)　　図 10-75　両刃槌(日)　　図 10-76　あさり打ち作業

10-71のアプフォルスターハンマーは、椅子張り職人が布や皮を張るのに使用する。椅子屋金槌は欧米から日本に伝えられた金槌である。いずれも頭は曲線状で細長く、2つの打撃面は大きさが異なるが、一方の打撃面は中央に溝が切られてマグネット式である。小釘を溝と磁力のある面で固定し、他面で打ち込む。椅子屋金槌による椅子張り作業[8]を**図10-72**に示す。アプフォルスターハンマーと大きさ、形状が似た欧米のキャブリオレイハンマー(Cabriolet Hammer)は車輪専用の金槌である。

　(3) その他の金槌　　本書ではその他の金槌として、釘打ちと鑿打ちを目的としない刃槌、両刃槌、プレインハンマー(Plane Hammer)、ヴェニアハンマー(Veneer Hammer)を取り上げた。

　刃槌は鋸の鋸身の歪み取りに使用する。頭部は**図10-73**、**図10-74**に示す形状で、口径9〜16mmである。欧米にはソーストレイトハンマー(Saw Straight Hammer)がある。また、鋸刃のあさり打ち作業には**図10-75**の両刃槌が使用される。頭長は短いもので74mm、長いもので120mm位である。あさり槌とも言い、頭の側面の形状が山型であることから富士型刃槌とも呼ばれる。欧米にはソーセッティングハンマー(Saw Setting Hammer)がある。**図10-76**はあさり打ち作業の様子である。前出の唐紙槌も鋸身の歪み取りに使用する。

　プレインハンマーは鉋身の抜き差しや刃先の調整に用いる欧米の金槌である。**図10-77**のプレインハンマーの打撃面は、(a)は丸形、(b)は方形である。打撃面の材質は、いずれも1面は木材、他面はシンチュウである。木製打撃面で木製鉋の鉋台を叩き、シンチュウ打撃面で鉋身と裏金の調整を行う。日本では前出の純銅製の八角玄能をプレインハンマーと見なすことができる。

　ヴェニアハンマーは、**図10-78**のように単板を接着する際の単板間の気泡や過分の接着剤を押し出して取り除くのに使用する[103]。**図10-79**のような独特の形状をしており、頭は片方が方形で、クロスピーンハンマーのピーンに相当する先端は大きな丸みを帯びた長い直線状である。柄は木製と金属製がある。主として欧米で使用され、日本、台湾では見られない。

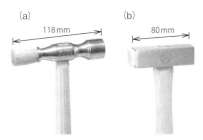

図 10-77　プレインハンマー　　図 10-78　ヴェニアハンマーの使用法(伊)[103]　　図 10-79　ヴェニアハンマー(独)

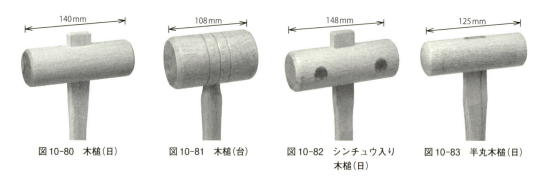

図10-80 木槌(日)　　図10-81 木槌(台)　　図10-82 シンチュウ入り木槌(日)　　図10-83 半丸木槌(日)

10.3.3 木　槌

木槌は、頭と柄の繊維方向が直角のT型と、頭と柄の繊維方向が平行なI型の2種に分類することができる。木槌は、中国では木錘、台湾では木槌、欧米ではマレット(Mallet)と言う。

(1) T型木槌　　日本には木槌、シンチュウ入り木槌、半丸木槌、仮枠木槌、角木槌、掛矢、木の切り槌、手掛矢、台湾には木槌、欧米にはキャビネットメーカーズマレット(Cabinetmaker's Mallet)などがある。

木槌の打撃面の形状は、丸形、方形、長方形の3種がある。日本で木槌と一般に呼ばれるものは、図10-80のように円柱状の頭のほぼ中央部に柄が差し込まれており、種々の直径がある。鑿打ち、彫刻、鉋身の抜き差し、鉋の調整などに使用する。折り曲げなどの金属の板金加工にも使用される。台湾にも日本と同じ形状の図10-81の木槌がある。木槌で叩いた時の打撃力を上げることを頭を重くすることによって実現した木槌が、図10-82のシンチュウ入り木槌である。頭に2本のシンチュウ棒が埋め込まれている。これら3種の木槌の打撃面は両口玄能のような木殺し面はなく、両面ともフラットである。図10-83の半丸木槌は、片側の打撃面はフラットで通常の木槌として使用できる。他面は半球状の凸面であり、太柄や木栓の打ち込みに使用し、材面の回りに傷を付けにくい。その他にレザークラフトのなめしにも使用される。

キャビネットメーカーズマレットは欧米の家具職人が組み立てに使用する木槌である。図10-84が一般的な形状で、打撃面は長方形である。打撃面は柄と平行ではなく、少し傾斜しているので打ちやすい。金属製ハンマーで叩くと材面に傷が付く場合に使用する。この木槌は大工仕事にも建具仕事にも使用できるので、カーペンターズマレット(Carpenter's Mallet)あるいはジョイナーズマレット(Joiner's Mallet)とも言われる。キャビネットメーカーズマレットには、図10-85の金属製の円筒状の頭に円柱状の木材を2個挿入したのもある。頭の周囲が金属製のために一般の木槌と比べて重くな

図10-84 キャビネットメーカーズマレット

 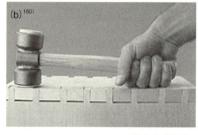

図10-85 キャビネットメーカーズ マレット(加)

組み立て作業

るので、打撃力が大きくなる。図10-85(b)[160]のように組立作業で使用する。

その他に、図10-86の仮枠木槌がある。仮枠作業で型枠内に流し込んだコンクリートが型枠の隅まで行き渡るように仮枠を叩いて衝撃を与える木槌である。図10-87の角木槌は打撃面が長方形の木槌で、鉋身の抜き差しや箱の角打ちに使用するが、金属加工の板金用としても使用される。

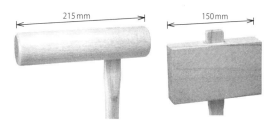

図10-86　仮枠木槌(日)　　図10-87　角木槌(日)

図10-88(a)の掛矢、(b)の木の切り槌、(c)の手掛矢は、木造建築の作業で使用する大型の木槌である。いずれも一般の木槌と比べると頭が長く、胴径が大きく、重量が重い。手掛矢は柄長が木槌とほぼ同じで約300 mmである。杭打ち、鑿打ち、木製品の解体などに使用される。片手掛矢とも言う。木の切り槌は手掛矢よりも一回り大きく、柄長約600 mmで杭打ちに使用される。掛矢は木の切り槌よりもさらに大きく、柄長約900 mmで、杭打ちや図10-89のように建築の建前で使用する木槌である。頭の形状には、樽形、丸形、角形、金輪付き丸形、金輪付き角形がある。

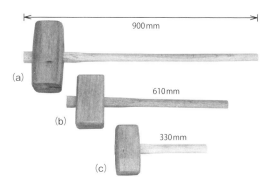

図10-88　(a) 掛矢(日)、(b) 木の切り槌(日)、(c) 手掛矢(日)

(2) I型木槌　鑿打ち、杭打ち、鉈で木を割るのに使用する。日本には横槌、中国には方板錘、台湾には單頭木槌と雙頭木槌がある。

横槌はアカガシの丸太を旋削加工して作ら

図10-89　掛矢の使用例

れ、頭と柄が一体である。図10-90の横槌は頭径80mm、全重量800gである。杭打ち、鉈で木を割るのに使用する。図10-91の中国の方板錘は鑿打ちに用い、その打撃面は断面が34×54mmの角材であり、作業者が手で握る部分が大きく丸面取りされている。敲棒とも言う。図10-92と図10-93は台湾の單頭木槌と雙頭木槌である。前者は34×64mm、後者は34×73mmの断面の角材を柄の部分のみ握りやすいように旋削加工して、円柱状に仕上げている。いずれも鑿打ちに使用される。中国の方板錘、台湾の單頭木槌と雙頭木槌は日本では見られない形状である。

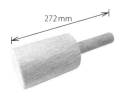   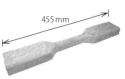

図10-90　横槌(日)　　図10-91　方板錘(中)　　図10-92　單頭木槌(台)　　図10-93　雙頭木槌(台)

図 10-94 は中国広州市の広州博物館に展示されている今から約200年前の清代での中国潮州市の木彫り（潮彫）の様子を示したもので、方板錘を使用している。

10.3.4 ソフトハンマー

ソフトハンマーは、木工品の組み立て時に材料に傷を付けないように叩く作業で使用する。前出の木槌と同じ使用目的であるので、その意味では木槌もソフトハンマーの一種である。

打撃面の材質は硬質ゴム、プラスチック、ウレタン樹脂があり、ゴムハンマー、プラスチックハンマー、ウレタンショックレスハンマーと言う。ソフトハンマーには打撃面の両口の材質が同じものと異なるものがある。

図 10-94　中国潮州の潮彫の方板錘による木彫り作業（清代）

(1) 両口の材質が同じソフトハンマー　　図 10-95 は両口の材質が同じ各種ソフトハンマーである。(a)のゴムハンマーは頭が軽いので、口径は比較的大きく 48 mm と 56 mm である。ゴムハンマーは、中国では橡胶錘、台湾では橡膠槌、欧米ではラバーマレット（Rubber Mallet）と言う。(b)は柄が木製の一般的なプラスチックハンマーである。柄が通る頭の部分は金属製であり、その両端に円柱形のプラスチックが取り付けられている。口径 30 mm である。(c)のプラスチックハンマーは頭と鋼の柄が一体で成形されているので頭が抜けることがない。口径 25 mm である。プラスチックハンマーは、中国では塑料錘、台湾では黃膠槌、欧米ではプラスチックフェイストハンマー（Plastic Faced

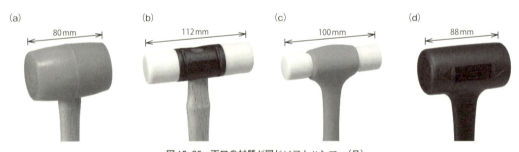

図 10-95　両口の材質が同じソフトハンマー（日）
(a) ゴムハンマー、(b)(c) プラスチックハンマー、(d) ウレタンショックレスハンマー

図 10-96　両口の材質が異なるソフトハンマー（日）
(a) ゴムプラハンマー、(b)(c) 鋼プラハンマー

図 10-97　ヘッド交換ソフトハンマー（日）

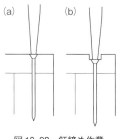

図 10-98　釘締め作業

図 10-99　釘締め（日）

Hammer）と言う。(d)のウレタンショックレスハンマーは、頭の内部に多数の金属球が内蔵されおり、打撃時の衝撃と打撃音が吸収されて作業者の手に響きにくい。台湾では塑膠鎚、欧米ではデッドボウハンマー（Dead Bow Hammer）と言う。

(2) 両口の材質が異なるソフトハンマー　図 10-96 は両口の材質が異なるソフトハンマーである。両口の材質は、図 10-96(a)はゴムとプラスチック、(b)(c)は鋼とプラスチックである。(a)は口径 32 mm、頭長 122 mm である。(b)の鋼の打撃面は中高の木殺し面であり、口径 25 mm、頭長 78 mm である。(c)は口径 19 mm、頭長 64 mm の小型ソフトハンマーであり、短い釘の釘打ちや小物の組み立てなど細かい作業に適する。

両口玄能タイプのソフトハンマーには、頭の材質を交換できるハンマーもある。ヘッド交換ソフトハンマーと言う。図 10-97 のハンマーの頭の材質はプラスチック、シンチュウ、鋼である。鋼の打撃面は、平らな面と中高の木殺し面があるので、交換できる頭は計 4 種である。口径 20 mm、頭長 78 mm である。

10.3.5　釘締め

釘締めは、玄能あるいは金槌で釘打ちを行った後に、図 10-98(a)のように釘頭を材面に沈めるのに使用する。圧し込みとも言う。(b)の隠し釘でも釘締めを使用する。釘締めは、中国では釘釘錘、欧米ではネイルセット（Nail Set）と言う。

図 10-99 の 3 種の釘締めは打撃面が平らの平頭釘用であり、(a)は打撃面に十字の筋を入れて釘頭から滑りにくくしている。釘締めの打ち込み方法は、釘頭に釘締めを押し当て、釘締めを持った手の小指を材面に載せて釘締めが材面に対して垂直になるようにして、釘締めの頭を槌で叩く。(b)は釘締め先端がマグネット式になっており、柄が長いので奥深い位置での釘締め作業に適する。(c)は槌で打ち込まない釘締めで、パネル釘の釘締め用である。ネールオートパンチと言う。ハンドルを連続的に押すことによって釘頭を材面に沈めることができる。

釘頭が平らでない釘がある。釘頭の形状に応じた図 10-100 の釘締めを使用する。すなわち、図 10-100(a)(b)(c)はシンチュウ丸釘のような丸頭釘用の釘締めであり、打撃面が窪んでいる。頭の中心が少しく窪んだ釘の釘締め作業には、金属表面へのパンチング用の(d)のセンターポンチを使用する。

欧米のネイルセットはネイルパンチ（Nail

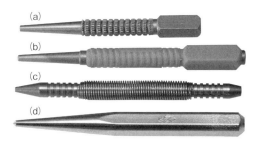

図 10-100　釘締め

Punch)とも言う。図10-100(b)の形状であり、頭を槌で叩く。釘の頭径に応じて各種サイズがある。図10-100(c)のスプリングネイルセット(Spring Nail Set)は軸がバネになっている。したがって、先端を釘頭に押し当て、反対側を手で引っ張って放すことによって釘頭を沈める。槌を使う必要はない。

図10-101(a)の二徳釘締めと(b)の三徳釘締めはL型形状の釘締めである。二徳釘締めは、釘頭に押し当てる面が二面あり、二徳とも言う。中国では双頭釘錘、欧米ではダブルエンディドネイルセット(Double-Ended Nail Set)と言う。全長150～185mmであり、作業によっては、軸の短い方が有利な場合もある。(b)の三徳釘締めは、釘締めと釘抜き、さらに槌としても使用できる。三徳とも言う。全長160～220mmである。

10.3.6 釘抜き

釘抜きは、釘打ちに失敗したときや古釘を抜くときに使用する。かじや釘抜き、インテリアバール、バール、えんま釘抜き、ネイルプーラー(Nail Puller)、ネイルプライアーズ(Nail Pliers)などがある。

図10-101 (a) 二徳釘締め(日)、(b) 三徳釘締め(日)

図10-102 かじや釘抜き(日)

図10-103 みかん箱用釘抜き

図10-104 ドライバー柄釘抜き(日)

かじや釘抜きは、現在日本で最も多く使用されている、頭と尾部に割り込みを作った図10-102に示すL字形の釘抜きである。尾部の割り込みで釘を起こし、頭の割り込みで釘を抜く。段かじやとも言う。釘抜きの他に、蓋をこじ開けるときなどにも使用する。全長150～300mmであるが、210、240、270mmが汎用される。中国では釘抜子、台湾では釘沖、欧米ではネイルプーラーあるいはキャツパウ(Cat's Paw)と言う。図10-103は日本でかってみかん箱の製造で使用されたみかん箱用釘抜きである。

図10-104のドライバー柄釘抜きは柄がねじ回しの形状で、軸が先端付近で曲がって頭に割り込みがある。鋲抜きに有利である。

インテリアバールは図10-105のふすまの張り替えなど、内装や建具加工に使用する。尾部は丁度、かじや釘抜きの尾部を広げて薄くした形状である。尾部に割り込みのない図10-106(a)の平型と、割り込みのある(b)のV型がある。全長150～300mmである。中国では猫爪釘抜、欧米ではリストアーズキャツパウ(Restorer's Cat's Paw)と言う。

バールは平棒あるいは六角棒の両端を加工して、頭を釘抜きにしたものである。全長180～900mmである。薄く平らな尾部は、図10-107(a)(b)の割り込みのない尾平と、(c)(d)の割り込みのある尾割の2種がある。尾平は木材の接合部の隙間などに差し込み、木材を起こす作業に使用する。図10-107のバールの長さは、(a)390mm、(b)360mm、(c)375mm、(d)130mmである。胴が六角棒のバー

10.3 種類

図10-105 インテリアバールの使用例

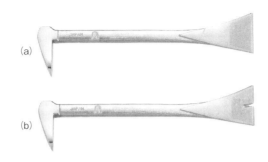

図10-106 インテリアバール（日）
(a)平型、(b)V型

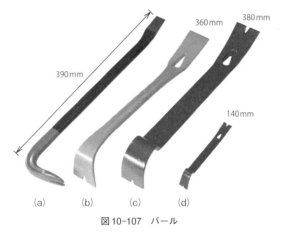

図10-107 バール

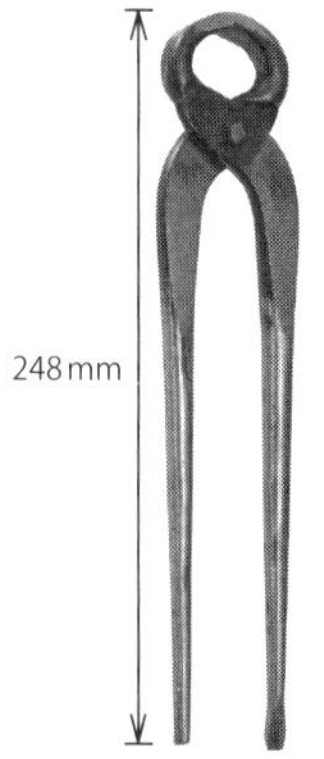

図10-108 えんま釘抜き（日）

図10-109 ピンサー（オーストリア）

ルは六角バールと言い、L型と鶴首型の2種がある。(a)はL型である。その他に仮枠バールがある。バールは、中国では大釘抜子、欧米ではプライバー（Pry Bar）と言う。

えんま釘抜きは、釘頭を刃口でくわえて一方に傾け、てこの原理によって釘を引き抜く。切断を目的としない。**図10-108**のえんま釘抜きの長さは250mmである。中国では胡桃鉗子、欧米ではピンサー（Pincer）と言う。**図10-109**のピンサーの長さは200mmである。

台湾にはユニークな釘の抜き方をする**図10-110**の釘抜きがあり、ネイルプーラーと言う。**図10-111**は欧米のネイルプライアーズである。その他に欧米には、釘抜きと釘切断の両方を行うことができるネイルプーラー／カッター（Nail Puller/Cutter）やアジャスタブルプライバーアンドネイルプーラー（Adjustable Pry Bar and Nail

図10-110 ネイルプーラー（台）

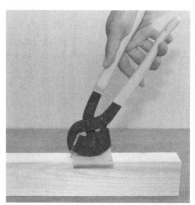

図10-111 ネイルプライアーズ（加）

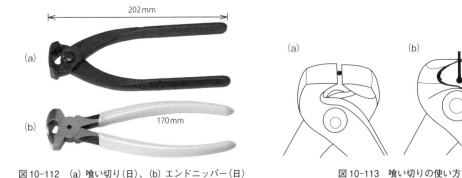

図10-112 (a) 喰い切り(日)、(b) エンドニッパー(日)　　図10-113 喰い切りの使い方

Puller)など種々の形状と目的を持つ釘抜きがある。

10.3.7 喰い切り

釘の頭や細い針金(軟線)を切断する工具として、**図10-112**(a)の喰い切りと(b)のエンドニッパーがある。喰い切りは食い切りとも表記し、釘切りとも言う。竹ひごを切断することもできる。中国では切钉头胡桃钳子、欧米ではエンドニッパー(End Niper)と言う。

釘切りとエンドニッパーはえんま釘抜きと同じ構造であり、小型である。釘切りによる切断は、**図10-113**(a)のように刃の中央部で、(b)のように切断材料の端面を喰い切りの底部に接触させずに挟み、隙間をあけて少し捩るようにする。刃の端で切断すると刃が欠けやすい。

第 11 章　十字ねじ回し

　木製品の接合では、釘接合のほかに木ねじ接合も採用される。木ねじのねじ込みに用いる手工具がねじ回しであり、ドライバーとも言う。ねじ回しの先端形状はねじ込む木ねじの種類よって異なり、十字穴付き木ねじ用のプラスドライバー（十字ねじ回し）とすりわり付き木ねじ用のマイナスドライバーの2種がある。十字ねじ回しは十字穴付き木ねじのねじ込みに使用される。十字ねじ回しは、中国では螺丝刀子、螺丝起子、台湾では十字螺絲起子、欧米ではスクリュードライバー（Screwdriver）と言う。

　ねじ回しの歴史に関する概要[6]は次の通りである。ねじ回しは中世ヨーロッパで発明されたものと考えられる。ねじの頭部形状は15世紀以来、四角形か八角形、あるいは溝であったが、四角形か八角形であればスパナで回し、溝であればねじ回しで締めていた。溝付きねじは、溝とねじ回しのかみ合わせが良くないと溝を壊すので、19世紀後半に種々の改良が行われた。1907年にカナダ人Peter L. Robertsonによって四角いソケット付きねじの特許が取得された。四角い先端を持つねじ回しでねじ込みが行われた。その後、1936年頃にアメリカ人Henry F. Phillipsは、ソケット付きねじの十字形を独自のデザインに改良し、フィリップスねじが誕生した。1939年には殆どのねじ製造会社でフィリップスねじが作られるようになっていた。ねじ回しは、このねじに対応した図11-1(a)のフィリップスドライバー（Phillips Screwdriver）が広く使用されるようになった。フィリップスねじは第二次世界大戦によって標準ねじになり、現在に至っている。また、ヨーロッパではプラスの十字穴から45°ずれた位置に溝を設けた図11-1(b)のポジドライブドライバー（Pozidrive Screwdriver）も広く使用されている。

　日本では、ねじは1543年に種子島に漂着した時にポルトガル人の所有していた火縄銃とともに伝来したとされている。しかし、江戸時代にねじが使用された記録はなく、1857年にねじ切り用旋盤が輸入されるまで、締結にねじの利用はなかった。木ねじが量産され始めたのは1918年頃である。十字穴付き木ねじは米国で1933年に、日本では1949年に量産が始まり、十字ねじ回しも1950年から量産が始まっている。

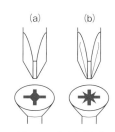

図 11-1　十字ねじ回し
(a) フィリップスドライバー
(b) ポジドライブドライバー

11.1　構　　造

11.1.1　十字ねじ回しの構造

　十字ねじ回しは、図11-2のように軸と柄から構成される。軸先端の刃先で木ねじをねじ込む。軸は柄の中心を通るが、柄の中程まで入って固定されている図11-2の普通型と、柄頭まで達している貫通型の2種がある。貫通型の柄頭は金属製のキャップで固定されており、玄能や金槌で叩くことができる。軸長は75、

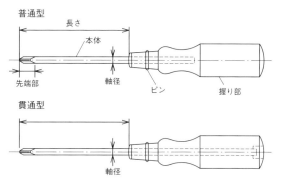

図 11-2　十字ねじ回しの各部の名称[51]

100 mmが汎用される。十字ねじ回しの十字穴番号は、十字木ねじの頭の溝のサイズに合わせて、#1、#2、#3、#4がある。すなわち、使用する十字ねじ回しの十字穴番号は、表11-1のように木ねじの呼び径によって異なる。柄は木製、プラスチック製、ゴム製がある。

表11-1 十字ねじ回しの十字穴番号と木ねじの呼び径との関係

呼び径(mm)	十字穴番号			
	#1	#2	#3	#4
	2.1	3.1	5.1	7.5
	2.4	3.5	5.5	8.0
	2.7	3.8	5.8	9.5
		4.1	6.2	
		4.5	6.8	
		4.8		

11.2 製造工程

プラスチック柄十字ねじ回しの製造工程は次のとおりである。加工にともなう軸の形状変化を図11-4に示す。

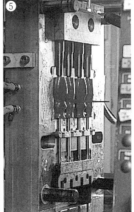

図11-3 プラスチック柄十字ねじ回しの製造工程

図11-4 加工にともなう軸形状の変化

❶ 切断：丸棒を所定の長さに切断する。

❷ 先削り：軸の先端を円錐形に旋削する（図11-4①）。

❸ 溝切り：軸の円錐形の側面に溝を切る（同②）。これを90°おきに4回繰り返すことによって、十字ねじ回しの刃先の形状に仕上げる。

❹ 羽根だし：刃先と反対側の軸の先端部分に羽根を付ける（同③）。

❺ 焼入れ：軸を硬くする（同④）。焼入れ後、バレル仕上げ、メッキをする。

❻ プラスチック成形：軸と柄をプラスチック成形機で一体にする（同⑤）。

11.3 種　類

十字ねじ回しには、ドライバーの柄を回す手回しドライバー、柄頭を上方から押す押し込みドライバー、柄頭を槌で叩く打撃ドライバーがある。

11.3.1 手回しドライバー

(1) 木柄ドライバー　木柄ドライバーは柄の材質が木材で、円形の軸が柄に固定されている。図11-5(a)は軸が柄の途中までの普通型、(b)(c)は軸が柄頭まで貫通している貫通型である。貫通型は玄能あるいは金槌で柄頭を叩いて回すと、硬く締まった木ねじを緩めることができる。(a)(b)の木柄の断面は丸形で、柄の径は長さ方向で同じあるが、滑りにくいように溝が6本刻まれている。(c)の木柄の断面は三角形で、柄の径が中央部で大きくなっているので握りやすい。

(2) プラスチック柄ドライバー　プラスチック柄ドライバーは柄の材質がプラスチックである。図11-6(a)(b)は円形の軸が柄に固定された一般的なタイプ、(c)は軸を柄から抜き差しができる差

替え式であり、六角形の軸の両端が+と-の兼用ドライバーである。

(3) **ゴム柄ドライバー** ゴム柄ドライバーは柄の材質がゴムで、**図11-7**のように円形の軸が柄に固定されている。軸は普通型である。柄はスリット形状で滑りにくく、柄は中央部で太くなっている。貫通型のゴム柄ドライバーもある。

(4) **電工ドライバー** 電工ドライバーと呼ばれるゴム柄ドライバーがある。本来は電工用であるが、木工作業にも使いやすい。柄が瓢箪形で握りやすく、大きい回転力を得やすいのでねじ込みやすい。**図11-8**(a)(b)(c)は軸が柄に固定されている。(d)は軸を柄から抜き差しができ、軸の両端は+と-である。(a)は柄がスリット状であり、滑りにくい。(b)は柄頭の回転するキャップが手のひらに収まるので、ドライバーを取付けながら指先で素早く回すことができる。柄の材質はプラスチックである。(c)は柄が三角形状で、軸は六角軸である。(d)は柄がスリット状である。

電工ドライバーではないが、十字穴番号♯1、♯2、♯3の3種の十字溝に使うことができる柄が瓢箪形の**図11-9**のドライバーがある。俗にネジピタドライバーと呼ばれている。刃先は**図11-10**の形状である。

(5) **ボルスタードライバー** ボルスタードライバー(Bolster Screwdriver)は、軸の上部に六角形のボルスターを設けたドライバーである。ボルスターにスパナを差し込んで回すと、大きい回転力が

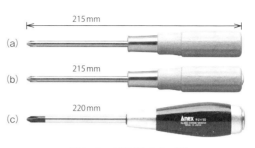

図11-5 木柄ドライバー(日)

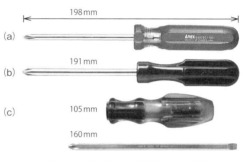

図11-6 プラスチック柄ドライバー(日)

図11-7 ゴム柄ドライバー(日)

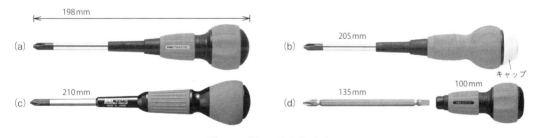

図11-8 電工ドライバー(日)

図11-9 ネジピタドライバー(日)

図11-10 ネジピタドライバーの刃先

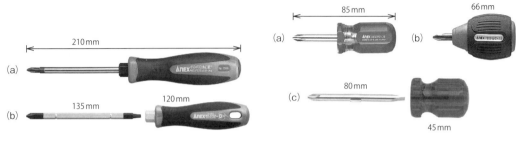

図11-11　ボルスタードライバー(日)　　　　　図11-12　スタービードライバー(日)

得られる。**図11-11**(a)は円形の軸が柄に固定しており、(b)は六角形の軸を柄から抜き差しができ、軸の両端は＋と－用である。柄の断面は、(a)(b)ともに四角形である。中国では螺丝刀子、螺丝起子、台湾では一字螺絲起子と言う。

(6) スタービードライバー　スタービードライバー(Stubby Screwdriver)は、**図11-12**のように軸と柄が極端に短いので、狭い場所での使用に適している。**図11-12**(a)の柄の材質はプラスチックである。軸は円形で、柄の断面は大きく面取りされた四角形である。(b)は材質がゴムで、柄はスリット状である。(c)は円形の軸をプラスチック製の柄から抜き差しすることができ、軸の両端は＋と－である。柄の断面は円形で、周囲に溝が6本刻まれている。中国では短柄螺丝刀子、台湾では短柄螺絲起子と言う。

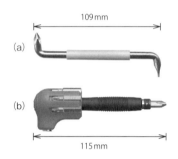

図11-13　オフセットドライバー(日)

(7) オフセットドライバー　オフセットドライバー(Offset Screwdriver)は、クランク形状であり、隙間の狭い場所での使用に適している。**図11-13**(a)は軸の両端が＋と－のドライバーである。(b)は軸の端にビットの刃先を取り付ける。他端にも軸に対して直角方向に取り付けることができる。中国では弯头螺丝刀子、台湾では彎頭螺絲起子と言う。

図11-14　ラチェットドライバーの回転方向切り替えスイッチ

(8) ラチェットドライバー　ラチェットドライバー(Ratchet Screwdriver)は、軸の根元にラチェットがあり回転を右回し、停止、左回しと切り替えることができる。**図11-14**の切り替えスイッチを右回しにセットして柄を右回しすると軸が右回転するが、右回しを停止させて左回しすると軸が空回りする。この動作を繰り返すと、柄を持ち替えることなく手首の反復動作で木ねじを容易に締めることができる。左回しにセットすると右回しの逆になり、木ねじを緩める。ラチェットドライバーは軸が長いタイプ、軸が短いタイプ、オフセットタイプの3種がある。中国では棘轮式螺丝刀子と言う。

図11-15は軸が長いラチェットドライバーである。(a)は軸が柄に固定されたもので、(b)は刃先を柄から抜き差しすることができるので、各種刃先を取り付けることができる。**図11-16**は軸が短いラチェットドライバーであり、いずれも刃先を柄から抜き差しすることができる。柄の形状は、(a)はT型状、(b)は柄の断面が円形で頭は半球状、(c)はスタービー、(d)はピストル型である。(b)(d)の刃先は1個のビットで#1、#2、#3の3種のねじに対応する、いわゆるネジピタドライバーである。その他に、**図11-17**のオフセットラチェットドライバー(Offset Ratchet Driver)もある。(a)のベン

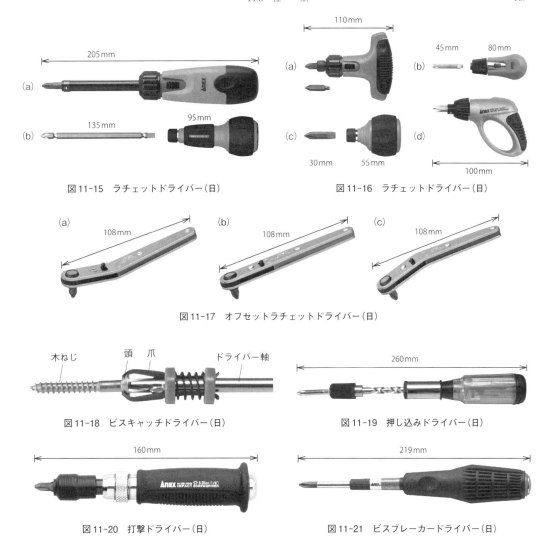

図11-15 ラチェットドライバー(日)　　図11-16 ラチェットドライバー(日)

図11-17 オフセットラチェットドライバー(日)

図11-18 ビスキャッチドライバー(日)　　図11-19 押し込みドライバー(日)

図11-20 打撃ドライバー(日)　　図11-21 ビスブレーカードライバー(日)

トアップヘッド(上曲がり)型、(b)のストレートヘッド型、(c)のベントダウンヘッド(下曲がり)型の3種がある。

(9) **ビスキャッチドライバー**　ビスキャッチドライバーは、ステンレスねじなど磁石の効かないねじのねじ込みに適したドライバーである。図11-18のように爪で木ねじの頭を保持する。軸が200mmと長いので、奥深い所で木ねじを落とすことなくねじ込むことができる。

11.3.2　押し込みドライバー

押し込みドライバーは、オートマチックドライバー(Automatic Driver)とも言う。図11-19の形状で、柄を上方から押し付けるだけで先端が回って木ねじを締めることができ、柄が戻る時は軸が空回りするラチェット機構である。回転方向を右回り、停止、左回りの3通りに切り替えることができる。中国では上下活動式螺丝刀子と言い、欧米ではヤンキーラチェット(Yankee Rachet)と言う。

11.3.3　打撃ドライバー

打撃ドライバーはインパクトドライバー(Impact Driver)とも言う。図11-20の形状で、柄を握り

木ねじを回す方向に手の力を加えながら柄頭を槌で叩くと、その力が回転に変化して容易に木ねじを締めたり、緩めたりすることができる。頭が潰れたいわゆる「なめた」木ねじや錆びた木ねじの取り外し作業に使用される。中国では冲击回转式螺丝刀子と言う。

　ビスブレーカードライバーも「なめた」木ねじを外すドライバーである。**図11-21** の形状で、槌でドライバーの柄頭を叩いてドライバーの刃先をねじに食い込ませ、押しながら回転させて木ねじを取り外す。打撃ドライバーは、打撃をしない通常の十字ねじ回しとして使用することもできる。

第12章　日本の木材工芸品などの製作に見る木工具

　大工や木工職人(以下、職人と表記する。)は、鋸や鉋などの木工具の使い方が上手であることは言うまでもない。しかしそれだけではなく、効率よく安全に加工して美しく仕上げるには、切れ味の良い工具を用いる必要があるので、職人は刃物の研ぎを含めた工具管理が適切にできる人である。

　鉋を例にすると、鉋削りの秘訣は昔から「一研ぎ、二台、三合わせ」と言われて来た。鉋身の研ぎ、鉋台の表馴染みや下端の調整、刃先と裏金の調整が鉋削りの秘訣であることを示している。これは工具管理と工具使いに関する内容である。また、昔から「鉋一枚に台十丁」と言われて来た。鉋台は損耗が激しく寿命がある。鉋台は寿命に達すると作り替える。新しい鉋身が摩耗と研ぎによって短くなりこれ以上使うことができなくなるまでに、鉋台を十回程作り替えることを意味する。さらに、鉋は削る木材の種類、硬軟によって適切な仕込み勾配(切削角)は異なる。仕込み勾配は鉋台の押え溝の角度で決まる。一般の平鉋の仕込み勾配は、俗に八分勾配(八寸勾配)と呼ばれる38°である。従って、八分勾配以外の仕込み勾配の鉋が必要な場合には、その角度の鉋台を作ることになる。これらは工具作りに関する内容である。

　職人の世界では、鉋台を鑿で彫って作る仕事は鉋台製作職人である「台屋」に依頼するものではなく、伝統的に職人自ら鉋身と裏金に合う鉋台を作るものとされて来た。鉋を使う職人は鉋身と裏金を作る鍛冶仕事をしないにしても、鉋台は職人自らが鑿で彫って作るものとされた。そして、職人は自ら作った鉋台に鉋身と裏金を挿入して木材を削れるようになるまで、すなわち、試し削りを行いながら自作の鉋が鉋として確かに機能していることを確信できるまで、鉋台の表馴染み、下端などの調整を繰り返し行い、研ぎも入念に行うことになる。職人は鉋台を作ることによって、鉋の各部の意味を理解して鉋と言う木工具を深く認識し、さらに調整の技能を習得して行った。このように考えると、職人は工具使いと工具管理だけではなく、工具作りのプロフェッショナルと言うことができる。木工具は職人とともに進化し、職人は木工具を深く知ることによって職人として成長した。

　木工具を使う職業は種々ある。そのうち住まい造りの代表は大工と建具師である。人間の生活に関わる木、竹のものを作る職種は多くある。江戸時代と明治期には、篳篥師、面打師、檜物師、曲物師、木具師、臼師、桶師、桝師、茶筅師、箸師、櫛師、扇師、団扇師、提灯師、傘師、算盤師、木地師、籠師、箒師、弓師、碁盤師、将棋師、三味線師、琴師、笛師、太鼓師、数珠師、菓子型彫師、煙管師、羅宇師……と称する職人[66]が存在した。これらの職人は現在も日本各地に多く存在し、職人が作るものの中には国あるいは県の伝統的工芸品に指定されているものも少なくない。製作で用いる木工具の中には、職人自ら考えたものや改良したものが多く存在している。

　本章では、日本で長い歴史を有する木材工芸品などを取り上げ、その製作工程を示すとともに、製作で用いる各種工具を紹介することにしたい。取り上げる木材工芸品などは、山形県の天童将棋駒、笹野一刀彫、東京都の江戸折箱、千葉県の雨城楊枝、滋賀県の高島扇骨・近江扇子、奈良県の吉野杉箸、大塔坪杓子、岡山県の岡山菓子木型、倉敷竹筆、広島県の福山琴、府中桐下駄、府中桐箱、戸河内刳物、宮島杓子、宮島大杓子、宮島木匙、香川県の丸亀団扇、福岡県の博多曲物、太宰府木鷽、大分県の別府黄楊櫛、宮崎県の日向榧碁盤・将棋盤、都城木刀である。

1. 天童将棋駒(山形県)

天童将棋駒(**図1**)は、江戸時代に天童を治めた織田藩の武士の内職として奨励されたのが始まりと言われている。駒の材料には、高級品としてツゲが、中級品としてタイ・カンボジア産のシャムツゲが、中級品・普及品として国産のマユミ、ホオノキ、ハクウンボク、ウリハダカエデ、イタヤカエデが使われる。天童駒は、文字を駒表面にどのように書くかによって分類される。駒木地にスタンプを押す押し駒(スタンプ駒)、駒木地に文字を書く書き駒がある。さらに、駒木地に字を彫って漆入れを行う駒として、彫り駒、彫り埋め駒、盛り上げ駒がある。いずれの駒も形を作る木地作りを行ってから文字を書く。現在、木地作り、駒彫り、駒書きは分業化されており、それぞれの作業を行う職人は木地師、彫り師、書き師と呼ばれる。木地作りは、昔は鉈で行われていたが、現在では機械で行われている。天童将棋駒は平成8年に国の伝統工芸品に指定された。

図1　天童将棋駒

鉈による彫り駒の木地作りと、手彫りによる彫り駒の製作工程は次の通りである。

❶ **玉切り**:丸太を丸鋸盤で駒の高さに横挽きする。

❷ **大割り**:玉切りした材を大割り鉈で駒の幅に割る(**図2**①、**図3**)。

❸ **荒切り**:駒切り鉈で大割りした材の両端を切り落とし、立方体にする(端切、**図2**②)。駒切り鉈を傾けて立方体の両側面を削り、台形に仕上げる(側削り、**図2**③)。駒の底になる面を駒切り鉈で平らに削る(底削り、**図2**④)。駒の上側の面を駒切り鉈で山形に削る(剣立て、**図2**⑤)。

❹ **小割り・仕上げ**:荒切りした材から駒切り鉈で駒を1枚ずつ切り離し、両表面を削って仕上げる(**図2**⑥、**図4**)。

❺ **文字の手彫り**:文字を書いた紙を駒に貼り、駒削り台上に固定して印刀で彫る(**図5**)。

❻ **漆入れ**:文字を彫った部分にカシュー・漆入れを行い、水研ぎをしてから乾燥させる。

図2　鉈による駒の木地作り[39]

  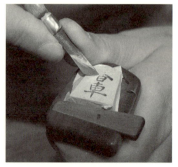

図3　大割り　　　　　　図4　小割り・仕上げ　　　　　図5　文字の手彫り

2. 笹野一刀彫（山形県）

笹野一刀彫は、笹野観音参拝の縁起物として農民の手によって伝承されて来た信仰の所産と言われている。17世紀の初めには現在の米沢の笹野において既に作られていたが、米沢藩主上杉鷹山が武士や農民の冬期間の副業として奨励し、数百年間受け継がれてきた郷土玩具である。作品は図1の「お鷹ぽっぽ」「尾長鶏」「笹野花」の他に「ふくろう」「にわとり」「孔雀」などがある。「ぽっぽ」はアイヌ語で玩具を意味する。このうち「にわとり」は、昭和44年の年賀切手の図案に採用されたことで知られている。「さるきり（図2）」と「ちじれ」と言う独特の刃物を用いて木材を加工する「削り掛け」に特徴があるが、製作技法はアイヌのイナウ技法と言われている。材料には直径20～100mmのコシアブラを用いる。10月から3月の間に伐採された原木を剥皮して1年間天然乾燥させる。コシアブラ以外にはエンジュを用いる。現在、専業の職人は2名、副業としての職人は10名位である。笹野一刀彫りは平成22年に山形県ふるさと工芸品に指定された。

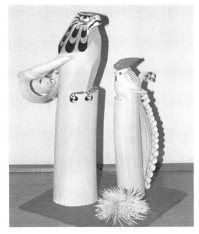

図1　笹野一刀彫

笹野一刀彫の製作工程は次の通りである。

図2　さるきり

❶ 切断：横挽き鋸でコシアブラの原木を所定の長さに切断する。
❷ 荒削り：ちじれで樹皮を削り、小刀で面を平滑に仕上げる。
❸ 整形：さるきりで、頭、羽、胴、背中の羽の順に削り、整形する（図3①、②）。
❹ 切断：ものさしで測って一定の長さに切断し、面取りを行って銘を入れる。
❺ 絵づけ：かつては草木染色で行われたが、現在では薄墨、黄色、黒、金、灰色のポスターカラーが使用されている。

図3　製作工程

3. 江戸折箱（東京都）

折箱は厚経木を折り曲げて作られる木箱であり、経木折とも呼ばれる。料理、寿司、菓子などを詰める容器で、日本人の生活に馴染み深い。経木とは、食べものを包む紙状の薄い木材の板と、折箱などを作る厚い木材の板の両者を言う。前者を薄経木、後者を厚経木と言い、折箱を作る職人あるいは家を折屋と呼ぶ。明治30年代の北海道の開発に伴ってエゾマツの厚経木が製造されるようになり、経木折の材料として使われるようになった。東京都内の折屋は昭和28年には147軒あったが、平成24年現在約20軒にまで減少した。

図1　江戸折箱

江戸折箱（図1）の製作工程は次の通りである。

❶ **木型作り**：製作する折り箱のサイズに合わせて、ガリガンナによるがり取り時に必要な木型を作る。

❷ **側貼り**：2枚の経木（厚さ1mmのエゾマツのスライスド単板）を繊維方向を一致させて、澱粉のりで貼り合わせる。

❸ **がり取り**：側貼りを行った側板の一方の木口面を断裁機で断裁した後に、木型を取り付けた工作台上に側板をセットし、ガリガンナで側板の折り曲げる位置にV字の溝を計4カ所ずつ手作業で加工する（図2①）。溝は最深部が透けて見えるような紙一枚の厚さにする。

ガリガンナ（②）は折屋鉋、角折り留め鉋あるいは隅切り折り鉋とも呼ばれる（p.97参照）。

❹ **深さ落とし**：がり取りを行った側板を折り箱の深さに合わせて割り、側板のもう一方の木口面を断裁機で断裁する（③）。

❺ **蓋と底板作り**：箱の寸法に合わせて断裁機で断裁して蓋と底板を作る。

❻ **側固め**：側板の合わせ目を両面テープで固定してフレームを作る（④）。

❼ **底付け**：側固めを行ったフレームの底側の面に接着剤を塗布し、側板に底板を貼って一定数まとめて結束し、底付けを行う。

図2　製作工程

4. 雨城楊枝（千葉県）

雨城は久留里の別名である。千葉県君津市久留里は房総半島中央部に位置し、名水の里として知られ、戦国時代には上総国の要地であった。久留里でクロモジの楊枝作りが始まったのは江戸時代初期であり、久留里藩の武士たちは内職で楊枝を作っていた。当時は上総小楊枝と称し、江戸で消費された。楊枝作りは家の中でできる手仕事であるので、明治維新後は村民たちにも楊枝作りが広まり、明治・大正期には百数十軒を数えたと言う。昭和22年に賀田周之助氏によって、久留里の別名である雨城を冠して「雨城楊枝」と改名された。現在、雨城楊枝を作る職人は君津市に一人である。雨城楊枝は昭和59年に千葉県の伝統的工芸品に指定された。

クロモジはクスノキ科の落葉低木である。枝を茶道で和菓子に添えて出す楊枝の材料とし、楊枝自体も黒文字と呼ばれる。クスノキ独特の爽やかな香りがする。楊枝作り用の材には樹齢5年前後の直径20 mmほどの真っ直ぐな枝を選び、11月下旬から2月下旬に剪枝する。

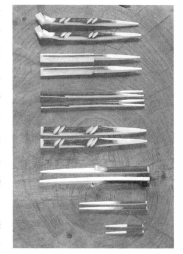

図1　雨城楊枝

雨城楊枝を図1に示す。上から「竹のし」「末広」「松」「竹」「梅」「二寸角」「大通」と命名されている。その他にも幾つかの種類がある。このうち図2の「松」の製作工程は次の通りである。

図2　雨城楊枝「松」

❶ 切断：型で寸法を取り、胴付き鋸で切断する。切断した小片をコロと呼ぶ。

❷ 鉈割り：コロを小割鉈で縦に4片に割って、小刀で削る。

❸ 割り：松葉割りを用いて割れ目を入れる（図3 ①）。

❹ 小刀削り：割れ目の内側と外側を手作り小刀で削って仕上げる（②、③）。

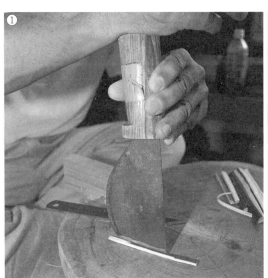

図3　製作工程

5. 高島扇骨・近江扇子（滋賀県）

扇骨は扇子の骨を言う。高島扇骨は、江戸時代に安曇川流域の竹を利用して作ったことに始まる。現在、扇骨の約9割を生産し、主に京都へ送って京扇子に加工されている。高島でも扇子が作られており、近江扇子と呼ばれる。高島扇骨は平成4年に滋賀県の伝統的工芸品に指定された。扇骨は親骨と仲骨に分けられるが、竹切り、割り竹を行って材料を準備し、親骨の整形と仲骨の整形を行ってから、親骨と仲骨に対して漂白、白干し、磨き、末削り、要打ちをこの順で行う。

図1　近江扇子

高島扇骨の親骨整形の工程は次の通りである。なお、横井扇骨での親骨の整形工程では、親骨のあらかたの形を作る「親削り」、要の穴をあける「目もみ」、形を作る「胴こそげ」、要の部分を磨き仕上げる「目こそげ」の4工程は機械を用いて行うが、その後の「皮こそげ」「脇板」「顔払い」の3工程は手作業によって行われる。

❶ 皮こそげ：包丁で表の薄い皮を取り、滑らかにする（図2①）。
❷ 脇板：金鮫で形を整え（②）、皮こそげと紙やすりでさらに滑らかにする（③、④）。
❸ 顔払い：皮こそげで要より上部を滑らかにする（⑤、⑥）。

近江扇子の製作工程は次の通りである。
❶ 折り：絵付けされた地紙を折り、折り目を付ける。
❷ 付け：洗濯糊に適量の水を加えて糊調合を行い、扇子になる親骨と仲骨に刷毛で糊を付ける（⑦）。糊を付けた仲骨を地紙に差し込み（⑧）、はみ出た糊を布で拭き取る。その後、角棒で叩いて整え（⑨）、型に入れ固定して乾かす。

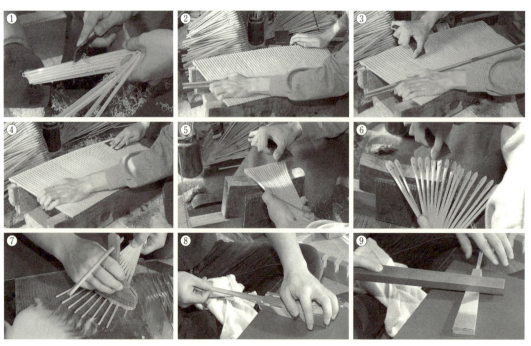

図2　製作工程

6. 吉野杉箸（奈良県）

吉野杉箸（吉野杉による割り箸）は、1336年に後醍醐天皇が吉野に移られた南北朝時代に始まったと言われている。吉野林業におけるスギ丸太の主な用途である酒樽用の側板（クレ）を取った残りの端材の有効利用の側面も担っていた。割り箸の種類は、蘭中、利久、天削、元禄、小判、丁六など高級品から普及品まで多種ある。その中で最高級品にあたる赤身の柾目材で作られた蘭中（図1）は、千利休が考案したとされ、中央部が太く両端が細い形状で、日本料理のおもてなしの心を表す香り豊かな両口箸である。

図1　吉野杉箸（蘭中）

割り箸の製造工程は、現代ではそのほとんどが機械化されている。吉野杉箸の製造もその例外ではない。割り箸の発祥の地、吉野郡下市町で仕上げ工程を昔ながらの手鉋によって行う職人は一人である。吉野杉箸の「蘭中」の製造工程は次の通りである。

❶ **製材**：箸2本分の長さに玉切りされたスギ丸太をミカン割りした後、年輪幅の狭い良質の赤身部分から円弧状の断面形状となる板目板を割り取る。

❷ **乾燥**：屋根付きの屋外で天然乾燥を行う（図2①）。

❸ **木取り**：箸1本分の長さに横挽き後、柾目板を箸の太さに合わせた厚さに縦挽きする（②）。

❹ **吸水処理**：一晩水に浸けて柾目板を軟らかくする。

❺ **基準面作り**：円盤鉋盤（③）および超仕上げ鉋盤で、柾目板の木端面および両表面を削る。

❻ **小割り**：手動の小割り機械（④）で、箸幅に縦割りする。この機械には、上下1組の小刃形状の刃物が2対取り付けてあり、一回に2本（1膳分）小割りできる。

❼ **成形加工**：円錐形の円盤を2枚合わせにした鉋盤で先細形状に削る。

❽ **手鉋仕上げ**：粗成形された材料を削り台に並べ、中央部が太く両端が細い蘭中の形状に仕上げる。このとき、材料を一旦水に浸すことによって、多数の箸を一体化させて削ることができる（⑤）。最後に面取り鉋で角を取る（⑥）。仕上がった蘭中は、乾燥後一膳ごとに和紙で帯巻止めされる。

図2　製作工程

7. 大塔坪杓子(奈良県)

　室町時代から吉野地方では、木地師による平杓子と坪杓子の製作が盛んに行われた。平杓子は飯杓子とも言い、ご飯をつぐ杓文字である。坪杓子はすくう部分が深く彫られた形状のお玉であり、粥や汁ものをすくう杓子であった。紀伊山地では、昔から茶粥を鍋からすくうのに用いられたと言う。現在昔ながらの手作業によって坪杓子を製作する職人は、奈良県五條市大塔村惣谷に1人存在する。戦前まではこの地域一帯で坪杓子が作られていたが、現在では1軒のみになってしまった。大塔坪杓子は平成7年に奈良県の伝統的工芸品に指定され、平成24年に国の「記録作成等の措置を講ずべき無形の民俗文化財」に指定された。図2の「天辺鉋」[25]など、独特の木工具を用いて製作するところに大きな特徴がある。

図1　大塔坪杓子

図2　天辺鉋

　大塔坪杓子の製作工程は次の通りである。坪杓子の製作に用いる材料はクリである。

❶ **玉切り・木取り**：原木を玉切りしてから、木取り鉈でおおまかな形状に加工する。
❷ **小作り**：小作り包丁で坪杓子の形状に加工する(図3①)。
❸ **天辺削り**：天辺鉋で杓子の頭の背を丸く削る(②)。天辺鉋(図2)は独特の形状の一枚鉋であり、鉋台下端は杓子の頭の背削りに合わせて窪んでいる。鉋身の切れ刃中央での仕込み勾配は13°である。
❹ **中打ち**：手斧に似た形状のナカウチで杓子のすくう部分である坪(窪み)を削り出す(③)。
❺ **内割り**：ウチグリで坪を刳って仕上げる(④)。
❻ **さめる**：サメ包丁で坪の最上面を平らに削る(⑤)。
❼ **柄作り**：銑で柄を削り、柄の四面を仕上げ、上面の面取りを行う(⑥)。

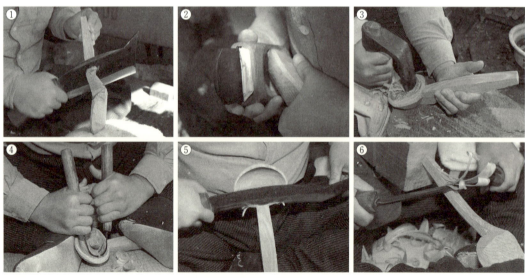

図3　製作工程

8. 岡山菓子木型（岡山県）

菓子木型（図1、図3）は型菓子を作る木型であり、和菓子の成型に欠かすことはできないものである。菓子木型を作る職人は江戸時代中期には既に存在しており、菓子型彫師と呼ばれた。現在菓子木型職人は、全国で10人を満たないと言う。菓子木型は一枚の板に図柄を彫った板型と、下台と上枠に分かれる二枚型などがある。後者は下台に彫刻が施される。木型の材料には、きめが細かい、彫刻がしやすい、狂いが少ない、水分に強いなどの理由から、マザクラが使用される。

図1　岡山菓子木型

岡山菓子木型の製作工程は次の通りである。

❶ 木取り：マザクラ板材を所定寸法に鋸断し、鉋削りをする。

❷ 穴あけ・鉋削り：下台に2カ所穴をあけて丸木を打ち込む。下台の穴の位置を上枠に合わせ、上枠に穴をあける。下台と上枠を鉋削りする。

❸ 上枠への輪郭の写し：図案を切り抜いた型紙を上枠上に置いて鉛筆で描く。

❹ 上枠の刳り抜き：ドリルで穴をあけ、その穴を利用して糸鋸盤のテーブルを15°傾けて曲線を切り抜く。

❺ 上枠の荒突き：突き鑿であらかた取る。

❻ 上枠の荒突き：突き鑿で上枠を仕上げる。

❼ 上枠の仕上げ：上枠の荒突きした面を種々の鑿で仕上げる。

❽ 台への上枠の輪郭の写し：目切り（千枚通し）で上枠の輪郭線を台にけがく。

❾ 台の彫り：ノギスで深さを確認しながら、鑿で台の荒彫りを逆目削りにならないように注意して行う。和菓子の大きさに合わせて、深さと表面積を調整する。

❿ 台の仕上げ：砂糖を詰めて確認しながら、台を仕上げる。

⓫ 上枠と台の仕上げ鉋削り：狂いと汚れを取る目的から、上枠と台の仕上げ鉋削りをする。

⓬ 合印入れ：完成品の木端面に合わせ目と製作者印を兼ねた合印を入れる。

図2　菓子型彫師による彫り

図3　岡山菓子木型

9. 倉敷竹筆(岡山県)

書道で用いる筆の1つに竹筆がある。竹筆は竹の繊維を筆の穂にし、穂と軸が1本の竹から作られた筆である。荒々しい線を出すことができることから、特殊な効果を重んずる書家が使用すると言われている。

倉敷竹筆と蔦筆を図1に示す。左から「紅寒竹筆小」「煤竹筆大」「黒竹筆大」「四方竹筆大」「真竹筆大」「布袋竹筆中」「紫寒竹筆中」「蔦筆」である。このうち、筆材料としての黒竹は岡山県と高知県、四方竹は高知県、真竹と布袋竹は岡山県から入手している。

倉敷竹筆の製作工程は次の通りである。製作に用いる工具を図2に示す。

❶ 切断：竹を筆の長さに合わせて鋸断する。
❷ 割り：竹の穂になる部分を小刀(図2(a))で叩いて縦割りする(図3①)。
❸ 皮剥き：穂になる部分の竹の皮を小刀(図2(a))で薄くむらなく剥く(②)。
❹ 炊き：穂になる部分を鍋で煮沸しながら軟らかくする。
❺ 下裂き：カッター(図2(b))の刃先を上に向け、刃先を上方向に移動させて穂の竹繊維を裂く。
❻ 中裂き：カッター(図2(c))でさらに穂の竹繊維を裂いてほぐす(③)。
❼ 仕上げ裂き：畳作り用待針を改良した針状の自作工具(図2(d))で切れた繊維や弱い不良繊維を取り除く(④)。
❽ なめ仕上げ：穂を水にさらしてから、針状の自作工具(図2(d))と鹿の角(図2(e))でさらに細い穂先に整えて仕上げる(⑤、⑥)。
❾ 磨き：柄を入念に磨く。

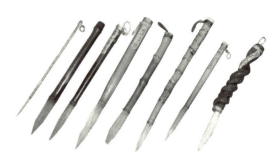

図1　倉敷竹筆

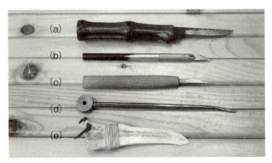

図2　製作に用いる工具

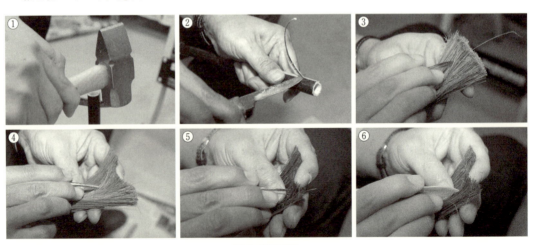

図3　製作工程

10. 福山琴（広島県）

琴は美しい音色を奏でるわが国に古くからある楽器である。鎌倉時代以降、13弦の箏が使われるようになり、現在では箏を琴と表記する。福山琴の製作は江戸末期から明治初期にかけて、牧本長蔵氏と菅波甚七氏によって始められたと言われている。大正中期には琴職人が不足するようにな

図1　福山琴

り、牧本正夫氏が製作工程を工程別分業方式に変更し、大量生産ができるようになった。現在では、全国生産量の約70％を占めるに至っている。福山琴（**図1**）は昭和60年に国の伝統的工芸品に指定された。

福山琴の製作工程は次の通りである。材料にはキリを用い、会津桐を最上とする。

❶ **製材**：キリ丸太に墨付けを行い、帯鋸盤、円筒鋸で製材をする。

❷ **乾燥**：製材後、屋外で1～3年間天然乾燥する。長期間の放置によってキリに含まれるアクを除く。天然乾燥後に人工乾燥を行う。

❸ **甲羅取り**：甲の表面を握り柄の付いた甲鉋（内丸鉋）の一枚鉋で削り、二枚鉋で仕上げる（図2①）。

❹ **甲のえぐり**：倣い機能を持つ鉋盤で荒削りした後に、外丸鉋（②）で甲の内側を削って仕上げる（③）。

❺ **甲の彫り**：甲裏の両端2カ所に鑿で綾杉彫りを行い（④）、境界部の彫られていない側を柄付き豆鉋で仕上げる（⑤）。

❻ **裏板付け**：裏板を製作して取り付ける。

❼ **焼き**：焼いた鏝で甲の表面をむらなく焼き上げる。

❽ **磨き**：焼きで生じた炭化物を取り除き、イボタの花を表面に塗布し、ウズクリで磨いて甲に光沢を出す。

❾ **装飾**：四分六、竜角、柏葉、龍舌、丸型、前脚、後脚、柱などを飾り付ける。

❿ **仕上げ**：金具を取り付け、琴のレベル調整をする。

図2　製作工程

11. 府中桐下駄（広島県）

キリから作られる桐下駄は、軽くて履きやすいことから日本人に好まれる。キリの産地としては福島県の会津がとくに有名であるが、桐下駄は福島、茨城、東京、広島、香川など各地で作られる。

広島県府中市は芦田川流域にキリが多かったことから、昔から桐下駄、桐箪笥、桐箱の製造が盛んである。大正期以前から各種桐下駄が作られていたようであるが、昭和初期には桐台の利休下駄の産地になった。昭和30年以後、利休下駄はほとんど作られなくなった。現在、府中桐下駄は木地作りのみを行って問屋に出荷している。

図1　府中桐下駄

府中桐下駄（図1）の製作工程は次の通りである。基本は機械加工であるが、手工具による加工は機械加工後の手直しで行われる。

❶ **大割り**：帯鋸盤で胴切りされたキリ丸太を縦挽きして所定厚さに大割りをする。

❷ **小割り**：帯鋸盤で大割りした板を下駄の幅に縦挽きして下駄棒を作る。

❸ **挽き放し**：挽き放し機（丸鋸盤）で下駄棒を横挽きして一足分の角木（枕とも言う）を作る。

❹ **乾燥**：室内で十分に自然乾燥する。

❺ **幅摺り**：幅摺り機（丸鋸盤）で角木を所定幅に挽く。

❻ **墨付け**：一足分の角木から左右2個の台が採れるように罫書く（図2①(a)）。

❼ **天削りアゴ入れ**：自動両アゴ入れ両面天削り機で、角木にアゴを縦挽きし、同時に両表面を削る。

❽ **糸鋸挽き**：糸鋸盤でアゴ挽きした角木に歯形を挽き入れて、一足2個に分ける（①(b)）。

❾ **裏仕上げ**：裏仕上げ機（七分機とも言う）で裏面全体を加工する。

❿ **丸め**：丸め機で側面を削り、角を丸く削る。

⓫ **穴穿し・鼻打ち**：木製繰子錐で鼻緒穴を3ヵ所あけ（②）、鼻打ち鑿で前側の穴に鼻打ちをする。

⓬ **歯切り**：歯剥きで歯の側面を押し切る（③）。

⓭ **角剥きとおし**：角剥きで削り屑を削り落とす（④）。

⓮ **丸剥きとおし**：さらに丸剥きで歯の根元に丸みを持たせる。

⓯ **十能仕上げ**：十能鑿で裏を削って仕上げる（⑤）。

⓰ **前歯と後歯の横削り**：鉋で前歯と後歯の横削りをする。

⓱ **前歯と後歯の面取り**：銑で前歯のアゴ面取りをしてから（⑥）、鉋あるいは紙やすりで面取りをする。昔は木賊で行った。

⓲ **目棒の穴あけと打ち込み**：後歯に2あるいは4ヵ所穴をあけ、ラワン、ゴムノキなどの丸棒を打ち込む。この工程は省略されることもある。

⓳ **仕上げ削り**：仕上げ鉋で天板を削り、側面のびん削りをする。うずくりで光沢を出す。

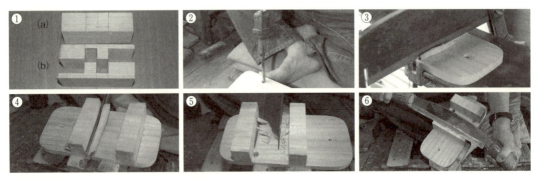

図2　製作工程

12. 府中桐箱（広島県）

キリから作られる桐箱（**図1**）は、種々のものを入れる高級箱として日本人には馴染み深い。キリは密度が小さく、白色で美しく、狂いにくいなどの性質を有するので、高級箱として使われて来た。具体的には、掛け軸を入れる軸箱、墨を入れる墨箱があり、その他に陶磁器箱、茶道具箱、アクセサリー箱、風呂敷箱などもある。桐箱はこのように、何かを入れる箱であり、入れるものが決まってから箱の大きさが決まり、箱の製作が依頼される。従って、商品としての桐箱は販売されていない。

図1 府中桐箱

現在、桐箱作りが盛んに行われている地域は、埼玉県春日部市、広島県府中市などである。府中市の芦田川流域はキリに恵まれてきたことから、桐箱作りは江戸末期から明治初期の箱枕作りから始まったと言われている。昭和初期から桐箱作りが盛んになり、昭和10年代から機械加工作りが始まった。現在では機械加工作りが中心で、手作りによる桐箱作りは殆ど見られなくなった。

府中桐箱の昔ながらの手作りによる製作工程は次の通りである。但し、製材、製板、寸法取りの工程は機械加工で行う。ここで作る桐箱のサイズは、幅62 mm、長さ203 mm、深さ22 mm（内寸）である。

図2 割罫引

❶ **製材**：キリ箪笥の残材を帯鋸盤で縦挽きする。
❷ **製板**：製材された材を自動鉋盤と超仕上げ鉋盤で加工し、側板用に厚さ5 mmに表面を仕上げる。印籠用は厚さ3 mmである。
❸ **寸法取り**：作る箱のサイズに合わせて丸鋸盤で寸法を取る。
❹ **側板付け**：糊を付けて側板を作る。
❺ **蓋付け**：側板付けした3個を並べて一緒に蓋板と底板を糊で貼る。蓋と底の材料は3個分の箱の寸法に合わせて別途加工しておく。
❻ **蓋付けした蓋板の割断**：割罫引（**図2**）で3つの側板に貼り付けた蓋板を側板と側板が接している位置で割断する（**図3**①）。
❼ **鉋削り**：割断した複数の箱をまとめて、割断面を上にして箱の側面の鉋削りをする（②）。キリ削りに用いる平鉋は二枚鉋で仕込み勾配は36°である。
❽ **面取り**：平鉋で箱側面の面取りを行う（③）。
❾ **箱割り**：割罫引で箱の側面を割断し、箱を半分に割って蓋部と底部に分ける（④）。
❿ **印籠付け**：印籠材料を箱の底部の内側に印籠付けをする。
⓫ **印籠面取り**：平鉋で印籠の外側の面取りをする。
⓬ **仕上げ**：との粉を塗って仕上げる。

図3 製作工程

13. 戸河内刳物（広島県）

戸河内刳物の起源は宮島細工にあって、藤屋大助氏が江戸時代後期（安政年間）に創始したと伝えられるお玉杓子である。その後、福田李吉氏が宮島からお玉杓子の材料になるサクラ、ホオノキなどの供給地である広島県山県郡安芸太田町（旧戸河内町）に移住して、その製作技能を伝えたものである。やり鉋などの木工具を用いた手作りのお玉杓子は、大正期に商品としての生産が始まった。最盛期の昭和20年前後にはお玉杓子を作る職人は30～40人見られたが、金属製のお玉杓子が普及して職人が徐々に減っていき、現在は3人の職人が伝統工芸を守り伝えている。このお玉杓子は、鍋の中でひっくり返ったり沈んだりせず、鍋の底から浮き上がることから「浮上お玉」とも呼ばれている。お玉杓子を主とした戸河内刳物は、平成3年に広島県の伝統的工芸品に指定された。

図1　戸河内刳物（お玉杓子）

戸河内刳物の製作工程は次の通りである。

❶ **材料取り**：原木を必要な長さに玉切りした後に、割鉈で剥皮して杓子の厚さに割る。

❷ **荒取り**：割鉈で杓子の幅に幅寄せして、打ち鉈で柄の不要部分をそぎ落とし（図2①）、柄のおおよその形を整えた後に、手斧で杓子の反りを切りそぐ。

❸ **中ぐり**：杓子の顔面を円形のカタカタで罫書いた後に、杓子の中を叩き鑿で刳り取り、刳り鑿で彫り整えて、やり鉋で仕上げる（②）。

❹ **背落とし**：手斧で杓子の背側の不要部分をそぎ落とし、反り台鉋（荒鉋）で杓子の頭から背にかけて削って整える。

❺ **仕上げ**：銑で顔面を仕上げ（③）、2種類（荒、仕上げ）の反り台鉋で頭から背の部分を、小刀で柄首をそれぞれ削った後に、3種類の反り台鉋（柄こぎ鉋、豆鉋）で柄を仕上げる。柄尻は反り台鉋（柄尻鉋）で仕上げる。

図2　製作工程

14. 宮島杓子（広島県）

宮島杓子は、18世紀末の寛政年間に宮島在住の僧侶村上誓真によって、厳島神社に参詣する人々への土産物として考案されたものと言われている。日清・日露戦争では、広島宇品港から大陸に渡る兵士は厳島神社で祈願をしたが、その頃から縁起物としての宮島杓子が有名になった。明治中期以降、日用品としての宮島杓子の需要が増えて、全国的に知られるようになった。宮島杓子のうち、長さが6寸、7寸、8寸のものは飯杓子と呼ばれ、長さが3尺5寸、4尺、5尺、6尺のものは大杓子、看板杓子と呼ばれる。

図1　宮島飯杓子

廿日市市宮島町の宮島飯杓子の製作工程は次の通りである。材料にはクワを使用する。

❶ **粗取り**：製材したクワの板材から杓子の大まかな形状に手斧で加工する。

❷ **顔削り**：杓子の顔を外丸鉋で両側から横削りをする（図2①）。顔中央部分の盛り上がりを四方反り台鉋で横削りし（②）、顔中央部分を少し窪ませる。顔全体を盤掻きで削って（③）、別の杓子を当て板にして紙やすりで顔を研磨する（④）。

❸ **背中削り**：杓子の背中を外丸鉋で縦削りし、背中に丸みを付け、顔の先端を薄くする。さらに、豆平鉋で背中を削り（⑤）、紙やすりで丁寧に研磨する。

❹ **柄削り**：柄の裏面を反り台鉋で削り（⑥）、柄尻の表側を手斧で落として（⑦）、豆平鉋で削って丸みを付ける。

❺ **柄の面取り**：反り台鉋で柄の面取りを行い、小刀で顔と柄の境目付近の面取りをする（⑧）。

❻ **柄の仕上げ削り**：豆平鉋で柄の表を削り（⑨）、反り台鉋で柄の側面と背中を削る。

❼ **仕上げ・塗装**：杓子全体を紙やすりで研磨し、漆塗りをする。

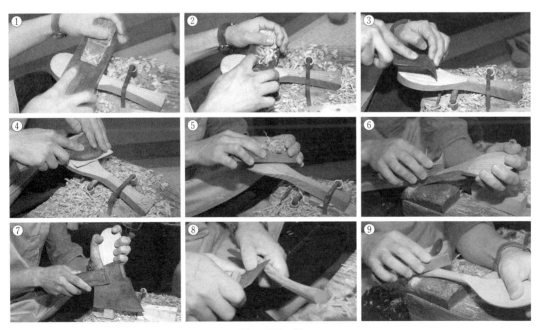

図2　製作工程

15. 宮島大杓子（広島県）

宮島杓子の長さが3尺5寸、4尺、5尺、6尺のものを大杓子（図1）と言い、看板杓子とも呼ばれている。宮島で大杓子を製作することができる職人が廿日市市宮島町に存在する。大杓子は必勝を祈願して選挙事務所によく飾られる。

大杓子は元々木工具だけで手作業で製作していたが、職人の高齢化に伴って大きく削り落とす作業、大きな面取り、最後の仕上げ研磨では電動工具を用いるようになった。宮島大杓子の製作工程は次の通りである。

❶ **粗取り**：製材された厚さ45mmのトチノキあるいはセンの天然乾燥材の板材に杓子の形を罫書き、帯鋸盤で大まかに鋸断し、反り台鉋の荒鉋で杓子の周囲を粗削りする。

❷ **乾燥**：約1年間天然乾燥させる。

❸ **段付け**：杓子の顔になる面を削って顔と柄に約10mmの段差を付ける。

❹ **顔削り**：顔は中央部を窪ませるので、曲尺を顔に当て窪みの左右対称性を確認しながら、反り台鉋で横削り、斜め削り、縦削りをして顔を削る（図2①）。中央部での矢高が約10mmになるまで削る。

❺ **背落とし**：背を丸くするためのけがきを行い、電動鉋で背中の上部と左右両面をけがき線まで削り落とし、反り台鉋で背中を丸く整える（②）。

図1　宮島大杓子

❻ **柄削り**：反り台鉋の荒鉋で柄を表側、裏側、側面の順に削り（③）、柄の面取りを電動ルータで行う。

❼ **首の面取り**：小刀で削った後に、反り台鉋の仕上げ鉋で柄の面取りを行う（④）。

❽ **仕上げ**：横型スピンドルサンダーで顔と柄の側面研磨を行い、オービタルサンダーで顔、背中、柄の全面研磨を行う。首は研磨紙を指で当てて研磨する。

❾ **焼き印**：柄の表の上部に「宮島」の焼き印付けをする。

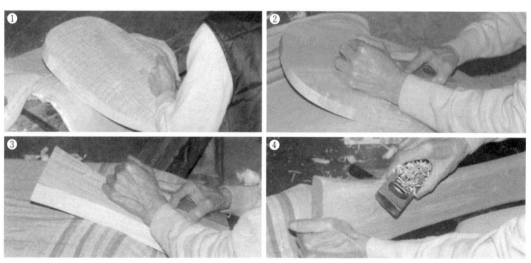

図2　製作工程

16. 宮島木匙（広島県）

　茶匙は茶杓とも言い、抹茶を茶入や棗から茶碗にすくうための細長い匙である。茶匙は竹製が多いが、象牙製や木製もある。利休以前は象牙製が使われていたようである。利休の時代には利休形と言われる象牙製が使われたが、利休以降は茶人自ら竹茶匙を作るようになったと言われている。木製の茶匙は木匙、木匙を作る職人は木匙師と呼ばれている。

図1　茶匙（左：スギ、右：ナンテン）

　宮島木匙の製作工程は次の通りである。木匙の材料には、マツ、ウメ、スギ、ナンテン、サカキ、モミジ、クワ、ケヤキ、エンジュ、クロガキなどが使用される。縞のあるクロガキが茶人に好まれると言う。

❶ **材料取り**：丸鋸盤でスギを長方形に加工する。

❷ **きさぎ側の曲線加工**：帯鋸盤で曲線挽きし、鑿で修正してから電動ルータで曲面加工をする。

❸ **きさぎ面削り**：こさげ（盤掻き、はびきとも言う。）できさぎ面を削り（図2①）、紙やすりで#240、#320、#400の番手の順で磨く（②）。

❹ **側面の鉋削り**：平鉋で側面を削って平滑にする（③）。

❺ **柄の丸面加工**：柄の表側を反り台鉋で削る（④）。柄の裏側は小刀で削ってから（⑤）、反り台鉋で削る。

❻ **きさぎの背面加工**：胴付き鋸で45°に鋸断したのちに（⑥）、小刀で削る（⑦）。反り台鉋で削り、紙やすりで#60、#120、#300の番手の順で磨く。

❼ **全面磨き**：木匙全面を#400の紙やすりで入念に磨く（⑧）。

❽ **柄尻切断**：胴付き鋸で茶匙を所定の長さに切断する（⑨）。長さは畳目13目の187mmである。

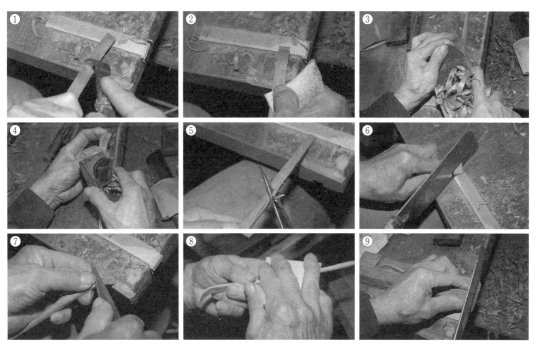

図2　製作工程

17. 丸亀団扇（香川県）

図1　丸亀団扇

寛永10年（1633年）に金比羅大権現の別当有光が金比羅参りの土産として団扇を作ることを当時の讃岐藩主に勧め、大和の大村藩から熟練者を招いて製造を始めたのが丸亀団扇の起源と言われている。丸亀団扇は丸柄団扇と平柄団扇の2つの流れがある。丸柄団扇は江戸時代に考案された柄が丸い団扇である。平柄団扇（**図1**）は明治15年頃から製作が始まった柄が平らな団扇である。現在では、丸亀団扇と言えば平柄団扇を指すのが一般である。団扇づくりは「骨作り」「付け」、地紙を貼る「貼り」の大きく3工程があり、昔はそれぞれの職人を「骨師」「付師」「貼り子」と呼んだ。丸亀団扇は平成9年に国の伝統的工芸品に指定された。

丸亀団扇の骨作り工程は次の通りである。

❶ **竹挽き**：竹を団扇に適した長さに竹挽き鋸で切断する。
❷ **水かし**：切断した管を水に漬けて、加工しやすくする。
❸ **木取り**：管を鉈で一定幅に割る。
❹ **節はだけ**：管の内側の節を鉈で削り取る。
❺ **内身取り**：穂になる側の内身を取る（図2①）。
❻ **割き**：穂先から約100 mmまで"切り込み機"で切り込みを入れる（②）。これで穂先が0.5 mm厚に揃う。
❼ **揉み**：手で揉み、節の上まで切り込みを延ばす。
❽ **穴あけ**：節に弓竹を入れる穴をあける。
❾ **柄削り**：柄の側面を小刀で削る。
❿ **鉋掛け**：柄の裏面を鉋で丸く削る（③）。
⓫ **編み**：弓竹を通した穂を糸で編む。この後、骨の付けを行い、地紙を貼って団扇ができあがる。

骨作りのいずれの作業も熟練を要するが、とくに割きが難しいと言われている。大正2年の脇竹次郎氏による「切り込み機」の発明によって、それまでの割きの作業時間が大幅に短縮されたと伝えられている。

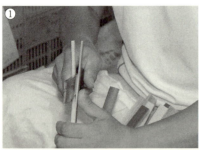

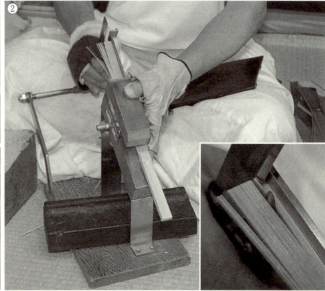

図2　製作工程

18. 博多曲物（福岡県）

飯櫃や弁当箱などに利用される板を曲げて作った容器を曲物と言う。檜物、わっぱ、めんぱなどとも呼ばれて来た。博多曲物（図1）は、スギやヒノキの板に熱を加えて曲げ、縫い錐（図2）を使ってサクラの皮で綴じて作られるものであり、弁当箱、飯櫃の他に、茶櫃、三方、菓子器、棗や茶道で使う建水などがある。曲物は博多の他に、大館、入山、寺泊、楢川、井川、尾鷲、人吉、宮崎などでも作られている。博多曲物は、昭和54年に福岡県知事指定特産工芸品に指定され、昭和56年に福岡市無形文化財に指定されている。

博多曲物の製作工程は次の通りである。

図1　博多曲物

❶ **木端削り**：スギ板材の木端を手押し鉋盤で削り、切り口を整える。

❷ **荒削り**：自動鉋盤で側板の荒削りをする。

❸ **幅決めと長さ決め**：丸鋸盤で切断し、側板の幅と長さを決める。

❹ **厚さ決め**：超仕上げ鉋盤で側板を削る。

❺ **重ね合わせ部分の鉋削り**：側板の端の重ね合わせ部分を鉋削りし、平滑に仕上げる（図3①）。

❻ **煮沸**：側板を湯槽に漬けて煮る。

❼ **曲げ**：軟らかくなった側板を引き上げ、巻木に巻き付けて曲げる。

❽ **木鋏鋏み**：木鋏で合わせ目を鋏み（②）、形を整える。4～5日間乾燥させる。

❾ **縫い**：サクラの皮の表面を小刀で削る（③）。側板の重なる部分

図2　縫い錐

に糊を塗り乾いてから、縫い錐で穴をあけ（④、⑤）、サクラの皮で綴じる（⑥）。

❿ **底板填め**：底板を側板の下部に填める。

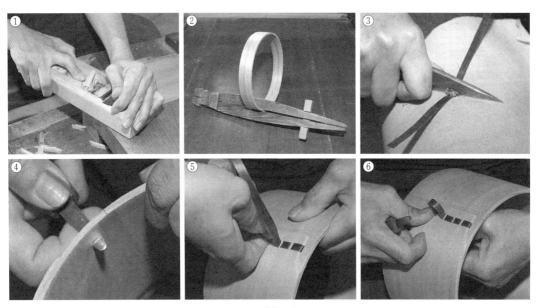

図3　製作工程

19. 太宰府木鷽（福岡県）

木鷽は、天神様の使いと言われている鷽という鳥が木にとまった姿を現している（図1）。鷽は、もともとスズメ科アトリ科の鳥であるが、16世紀末に太宰府天満宮造営の邪魔をしていた蜂の大群を鷽の群れが退治したことから、天神様の使いの鳥と言われるようになった。江戸時代初期から太宰府天満宮では毎年1月7日夜に「替えましょう！替えましょう！」と呼び合いながら互いの木鷽を交換することによって嘘を天神様の誠心に変えて幸運を戴く「鷽替神事」が行われており、木鷽はその祭具として用いられている。現在では、太宰府天満宮の参拝記念品としての需要が増えており、昭和58年に福岡県知事指定特産民芸品に指定された。材料は、直径約30～90mmのコシアブラで、10月に伐採された原木を2～3年間天然乾燥させた後、製作に用いている。現在、太宰府天満宮神職1名と太宰府木うそ保存会で認定された約50名の会員で製作している。

図1　木鷽

太宰府木鷽の製作工程は、次の通りである。

❶ 切断：横挽き鋸でコシアブラの原木を所定の長さに切断する。

❷ 荒削り：かまで樹皮を削り、突き鑿で面を平滑に仕上げる（図2①）。

❸ 整形：突き鑿で端部を削り頭部を整形する（②）。突き鑿の柄を胸部にあて、一気に刃先を押し込みながら削り、羽の巻き上げ（羽上げ）を整形する（③）。胴付き鋸で切り込みを入れ、突き鑿で削って胸部を整形する（④）。

❹ 絵づけ：赤色で頭と目の縁、胸、羽の順に塗り、緑色で頭部、羽を塗る。その後、墨で目、くちばし、足を入れ、最後に頭部に金紙を貼って仕上げる。

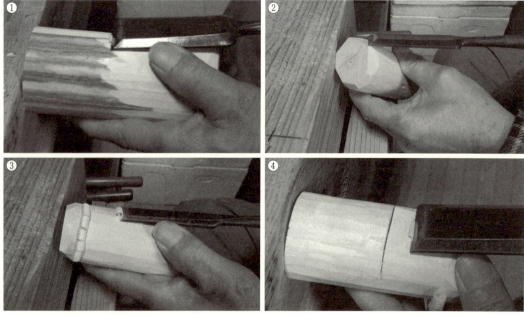

図2　製作工程

20. 別府黄楊櫛（大分県）

日本の櫛の歴史は古く、黄楊櫛は平安時代に出現している。別府黄楊櫛は、明治に入ってから旧森藩（江戸時代に豊後国日田郡・玖珠郡・速見郡を領した藩）藩主幸田徳蔵氏が別府で黄楊櫛を作ったことが始まりと言われている。別府温泉の入浴客の評判になり、世に知られるところになった。ツゲは黄褐色で硬くしかも粘り強いので、櫛の材料として最適であり、古くから使われて来た。

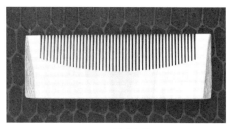

図1　別府黄楊櫛

別府黄楊櫛は手作り櫛である。これを製作する工房は現在別府市内で1軒のみである。がんぎり（がんぎりやすりとも呼ぶ）で櫛の歯の摺りを行い、木賊で櫛の歯を磨き、さらに木賊で櫛の表面全体を磨いてから鹿の角で艶を出すところに特徴がある。このように丁寧に作られた櫛の歯の断面は菱形であり、歯の根元まで十分磨かれており、歯の角で髪がひっかかることもないので、髪の通りがスムースになり髪の毛を痛めにくいと言われている。

別府黄楊櫛（図1）の製作工程は次の通りである。

❶ **鉋削り**：鹿児島県産ツゲ板を所定の寸法に切断後、表面を鉋削りする。

❷ **歯の根元の罫書き**：櫛の歯の根元をつなぐ曲線を板の上に罫書く。

❸ **歯の手挽き**：手鋸で所定の間隔ごとに歯の根元の罫書き線まで挽く。

❹ **歯の摺り**：髪の通りを良くするために、歯と歯の間に太いがんぎりを挿入して、荒研ぎを2段階に分けて行う（図2①）。さらに、細いがんぎりで歯を整える。

❺ **木賊による歯通し**：歯の表面を滑らかにするために、ナイフ状の木材に貼った木賊を歯と歯の間に挿入して、歯の側面を研磨する（②）。

❻ **外形の罫書き**：櫛の外形を罫書く。

❼ **切断**：かぶきり鋸で罫書き線上を切断する。糸鋸盤で行うこともある。

❽ **整形**：小鉋で櫛の形を整える。ベルトサンダーで行うこともある。

❾ **仕上げ**：櫛の表面を木賊で磨き（③）、さらに鹿の角で艶を出す（④）。

❿ **椿油の塗布**：仕上げた櫛の表面に椿油を塗る。

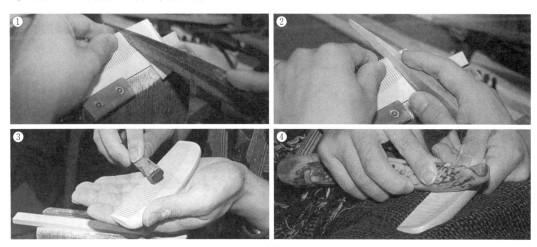

図2　製作工程

21. 日向榧碁盤・将棋盤（宮崎県）

宮崎県の将棋と囲碁の碁盤製作は明治末期から大正にかけて始められたと言われている。イチイ科のカヤ（榧）は宮崎県に広く分布しており、成長が遅いために年輪幅が狭く、木目が美しい。宮崎県綾町産のカヤは日向榧と呼ばれ、碁盤と将棋盤の最高の材料と言われている。日向榧碁盤は弾力性があり、石を打つときに少しへこむ感触があり、その打ち心地に魅力を感ずる囲碁名人もいると言う。日向榧碁盤・将棋盤（図1）は昭和59年に宮崎県の伝統的工芸品に指定された。

宮崎県では現在5店が碁盤・将棋盤作りを行っている。日向榧碁盤・将棋盤の製作工程は次の通りである。材料には樹齢300年以上、高級品は500年以上のカヤを使用する。

図1　日向榧碁盤・将棋盤

❶ **木取り**：カヤ原木に節、割れ、傷を避けて碁盤・将棋盤を木取り、チェンソーで切断する。昔は前挽き鋸で切断した。

❷ **乾燥**：割れ防止を施し、5年以上室内で自然乾燥をする。

❸ **削り・蠟摺り**：木工機械による盤材の荒削りを行って、手鉋で削る（図2①）。鉋削り後、艶出しと木の呼吸を止める目的から、表面に溶かした膠を塗り、さらに白蠟を塗る。

❹ **へそ（血溜り）掘り**：盤材の割れと変形防止、響きを良くするために、鑿で盤の底面に四角の窪みを掘る（②）。

❺ **脚作り**：碁盤を支えるクチナシの実をかたどった4本の脚を鑿と小刀で作る（③）。

❻ **脚植え**：4本の脚を盤の底面に取り付ける。

❼ **太刀盛り**：太刀盛りと言う伝統的な手法によって盤面に升目を入れる（④）。下書きに沿って日本刀で漆を盛る。

❽ **木蠟塗り**：木蠟を塗り、磨いて仕上げる。

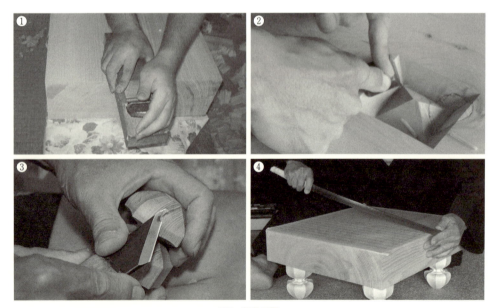

図2　製作工程

22. 都城木刀（宮崎県）

都城では古くから木刀などの武具作りが盛んで、江戸時代には島津藩のもとで生産されていた。木刀の材料には、カシ、ビワ、イスノキが使用されて来た。とくに、スヌケと呼ばれるイスノキの古木の心材から作られた木刀は最高級品とされる。都城は全国一の木刀産地で、現在全国生産量の約90％を占める。都城木刀は昭和59年に宮崎県の伝統的工芸品に指定された。

図1　都城木刀

都城木刀（図1）の製作工程は次の通りである。手鉋仕上げ以外の刃物による加工は機械加工である。

❶ **製材**：霧島山系を主産地とする樹齢約100年のカシ原木を木刀作りに適した厚さの板に製材する。
❷ **乾燥**：製材した材料を2～6カ月間自然乾燥し、1カ月間天日乾燥を行う。
❸ **人工乾燥**：約15日間人工乾燥し、2カ月間自然乾燥する。
❹ **線引き**：乾燥した板に木刀の形を型取りする。
❺ **小割り**：帯鋸盤で小割りする。
❻ **天日乾燥**：1カ月間乾燥する。
❼ **機械加工**：両端を切断後、手押し鉋盤、自動鉋盤で削ってから、単軸面取り盤で形状を整え、柄、峰、腹の形を決める。
❽ **ペーパー粗取り**：ベルトサンダーで粗仕上げをする。
❾ **手鉋仕上げ**：鉋削り用材料固定台に材料を固定し（図2）、荒鉋（図3(a)）で荒削りし（図4）、仕上げ鉋（図3(b)）で仕上げ削りをする。

荒鉋と仕上げ鉋の鉋台は作業者の自作であり、甲穴の形状と裏金の固定方法は極めてユニークである。一般の平鉋とは異なる。さらに、仕上げ用内丸鉋（図5）で丸削りをする（図6）。この工程で用いる鉋の仕込み勾配は全て40°である。

❿ **段付けつば止め加工**：つば止めの加工をする。
⓫ **ペーパー仕上げ**：荒目から細目までのペーパー仕上げをする。
⓬ **両端仕上げ**：両端を切断して、握りと切先を仕上げる。
⓭ **塗装・磨き**：塗装を行い、仕上げ磨きをする。

図2　鉋削り用材料固定台

図3　荒鉋と仕上げ鉋

図4　荒削り

図5　仕上げ用内丸鉋の下端

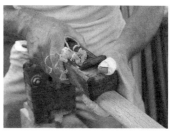

図6　内丸鉋削り

主な参考文献・引用文献

1．和書

1) 青山元男：『DIY工具の選び方と使い方　たよりになる工具が満載！』ナツメ社，2008
2) 安達健二・水上　勉(監修)：『日本の伝統工芸8　近畿』ぎょうせい，1985
3) 荒井春男・前場幸治・藤間與治・山本文一：『建築大工用語集』東洋書店，1995
4) 猪原千恵：『菓子木型彫刻について』岡山びと岡山デジタルミュージアム紀要，pp. 86-97，2008
5) WOODY STYLE週末工房編集部(編)：『大工手工具入門』誠文堂新光社，2005
6) ヴィトルト　リプチンスキー(著)・春日井晶子(訳)：『ねじとねじ回し　この千年で最高の発明をめぐる物語』早川書房，2003
7) 大谷泰夫：「材料の素顔に迫る」，NSST通信，No. 70，2011
8) 上柳博美：『椅子を「貼る」伝統のクラシックチェアを作る』牧野出版，2012
9) 株式会社岡田金属工業所：『ゼットカタログ』，2013-2015
10) 株式会社兼古製作所：『ANEX総合カタログ』，2012/2013
11) 株式会社TJMデザイン：『Tajima Tool Catalog総合カタログ』，2013
12) 株式会社ミツトヨ：『精密測定器の歴史　ノギスの起こりと変遷』，2013
13) 木内武男・黒田乾吉・前田泰次・河北倫明・村松貞次郎：『日本の工芸4木工』，1978
14) 楠本憲吉(監修)：『ふるさとの民芸・工芸品』日之出出版，1980
15) 黒川一夫(原著)，村松貞次郎(監修)：『わが国大工の工作技術に関する研究』，労働科学研究所，1984
16) 小泉袈裟勝：『ものさし』法政大学出版局，1977
17) 後藤完一：『九州の工芸地図』葦書房，1979
18) 坂本忠規：『三条の墨壺――製作技法と生産史に関する調査報告――』竹中大工道具館研究紀要，第23号，pp. 17-44，2012
19) 三条市金物卸商協同組合：『新潟県三条鍛冶の技』三条市伝統地場製品振興協議会，1996
20) 三条鋸工業振興会：『手挽き鋸のあんない』，1981
21) 山陽新聞社：『中国・四国の民芸』鹿島出版会，1969
22) 新建築社(企画編集)：『大工道具集』新建築社，1984
23) シンワ測定株式会社：『総合カタログ』，2014
24) 須佐製作所：『王将カタログ』
25) 前場幸治：『鉋の美』冬青社，1996
26) 前場幸治：『墨壺の美』冬青社，1993
27) 大工道具研究会：『鉋大全』誠文堂新光社，2009
28) 大工道具研究会：『鋸・墨壺大全』誠文堂新光社，2014
29) 大工道具研究会：『鑿大全』誠文堂新光社，2010
30) 竹中大工道具館：『水彩画で綴る大工道具物語』朝倉書店，2009
31) 竹中大工道具館(編)：『竹中大工道具館収蔵品目録第1号　鋸篇』竹中大工道具館，1989
32) 竹中大工道具館(編)：『竹中大工道具館収蔵品目録第8号　海外の鋸・錐篇』竹中大工道具館，1999
33) 竹中大工道具館(編)：『竹中大工道具館収蔵品目録第11号　海外の鑿・槌・その他の道具』竹中大工道具館，2003
34) 竹中大工工具館(編)：『竹中大工道具館常設展示解説Vol.1　道具の歴史』竹中大工道具館，2009
35) 田中信清：『経木』法政大学出版局，1992
36) 中国新聞社：『広島県文化百選③　民芸・民具編』1984
37) 土倉梅造(監修)：『完全復刻吉野林業全書』日本林業調査会，1983
38) 土田一郎・秋山　実：『日本の伝統工具』鹿島出版会，1989
39) 天童市観光物産課：『天童と将棋駒』天童市，2009

40) 東京書籍出版編集部：『世界の一流道具大図鑑』東京書籍，2001

41) 独立行政法人雇用・能力開発機構職業能力開発総合大学校能力開発研究センター（編）：『建築1　建築施工・工作法・規く術編』職業訓練教材研究会，2005

42) 戸張公之助：『家庭大工道具の使い方入門』日本文芸社，1984

43) トラスコ中山株式会社：『モノづくり大辞典 オレンジブック（カタログ）』2013

44) 永雄五十太：『大工道具入門　選び方・使い方』井上書院，1999

45) 中村雄三：『道具と日本人』PHP研究所，1983

46) 中元藤英：『竹の利用と其加工』丸善出版，1948

47) 成田壽一郎：『木の匠──木工の技術史──』鹿島出版会，1984

48) 成田壽一郎：『曲物・箍物』理工学社，1996

49) 新潟精機株式会社：『DIY Tool Catalog（カタログ）』vol.1，2014

50) 西　和夫：『海を渡った大工道具　日蘭交流400年』お茶の水書房，2000

51) 日本工業標準調査会：『JIS B 4633　十字ねじ回し』，1998

52) 日本工業標準調査会：『JIS B 7512　鋼製巻尺』，2005

53) 日本工業標準調査会：『JIS B 7534　金属製角度直尺』，2005

54) 日本工業標準調査会：『旧JIS B 4804　手引きのこぎり』，1968

55) 農商務省：『木材ノ工藝的利用』大日本山林会（初版），1912，林業科学技術振興所（復刻版），1982

56) 橋本喜代太（原著）・成田壽一郎（編著）：『図でわかる木工の手工具』理工学社，1988

57) 林　以一：『木を読む』小学館，1996

58) 平出商店：『道具図録（カタログ）』

59) 広島県立歴史博物館：『日本の琴始め──福山琴への流れ──』広島県立歴史博物館友の会，1994

60) 藤城幹夫：『日本の大工道具』東洋書店，2008

61) 船曳悦子：『両刃鋸の出現時期について』日本建築学会技術報告集，第15巻，第31号，2009

62) ホムメル，R. P.，国分直一（訳）：『中国手工業誌』法政大学出版局，1984

63) 前　久夫：『道具古事記』東京美術，1983

64) 松岡弘明：『博多曲物 柴田玉樹』職人の手仕事Vol. 2，かたりべ文庫，2009

65) 松永ゆかこ：『江戸東京大工道具職人』冬青社，1993

66) 三谷一馬：『江戸職人図聚』中央公論新社，2001

67) 村上正名（編）：『岸辺のいとなみ　松永湾をめぐる産業史──下駄100年──』日本はきもの博物館，1978

68) 村松貞次郎：『大工道具の歴史』岩波書店，1973

69) 村松貞次郎：『道具曼荼羅』毎日新聞社，1976

70) 村松貞次郎：『続道具曼荼羅』毎日新聞社，1978

71) 村松貞次郎：『続・続道具曼荼羅』毎日新聞社，1982

72) 柳　宗悦：『手仕事の日本』小学館，2000

73) 柳　宗理・渋谷　貞・内堀繁生（編）：『木竹工芸の事典』，朝倉書店，1985

74) 山田徳兵衛：『日本の郷土玩具』鹿島出版会，1967

75) 吉川金次：『斧・鑿・鉋』法政大学出版局，1984

76) 吉見　誠（原著）・秋岡芳夫（監修）：『木工具・使用法』創元社，1980

77) 渡邉　晶：『大工道具の日本史』吉川弘文館，2004

78) 渡辺鶴松：『工具の種類とその取扱い方』東洋館出版，1959

2．中国書

79) 敖立軍（主編）：『木工技能』机械工業出版社，2007

80) 冯荣錫（編著）：『木模工工作法』上海市出版革命組，1970

81) 高峰：『木工必読』河北科学技術出版社，1988

82) 郭斌（主編）：『木工』机械工業出版社，2005

83) 刘徳峰，施建鵬，宮远贵（編）：『建筑木工实用技术』金盾出版社，2004

84）木井方：『木井方目録』

85）路玉章（著）：『留住老手艺　传统古家具制作技艺』中国建筑工业出版社，2007

86）潘福刚（编）：『木工基本技能』中国劳动社会保障出版社，2005

87）杨玉林（主编）：『新编木工操作实用技术』北京燕山出版社，2008

88）张伟（编）：『木工小手册』中国电力出版社，2005

89）赵光庆（编著）：『木工基本技术』金盾出版社，1993

90）王志鑫，本书（主编）：『木工操作技术要領图解』山东科学技术出版社，2005

3. 台湾書

91）大仁工具行：『大仁工具店 選用手冊（カタログ）』

92）黄定国，梅錫，黄政勇（編）：『木工實習』弘揚図書公司，2009

93）莊海根譯：『實用木工作業』徐氏文教基金會出版，2005

94）葉祺源（編）：『木工機具　上冊：手工具』嘉義文化出版，1978

95）羅政鴻，陳正武（編輯）：『木工機具』臺灣書店，1988

4. 洋　書

96）Alan & Gill Bridgewater：『How to use & care of woodworking tools』Stackpole Books, 1998

97）Aldren A. Watson：『Hand Tools—Their Ways and Workings—』W. W. Norton & Company, 1996

98）Самородский П. С., Тищенко А. Т., Симоненко В. Д.：『Технология. Техническийтруд. Учебни кдляучащихсяобщеобразовательныхучреждений. 6класс』, Вентана-Граф, Москва, 2009（ロシア書）

99）David Willacy：『Woodwork 1』Thomas Nelson and sons Ltd, 1979

100）DICTUM GmbH：『DICTUM Catalog』, 2012

101）E.C. Emmerich GmbH & Co. KG：『The Tools Catalog』, 2012

102）Edward Wynter：『Using woodwork tools』Adam & Charles Black, 1974

103）Ernest Scott：『LAVORARE IL LEGNO』Zanichelli, 1983（イタリア書）

104）Fine Woodworking：『Working with Handplanes』The Taunton Press, 2005

105）George Love：『The Theory and Practice of Woodwork Fourth Edition』Longman, England, 1981

106）Graham Blackburn：『The Illustrated Encyclopedia of Woodworking Hand Tools Instruments & Devices』The Globe Pequot Press, 1992

107）J. Hay：『Woodwork』Blackie, England, 1973

108）J. Prażmo：『Stolarstwo, cz. 1』WSiP, Poland, 1990（ポーランド書）

109）John English：『How to Choose and Use Bench Planes and Scrapers』Linden Publishing, 2010

110）John Matthews：『Introduction to Woodwork』Longman Group, 1969

111）Lebedev VS.：『Instrumenty i stanki fanernogo proizvodstva』Goslesbumizdat, Russia, 1953（ロシア書）

112）Lee Valley & Veritas：『Fine Woodworking Tools（カタログ）』, 2013

113）Leo P. McDonnel：『The use of hand woodworking tools』Van Nostrand Reinhold, 1978

114）Lie-Nielsen Toolworks：『Hand Tools』, 1995

115）M. Scheiber：『Przewodnik stolarski』Tarnów, Poland, 1915（ポーランド書）

116）P. d'A. Jones and E. N. Simons：『Story of the Saw』Newman Neame（Northern）Limited, Manchester, Birmingham and London, 1961

117）R. A. Salaman：『Dictionary of Tools used in the woodworking and allied trades, c. 1700-1970』George Allen & Unwin, 1975

118）R. Lippmann：『Die gesamte Holzbearbeitung in Fabrikbetrieben und Handwerkstaetten』Hermann Costenoble Verlagsbuchhandlung, Germany, 1922（ドイツ書）

119）Sam Allen：『Plane Basics』Srerling Publishing, 1993

120）ULMIA GmbH：『Ulmia Workbenches and Quality Tools Catalog』, 2004

121）V. S. Lebedev：『Instrumenty i stanki fanernogo proizvodstva』Goslesbumizdat, Russia, 1953（ロシア書）

5. インターネット

122）岩下繁昭・蟹沢宏剛：『http://monotsukuri.net/wbt/wbt_daiku/index.htm』

123）大西工業：『http://www.onishibit.co.jp』

124）木の実の組み木教室：『http://www7b.biglobe.ne.jp/~kumikikonomi/kumikikyousitu.html』

125）松井精密工業：『http://www.matsui-seimitsu.co.jp/』

126）ムラテックKDS株式会社：『http://www.muratec-kds.jp/q_a/q_a_convex.html』

127）Axminster：『http://www.axminster.co.uk/』

128）Bahco：『http://www.bahco-werkzeuge.de/』

129）Blue Spruce Toolworks：『http://www.bluesprucetoolworks.com/』

130）Bridge City Tool Works：『http://www.bridgecitytools.com/』

131）Clip Art ETC：『http://etc.usf.edu/clipart/87500/87588/87588_flooring-saw.htm』

132）Crown tools：『http://www.crownhandtools.ltd.uk/』

133）Dictum：『http://www.mehr-als-werkzeug.de/page/homepage.htm』

134）E.C. Emmerich：『http://www.ecemmerich.com/images/ece_catalog_12_english.pdf』

135）Faithfull tools：『http://www.faithfulltools.com/』

136）Fine tool：『http://www.fine-tools.com/』

137）Free-Ed.Net：『http://www.free-ed.net/free-ed/Resources/Trades/carpentry/Building01/default.asp?iNum=0902』

138）General Tools & Instruments：『http://www.generaltools.com/』

139）Great Neck：『http://www.greatnecktools.com/』

140）Highland wood working：『http://www.highlandwoodworking.com/』

141）iGAGING Precision Tools：『http://www.igaging.com/』

142）Incremental Tools：『http://www.incrementaltools.com/』

143）InspectAPedia：『http://inspectapedia.com/roof/Framing_Square_Table_Use.htm』

144）Irwin Tools：『http://www.irwin.com/』

145）Joseph Marples Ltd.：『http://www.marples.co.uk/』

146）Kunz tools：『http://www.tresselt-gmbh.de/index.php/en/kunz-plus』

147）Lee Valley & Veritas：『http://www.leevalley.com/US/Wood/Index.aspx』

148）Lie-Nielsen：『https://www.lie-nielsen.com/』

149）Nobex：『http://www.quality-woodworking-tools.com/tools/Nobex-Carpentry-Tools.html』

150）Richard Kell：『http://richardkell.co.uk/』

151）Rob Cosman：『http://www.robcosman.com/tools.htm』

152）Robert Sorby：『http://www.flinn-garlick-saws.co.uk/acatalog/ROBERT-SORBY.html』

153）Rural King：『http://www.ruralking.com/』

154）Stanley：『http://www.stanleytools.eu/』

155）Starrett：『http://www.starrett.com/』

156）The Best Things：『http://www.thebestthings.com/newtools/newtools.htm』

157）The Crown Plane：『https://www.crownplane.com/』

158）Thomas Flinn & Co.：『http://www.flinn-garlick-saws.co.uk/』

159）Ulmia：『http://www.ulmia.de/English/Ulmia-Firma.htm』

160）Veritas Tools Inc.：『http://www.veritastools.com/Products/Category.aspx』

161）Wilhelm Putsch：『http://wilpu.com/en/unternehmen』

162）W-wallet.com（住いの総合サイト）：『http://w-wallet.com/page875.html』

163）Woodjoy Tools：『http://www.woodjoytools.com/』

164）Woodpeckers, Inc.：『http://www.woodpeck.com/』

索　引

索引は欧語、簡体字（中国）、繁体字（台湾）、日本語の順に掲載した。

欧　語

Adjustable Angle Square／34
Adjustable Pry Bar and Nail Puller／161
Adjustable Spokeshave／108
Adze／129
Alligator Saw／67
All-Steel Chisel／119
Astragal／100
Auger Gimlet／139
Automatic Driver／167
Awl／140
Back Saw／63
Ball Peen Hammer／148
Bamboo Pen／48
Bamboo Rule／12
Batoning Chisel／119
Bead／100
Bead Saw／62
Bed Angle／76
Bench Plane／82
Bench Rabbet Plane／90
Bench Rule／11
Bevel／30
Bevel Plate／31
Bevel Setter／31
Beveled Edge／114
Beveled Edge Chisel／118
Beveled Edge Paring Chisel／123
Beveled Framing Chisel／117
Blindman's Rule／12
Blindman's Tape／14
Block Plane／83
Body／73
Bolster Screwdriver／165
Bore Gauge／23
Bottom-Cleaning Chisel／126
Bow Drill／143
Bow Saw／60
Box Chisel／126
Brace／141
Brace Table／19
Bracket Saw／68
Bradawl／138
Bruzz Chisel／125
Buck Saw／60
Buhl Saw／68
Bullnose Plane／90
Bullnose Rabbet Plane／91
Butt Chisel／116
Cabinet Rasp／133
Cabinet Scraper／86
Cabinetmaker's Mallet／156
Cabinetmaker's Hammer／149
Cabriolet Hammer／155
Caliper Gauge／8

Cap Iron／73
Carcase Saw／62
Carpenter's Chisel／118
Carpenter's Mallet／156
Cat's Paw／160
Center Finding Tape／13
Chain Saw／55
Chalk Line／45
Chamfer Plane／100
Chamfer Spokeshave／103
Chisel Plane／88
Chisel Rabbet Plane／90
Circular Plane／107
Claw Hammer／151
Coarse Rasp／133
Combination Caliper／23
Combination Square／29
Combined Mortise & Marking Gauge／41
Compass Plane／107
Compass Pull Saw／66
Compass Saw／66
Continental Pattern Cross Peen Hammer／149
Convex Plane／106
Cooper's Riddle Saw／66
Coping Saw／67
Core Box Plane／97
Corner Brace／142
Corner Chisel／122
Corner Cleaning Chisel／122
Corner Cutting Chisel／125
Corner Hammer／150
Corner Timber Framing Chisel／125
Cornering Tool／100
Cove／100
Cranked Beveled Edged Paring Chisel／122
Cranked Neck Square End Chisel／124
Cranked Paring Gouge／122
Cranked Ripping Chisel／129
Cranked Saw／70
Cross Peen Hammer／148
Crosscut Handsaw／59
Curve Plane／107
Curved Claw Hammer／153
Curved Fine Inlay Saw／70
Cutting Gauge／41
Dead Bow Hammer／159
Depth Gauge／22
Dial Caliper／22
Digital Electric Protractor／32
Digital Sliding Bevel／30
Double-Bladed Marking Knife／43
Double-Claw Hammer／153
Double-Ended Nail Set／160

Double-Hooped Chisel／113
Dovetail Chisel／122
Dovetail Plane／96
Dovetail Saw／62
Dovetail Square／34
Dowel Saw／70
Drawer Lock Chisel／126
Drywall Saw／71
Electronic Digital Caliper／22
End Grain Plane／86
End Niper／162
Essex Board Measure Table／19
Extension Rule／13
Ferrule／113
Fillister Plane／91
Fillister Rabbet Plane／91
Firmer Chisel／116
Fish Tail Chisel／125
Flat File／133
Flexible Saw／54
Floor Chisel／126
Flooring Saw／64
Flush Cutting Saw／70
Flush Plane／88
Folding Rule／12
Folding Saw／55
Folding Square／29
Fore Plane／85
Forkstaff Plane／105
Four-Eyed Gimlet／138
Four-Fold Rule／12
Framing Chisel／116
Framing Hammer／151
Framing Square／18
French Pattern Cross Peen Hammer／149
Fret Saw／67
Gent's Saw／62
Giant Paring Chisel／123
Gilt Edge Chisel／119
Glazier's Hammer／148
Goose Neck Scraper／106
Grooving Saw／64
Gutter Plane／106
Half Round File／133
Hand Drill／141
Hand Scraper／86
Harpoon Chisel／126
Heavy Duty Firmer Chisel／118
Heavy Duty Mortise Chisel／120
Heavy Duty Sash Mortise Chisel／120
High Angle Plane／76
Hinge Chisel／126
Hook Rule／10
Horse Rasp／133
Impact Driver／167

In-Canal Firmer Gouge／116
In-Canal Paring Gouge／122
Ink Pot／47
Inside Protractor／32
Inside-Start Saw／65
Jack Plane／82
Jack Rabbet／90
Jeweller's Drill／142
Jeweller's Saw／64
Jig Saw／68
Joiner's Mortise Chisel／120
Joiner's Hammer／149
Joiner's Mallet／156
Jointer Plane／85
Keyhole Saw／66
Leather Washer／113
Lever Cap／74
Light Weight Hammer／149
Lock Mortise Chisel／126
London Pattern Sash Mortise Chisel
　／120
Long Thin Paring Chisel／123
Low Angle Block Plane／88
Low Angle Jack Plane／88
Low Angle Jointer Plane／88
Low Angle Plane／76
Low Angle Smoothing Plane／88
Mallet／156
Marking Gauge／37
Marking Knife／43
Matching Plane／104
Miter Plane／109
Miter Saddle／27
Miter Square／27
Mitre-Box Saw／61
Mortise Chisel／116
Mortise Gauge／40
Moulding Plane／100
Mouth-Teeth Gimlet／139
Moving Fillister／91
Multi Angle Square／30
Multi-Claw Hammer／153
Nail Pliers／160
Nail Puller／160
Nail Puller/Cutter／161
Nail Punch／159
Nail Set／159
90 & 45 Degree Square／28
Nosing Plane／105
Notching Saw／65
Octagon Scale／19
Offset Ratchet Driver／166
Offset Screwdriver／166
Ogee／100
One-man Cross-cut Saw／56
Out-Canal Firmer Gouge／116
Oval Hammer／146
Ovolo／100
Pad Saw／67
Panel Gauge／38
Panel Saw／59
Paring Chisel／122
Pattern Maker's Hammer／149
Pattern Maker's Chisel／124
Patternmaker's Plane／97
Patternmaker's Gouge／124
Peeling Chisel／126

Peen／148
Pencil Gauge／44
Phillips Screwdriver／163
Picture Framer's Hammer／150
Pin Hammer／148
Pincer／161
Plane Hammer／155
Plane Iron／73
Plasterboard Saw／71
Plastic Faced Hammer／158
Plough Plane／94
Plow Plane／94
Pocket Rule with Sliding Hook／11
Pot Gimlet／139
Pozidrive Screwdriver／163
Protractor／24
Pruning Saw／54
Pry Bar／161
Pump Drill／143
Quick Square／29
Rabbet Block Plane／90
Rabbet Plane／90
Radius Plane／107
Rafter and Framing Square／18
Rafter Angle Square／29
Rafter Square／16
Rasp／132
Ratchet Screwdriver／166
Razor Saw／69
Rectangular Scraper／86
Registered Mortise Chisel／121
Restorer's Cat's Paw／160
Retractable Saw／54
Reversed-Blade Plane／87
Reversible Dowel Saw／70
Reversible Gent's Saw／64
Riffler／132
Ring Auger／140
Rip Hammer／153
Rip Saw／59
Ripping Chisel／126
Roofing Hammer／151
Roughing Plane／80
Round File／133
Rounder／109
Rounding Plane／106
Router Plane／95
Rubber Mallet／158
Saddle Square／27
Saddle Square and Miter／27
Sand Paper／131
Sanding Block／135
Sash Mortise Chisel／116
Sash Saw／62
Saw Rasp／134
Saw Setting Hammer／155
Saw Straight Hammer／155
Scraper／87
Scraper Blade／86
Scraper Plane／86
Scratch Awl／43
Screwdriver／163
Scribing Saw／68
Scroll Saw／68
S-Form Chisel／123
Shaver／134

Shoe Rasp／133
Shoulder Plane／90
Shoulder Rabbet Plane／90
Sickle Chisel／126
Sickle Gauge／40
Side Rabbet Plane／97
Skew Chisel／122
Slick／123
Sliding Bevel／30
Sliding Rule Square／26
Sliding Square／27
Slitting Gauge／42
Smoothing Plane／84
Socket／113
Socket Firmer Chisel／118
Socket Firmer Gouge／121
Socket Mortise Chisel／120
Spear Point Marking Knife／43
Speed Square／29
Spiral Push Drill／142
Spokeshave／86
Spout Plane／106
Spring Nail Set／160
Squared Edge／114
Stair Builder Saw／65
Steel Square／18
Stop Rabbet Plane／88
Straight Claw Hammer／153
Straight Peen Hammer／148
Stubby Screwdriver／166
Sumisashi／48
Sumitsubo／47
Surform／132
Swan Neck Chisel／121
Swan Neck Mortise Chisel／127
Swan Neck Scraper／106
Sword Plane／97
Tack Hammer／148
Tang／113
Tape Measure／13
Tape Rule／13
Taper Gauge／23
Tee Rabbet Plane／98
Telephone Hammer／148
Tenon Saw／62
Thin Chisel／122
Three-Eyed Gimlet／138
Thumbnail／100
Tongue and Groove Plane／103
Toothing Plane／86, 109
Trenching Saw／65
Try and Miter Square／28
Try Plane／85
Try Square／26
T-Square／27
Turning Saw／69
Two-man Cross-cut Saw／53
Unit Length Rafter Table／19
Up-and-Down Drill／143
Upholster Hammer／151
Vee Point Marking Knife／43
Veneer Hammer／155
Veneer Saw／69
Vernier Caliper／20
V-Shaped Chisel／125
Warrington Hammer／148
Warrington Pattern Cross Peen

Hammer／149
Wavy Rasp／133
Wheelwright's Chisel／121
Wide Rule／11
Yankee Rachet／167
Zig-zag Rule／12

簡体字（中国）

凹刨(ao bao)／106
凹圆刨(ao yuan bao)／105
刨柄(bao bing)／74
刨刀(bao dao)／74
刨身(bao shen)／74
壁板划线规(bi ban hua xian gui)／38
边刨(bian bao)／89, 95
扁尾锤(bian wei chui)／148
扁凿(bian zao)／122
柄（刨柄）(bing（bao bing））／74
波纹锉(bo wen cuo)／133
槽刨(cao bao)／92
槽锯(cao ju)／64
槽用划线盘(cao yong hua xian pan)／40
测径规(ce jing gui)／23
侧锯(ce ju)／65
铲刨(chan bao)／95
长刨(chang bao)／85
长拉线刨(chang la xian bao)／89
常用锯(chang yong ju)／60
冲击回转式螺丝刀子(chong ji hui zhuan shi luo si dao zi)／168
出口位角度(chu kou wei jiao du)／76
穿桄锯(chuan guang ju)／65
穿线锥子(chuan xian zhui zi)／43
穿纸锥子(chuan zhi zhui zi)／139
磁铁锤(ci tie chui)／153
粗锉(cu cuo)／133
大板锯(da ban ju)／53
大刨(da bao)／83
大刀锯(da dao ju)／54, 55
大钉拔子(da ding ba zi)／161
大光刨(da guang bao)／84
打孔锥子(da kong zhui zi)／140
大铁弯刨(da tie wan bao)／108
大头刀锯(da tou dao ju)／59
大弯刨(da wan bao)／108
打凿(da zao)／120
带表卡尺(dai biao ka chi)／22
单刃槽锯(dan ren cao ju)／65
单线刨(dan xian bao)／99
刀刃凿(dao ren zao)／126, 127
雕花斧(diao hua fu)／146, 147
钉拔子(ding ba zi)／160
钉钉锤(ding ding chui)／159
独角锤(du jiao chui)／154
短刨(duan bao)／82
短柄螺丝刀子(duan bing luo si dao zi)／166
端面刨(duan mian bao)／86
多功能角尺(duo gong neng jiao chi)／32
多功能组合角尺(duo gong neng zu he jiao chi)／29
方板锤(fang ban chui)／157
方头磁铁锤(fang tou ci tie chui)／

151, 153
方头钢锤(fang tou gang chui)／146, 147
方凿(fang zao)／125
粉袋划线器(fen dai hua xian qi)／48
钢卷尺(gang juan chi)／13
钢丝锯(gang si ju)／67, 68
割刀(ge dao)／41
割搜锯(ge sou ju)／65
弓锯(gong ju)／68
弓钻(gong zuan)／141
沟槽侧面刨(gou cao ce mian bao)／97
沟锯(gou ju)／65
钩针凿(gou zhen zao)／126
固定槽刨(gu ding cao bao)／93
刮刨(gua bao)／86
刮刀(gua dao)／87
光刨(guang bao)／84
规锯(gui ju)／66
横锯(heng ju)／53
厚凿(hou zao)／116
胡桃钳子(hu tao qian zi)／161
弧形锥子(hu xing zhui zi)／139
划线刀(hua xian dao)／43
划线规(hua xian gui)／37
荒刨(huang bao)／80
混凝土模板锤(hun ning tu mo ban chui)／153
活动角尺(huo dong jiao chi)／30
棘轮式螺丝刀子(ji lun shi luo si dao zi)／166
鸡尾锯(ji wei ju)／66
夹背刀锯(jia bei dao ju)／62
架锯(jia ju)／60
尖刀位(jian dao wei)／74
尖尾锯(jian wei ju)／66
建筑大工开槽刨(jian zhu da gong kai cao bao)／93
角尺(jiao chi)／26, 27
角度尺(jiao du chi)／27
胶合板锯(jiao he ban ju)／70
金属制倒角起线刨(jin shu zhi dao jiao qi xian bao)／103
净刨(jing bao)／84
锯锉(ju cuo)／134
卷尺(juan chi)／13
卡刨(ka bao)／105
卡尺(ka chi)／20
开槽刨(kai cao bao)／89
开槽刨(大阪式)(kai cao bao（da ban shi）)／93
开槽锯(kai cao ju)／70
开槽勒刀(kai cao lei dao)／43
开叉木工锤(kai cha mu gong chui)／151, 153
开窗锯(kai chuang ju)／53
开孔锯(kai kong ju)／66
可调角活动角尺(ke tiao jiao huo dong jiao chi)／30
可调式边线刨(ke tiao shi bian xian bao)／91
宽刃凿(kuan ren zao)／116, 118
拉杆钻(la chu zuan)／143
拉线刨(la xian bao)／89
勒刀(lei dao)／41
勒子(lei zi)／37

镰刀状划线规(lian dao zhuang hua xian gui)／40
量角器(liang jiao qi)／31
两面刨(liang mian bao)／98
柳刨(liu bao)／94
流线型拉线刨(liu xian xing la xian bao)／89
龙锯(long ju)／53
螺栓拧紧钢丝锯(luo shuan ning jin gang si ju)／69
螺丝刀子(luo si dao zi)／163, 166
螺丝起子(luo si qi zi)／163, 166
螺旋钻(luo xuan zuan)／140
麻花钻(ma hua zuan)／140
铆角锤(mao jiao chui)／150
猫爪钉拔(mao zhao ding ba)／160
墨斗(mo dou)／47
抹角刨(mo jiao bao)／99
木锤(mu chui)／156
木锉(mu cuo)／132
木工刮刨(金属框)(mu gong gua bao（jin shu kuang）)／86
木角刨(mu jiao bao)／99
木框锯(mu kuang ju)／60
木折尺(mu zhe chi)／12
内角刨(nei jiao bao)／99
内圆圆弧刨(nei yuan yuan hu bao)／108
牛头刨(niu tou bao)／91
欧式中刀拉线刨(ou shi zhong dao la xian bao)／89
拼板刨(pin ban bao)／95, 103
拼板用槽榫刨(pin ban yong cao sun bao)／103
平槽刨(ping cao bao)／92
平头铲刀(ping tou chan dao)／119
平头铲凿(ping tou chan zao)／118
平头凿(ping tou zao)／117, 119
切钉头胡桃钳子(qi ding tou hu tao qian zi)／162
企口锯(qi kou ju)／66
起线刨(qi xian bao)／99
铅笔划线器(qian bi hua xian qi)／44
前刀拉线刨(qian dao la xian bao)／88, 89
前中双刀拉线刨(qian zhong shuang dao la xian bao)／88, 89
戗锯(qiang ju)／56, 58
切榫锯(qie sun ju)／70
切炭锯(qie tan ju)／72
球形小刨(qiu xing xiao bao)／108
曲尺(qu chi)／15
曲颈凿(qu jing zao)／122, 124
曲线刀锯(qu xian dao ju)／66
三齿鼠牙锥子(san chi shu ya zhui zi)／139
三角尺(san jiao chi)／29
三角锥子(san jiao zhui zi)／138
砂磨块(sha mo kuai)／135
砂纸(sha zhi)／135
上下活动式螺丝刀子(shang xia huo dong shi luo si dao zi)／167
深度卡尺(shen du ka chi)／22
石膏板锯(shi gao ban ju)／71
手摇钻(shou yao zuan)／141, 142
树脂板锯(shu zhi ban ju)／71
数字式卡尺(shu zi shi ka chi)／22

索　引　199

数字式量角器(shu zi shi liang jiao qi)／32

双刃划线刀(shuang ren hua xian dao)／43

双刃锯(shuang ren ju)／60

双头钉锤(shuang tou ding chui)／160

双线刨(shuang xian bao)／99

双线割刀(shuang xian ge dao)／43

双线规(shuang xian gui)／40

双线划线规(shuang xian hua xian gui)／38

双线勒子(shuang xian lei zi)／38

四角锥子(si jiao zhui zi)／138

45°角尺(si shi wu du jiao chi)／29

四折尺(si zhe chi)／12

搜锯(sou ju)／64

塑料锤(su liao chui)／158

榫规(sun gui)／40

榫锯(纵切)(sun ju (zong qie))／62, 63

榫孔用燕尾榫边刨(sun kong yong yan wei sun bian bao)／97

榫头用燕尾榫边刨(sun tou yong yan wei sun bain bao)／96

台式弯刨(tai shi wan bao)／109

掏底凿(tao di zao)／126

铁弯刨(tie wan bao)／108

凸刨(tu bao)／105

凸圆刨(tu yuan bao)／106

坨钻(tuo zuan)／143

V形槽刨(V xing cao bao)／97

V形划线刀(V xing hua xian dao)／43

歪把锯(wai ba ju)／53

外墙装饰板锯(wai qiang zhuang shi ban ju)／71

外圆圆弧刨(wai yuan yuan hu bao)／108

弯刨(wan bao)／108

万能槽刨(wan neng cao bao)／94

万能锯(纵切、横截、斜截)(wan neng ju (zong qie, heng jie. xie jie))／62

弯头螺丝刀子(wan tou luo si dao zi)／166

线锯(xian ju)／66

香港式标角刨(xiang gang shi biao jiao bao)／102

香港式倒角刨(xiang gang shi dao jiao bao)／102

橡胶锤(xiang jiao chui)／158

小光刨(xiao guang bao)／84

斜角尺(xie jiao chi)／29

斜截锯(xie jie ju)／61

斜榫尺(xie sun chi)／34

(细小处)窄刨((xi xiao chu)zhai bao)／94

星式格木刨(xing shi ge mu bao)／84

修榫边刨(xiu sun bian bao)／90

玄能锤(xuan neng chui)／146

削锯(xue ju)／66

燕尾角尺(yan wei jiao chi)／30

羊角锤(yang jiao chui)／151, 152

羊角磁铁锤(yang jiao ci tie chui)／151

羊角圆头磁铁锤(yang jiao yuan tou ci tie chui)／153

洋式槽刨(yang shi cao bao)／95

圆凿(内刃口)(yaun zao (nei ren kou))／116, 121

一字刨(yi zi bao)／108

椅子泡钉锤(yi zi pao ding chui)／154

游标卡尺(you biao ka chi)／20

鱼头刀锯(yu tou dao ju)／59

鱼尾凿(yu wei zao)／123

圆底刨(yuan di bao)／106

圆弧刨(yuan hu bao)／107

圆角刨(yuan jiao bao)／91

圆凿(外刃口)(yuan zao (wai ren kou))／116, 121

凿子(zao zi)／120

窄刨(zhai bao)／94

窄刨(细小处)(zhai bao(xi xiao chu))／94

窄槽刨(zhai cao bao)／94

窄刃凿(zhai ren zao)／116, 119, 120

折尺(zhe chi)／12

折叠角尺(zhe die jiao chi)／29

直尺(zhi chi)／10

直角尺(zhi jiao chi)／15, 26

中刨(zhong bao)／82

中刀拉线刨(zhong dao la xian bao)／89

中光刨(zhong guang bao)／84

中铁弯刨(zhong tie wan bao)／108

中弯刨(zhong wan bao)／108

轴刨(zhou bao)／108

竹尺(zhu chi)／12

竹弓锯(zhu gong ju)／72

竹框架锯(zhu kuang jia ju)／72

竹炭笔(zhu tan bi)／48

转盘式摇钻(zhuan pan shi yao zuan)／142

装玻璃锤(zhuang bo li chui)／150

自动锥子(zi dong zui zi)／142

纵锯(zong ju)／58

组合深度角度规(zu he shen du jiao du gui)／41

繁体字(台湾)

拔釘鎚(ba ding chui)／152

板鑿(ban zao)／123

鉋柄(bao bing)／74

鉋刀(bao dao)／74

倒面鉋(bao mian bao)／100, 102

杯鑿(bei zao)／122, 123

邊鉋(bian bao)／89, 90

扁鑿(bian zao)／122

波紋銼刀(bo wen cuo dao)／133

薄鑿(bo zao)／122

槽鉋(cao bao)／92

側邊鉋(ce bian bao)／97

測徑規(ce jing gui)／23

長高鉋(chang gao bao)／91

長角尺(chang jiao chi)／15

長棹螺旋鑽(chang zhao luo xuan zuan)／140

粗鉋(cu bao)／80

粗銼刀(cu cuo dao)／133

粗平鉋(cu ping bao)／82

銼鋸(cuo ju)／134

大鉋(da bao)／83

打鑿(da zao)／116

带表游標卡尺(dai biao you biao ka chi)／22

單馬鼻鉋(dan ma bi bao)／100

單頭木槌(dan tou mu chui)／157

低角度鉋(di jiao duo bao)／86

電子式量角器(dian zi shi liang jiao qi)／32

電子式游標卡尺(dian zi shi you biao ka chi)／22

釘沖(ding chong)／160

短柄螺絲起子(duan bing luo si qi zi)／166

短角尺(duan jiao chi)／28

短圓鑿(duan yuan zao)／122

短鑿(duan zao)／118, 119

反鉋(fan bao)／107

幅鉋(fu bao)／107, 108

鋼捲尺(gang juan chi)／13

鋼絲鋸(gang si ju)／68

割刀(ge dao)／41

割木刀(ge mu dao)／41

弓形鋸(gong xing ju)／53

弓形鑽(gong xing zuan)／141

刮邊鉋(gua bian bao)／98

刮刀(gua dao)／87

光平短鉋(guang ping duan bao)／82

廣仔只線鉋(guang zai zhi xian bao)／100

滾鉋(gun bao)／105, 108

橫斷鋸(heng duan ju)／59

橫開鋸(heng kai ju)／59

橫切鋸(heng qie ju)／59

弧形錐(hu xing zhui)／139

劃線刀(hua xian dao)／40, 43

劃線規(hua xian gui)／37, 40

劃線器(hua xian qi)／37, 40

畫線鑿(hua xian zao)／122

黃膠槌(huang jiao chui)／158

夾背鋸(jia bei ju)／62, 63

架鋸(jia ju)／60

尖尾鎚(jian wei chui)／148

尖尾鋸(jian wei ju)／66

接木鋸(jie mu ju)／54, 55

金屬框幅鉋(jin shu kuang fu bao)／103

舊台式槽鉋(jiu tai shi cao bao)／93

鳩尾榫規(jiu wei sun gui)／34

矩尺(ju chi)／26

捲尺(juan chi)／13

嵌鉋(kan bao)／89

嵌邊鉋(kan bian bao)／91

孔鑿(kong zao)／120

寬刃鑿(kuan ren zao)／116, 118

框鋸(kuang ju)／60

框鑿(kuang zao)／120

立鉋(li bao)／86

麗光鉋(li guang bao)／84

量角器(liang jiao qi)／31

六折尺(liu zhe chi)／12

落頭剖鋸(luo tou pou ju)／56, 58

落頭剖鋸三尺六(luo tou pou ju san chi liu)／58

落頭剖鋸五尺(luo tou pou ju wu chi)／58

鏝鑿(man zao)／122, 124

銚釘鎚 (mao ding chui)／150
門鉋 (men bao)／96
面取鉋 (mian qu bao)／100
墨斗 (mo dou)／47
木槌 (mu chui)／156
木銼刀 (mu cuo dao)／132
木工銼刀 (mu gong cuo dao)／132
木框鋸 (mu kuang ju)／60
木型稍平鑿 (mu xing shao ping zao)／122
木型稍圓鑿 (mu xing shao yuan zao)／122, 123, 124
木折尺 (mu zhe chi)／12
南京鉋 (nan jing bao)／108
內根鉋 (nei gen bao)／96
內圓鉋 (nei yuan bao)／105
內圓底鉋 (nei yuan di bao)／106
內圓鑿 (nei yuan zao)／116, 121
平槽鉋 (ping cao bao)／92
平高鉋 (ping gao bao)／84
平頭槌 (ping tou chui)／146
前挽大鋸 (qian wan da ju)／56, 57
翹鉋 (qiao bao)／107
清底鑿 (qing di zao)／126
清合底鉋 (qing han di bao)／93
曲尺 (qu chi)／15
曲頸鑿 (qu jing zao)／122, 124
曲線鋸 (qu xiang ju)／67, 68
日式槽鉋 (日式嵌槽鉋) (ri shi cao bao)／94
日式斜角鉋 (ri shi xie jiao bao)／102
入嵌式細光鉋 (ru kan shi xi guang bao)／84
三齒橫挽鋸 (san chi heng wan ju)／53, 56
三角鉋 (san jiao bao)／97
三角錐 (san jiao zhui)／138
砂磨塊 (sha mo kuai)／135
砂紙 (sha zhi)／135
舌鉋 (she bao)／103
十字螺絲起子 (shi zi luo si qi zi)／163
手鋸 (shou ju)／53, 56
手搖鑽 (shou yao zuan)／142
鼠尾鋸 (shu wei ju)／66
雙腳劃線規 (shuang jiao hua xian gui)／38
雙腳劃線器 (shuang jiao hua xian qi)／38
雙面鋸 (shuang mian ju)／60
雙面線鉋 (shuang mian xian bao)／100
雙刃劃線刀 (shuang ren hua xian dao)／43
雙頭木槌 (shuang tou mu chui)／157
四角錐 (si jiao zhui)／138
塑膠鎚 (su jiao chui)／159
榫肩鉋 (sun jian bao)／90
筍眼鑿 (sun yan zao)／116, 120
台式槽鉋 (tai shi cao bao)／94
臺灣框鋸 (tai wan kuang ju)／60
台型止型定規 (tai xing zhi xing ding gui)／27
台直鉋 (tai zhi bao)／86
外邊鉋 (wai bian bao)／98
外根鉋 (wai gen bao)／96
外圓鉋 (wai yuan bao)／106

外圓底鉋 (wai yuan di bao)／105
外圓鑿 (wai yuan zao)／116, 122
彎鉋 (wan bao)／108, 109
彎頭螺絲起子 (wan tou luo si qi zi)／166
五齒橫挽鋸 (wu chi heng wan ju)／53, 56
洗邊鉋 (xi bian bao)／98
細光鉋 (xi guang bao)／84
細平鉋 (xi ping bao)／85
畦引鋸 (xi yin ju)／64
線鉋 (xian bao)／100
線鋸 (xian ju)／53
香蕉鉋 (xiang jiao bao)／109
橡膠槌 (xiang jiao chui)／158
小光鉋 (xiao guang bao)／84
小平鉋 (xiao ping bao)／84
小翹鉋刀 (xiao qiao bao duo)／107
斜度規 (xie duo gui)／30
斜角鉋 (xie jiao bao)／109
斜棱鑿 (xie leng zao)／118
形鋸 (xing ju)／53
修光鉋 (xiu guang bao)／84
修鑿 (xiu zao)／122
玄能鐵鎚 (xuan neng tie chui)／146
削鑿 (xue zao)／122
壓標 (ya biao)／74
壓鐵 (ya tie)／74
燕尾榫規 (yan wei sun gui)／34
一字鉋 (yi zi bao)／109
一字螺絲起子 (yi zi luo si qi zi)／166
游標卡尺 (you biao ka chi)／20
圓棒鉋 (yuan bang bao)／110
圓鉋 (yuan bao)／107
圓弧雙面鋸 (yuan hu shuang mian ju)／64
圓面鉋 (yuan mian bao)／100
賊仔鉋 (zei zu bao)／84
窄人鑿 (zhai ren zao)／116, 119, 120
窄鑿 (zhai zao)／120
展開折尺 (zhan kai zhe chi)／12
爪鎚 (zhao chui)／151, 152
摺尺 (zhe chi)／12
直尺 (zhi chi)／10
直角尺 (zhi jiao chi)／26
直角規 (zhi jiao gui)／26
直角鑿刃 (zhi jiao zao ren)／126, 127
中鉋 (zhong bao)／84
中邊鉋 (zhong bian bao)／91
中鋸 (zhong ju)／60
中入線刀鉋 (zhong ru xian dao bao)／89
中小鉋 (zhong xiao bao)／84
軸鉋 (zhou bao)／109
竹尺 (zhu chi)／12
竹筆 (zhu pi)／48
磚鎚 (zhuan chui)／153
裝設角 (zhuang she jiao)／76
自動手鑽 (zi dong shou zuan)／142
自由角規 (zi you jiao gui)／30
縱斷鋸 (zong duan ju)／59
縱開鋸 (zong kai ju)／59
縱切導突鋸 (zong qie dao tu ju)／62
縱切鋸 (zong qie ju)／59
組合角尺 (zu he jiao chi)／29
鑽弓 (zuan gong)／141

日本語

あ　行

相欠決り鉋／95
I型木槌／157
合決り鉋／95
相決り鉋／95
相決り際鉋／91
アウトカナルファーマーガウジ／116, 122
朱壺／47
あご付き鎬鑿／124
あご歯／49
歯振／49, 50
あさり槌／155
アジャスタブルアングルスクウェア／34
アジャスタブルスポークシェイヴ／108
アジャスタブルプライバーアンドネイルプーラー／161
アストラガル／100
畔挽き鋸／64
アッズ／129
厚鑿／116
アップアンドダウンドリル／143
孔鑿／119
穴挽き鋸／61
穴屋鑿／116, 117
アプフォルスターハンマー／151, 154, 155
荒仕工鉋／79, 80
荒仕工用の長台鉋／85
蟻掛決り鉋／96
蟻鉋／96
蟻際鉋／88, 91
アリゲータソー／67
蟻勾配定規／24, 34
蟻桟鉋／95
蟻決り鉋／95
蟻鑿／124
蟻柄用隅鉋／91
アルミスケール／10
アルミ直尺／10
合わせ鉋／73
案内ねじ／140

石錐／137
石目／133
椅子屋金槌／151, 154, 155
椅子屋用回し挽き鋸／66
板錐／141
一枚鉋／73
一文字玄能／146
一丁鎌罫引／39
一本棹筋罫引／35, 36
糸鋸／67, 68
いばら目／133
茨目／51
入子面取り鉋／104
入隅側／15
入母屋鑿／117
岩国型／147
インカナルファーマーガウジ／116, 121
インカナルペアリングガウジ／122,

123
インクポット／47
インサイドスタートソー／65
インサイドプロトラクター／32
インチ目盛コンベックスルール／14
インテリアバール／160
インパクトドライバー／167
印籠面取り鉋／104

ヴァーニアキャリパー／20
ヴィーポイントマーキングナイフ／
　43
Ｖシェイプトチズル／125
Ｖ溝鉋／97
ウェイヴィーラスプ／133
ヴェニアソー／69,70
ヴェニアハンマー／155
薄鑿／122
薄丸鑿／122
内側キャリパゲージ／23
内側用ジョウ／7,8,20
打込み／127
打込み錐／128,140
内反り鉋／107
打抜き／127
打抜き鑿／125,127
内丸鉋／79,105
内丸反り台鉋／106,108
内丸鑿／116,121
内目盛／15,16
埋木追入れ鑿／124
埋木木成鑿／124
埋め木錐／139
埋木鑿／124
裏押し／74
裏金／73,74,76
裏金後退量／76
裏金留め／74,75
裏金の引き込み／76
裏透き／74,75,114
裏刃／50
裏丸鑿（外丸鑿）／116,121
裏目／16
ウレタンショックレスハンマー／158
上刃／50
上端／74,75
上目／50

エキステンションルール／13
Ｓフォームチズル／123
エセックスボードメジャーテーブル
　／19
枝払い用鋸／53,54
枝挽き鋸／54
猿頬面／91
猿頬面鉋（猿面鉋）／99,100
Ｍ形小型ノギス／20,21
Ｍ形ノギス／20,21
ＬＲノギス／21
エレクトロニックディジタルキャリ
　パ／22
エンドグレインプレイン／86
エンドニッパー／162
鉛筆罫引／36,44
えんま釘抜き／160,161,162

追入れ内丸鑿／121

追入れ壺鑿／122
押入れ鑿／117
大入れ鑿／117
追入れ裏丸鑿／121
追入れ鑿／117,118
尾入れ鑿／117
オヴォロ／100
オーヴァルハンマー／146
大鋸賀利／56,58
オーガギムリット／139,140
オーガビット／141
大鉋／83
大阪決り鉋／92
大突き鑿／123
オートマチックドライバー／167
オール／139
オールスティールチズル／119,129
大鋸／49,56,57
オクタゴンスケール／19
桶屋用回し挽き鋸／66
オジー／100
押入鑿／117
押し込みドライバー／164,167
押突き鑿／122
押挽き鋸／61
鬼荒仕工鉋／80
鬼目やすり／132
オフセットドライバー／166
オフセットラチェットドライバー／
　166
表馴染み／75
折尺／10,12
折り屋鉋／97

か　行

カーヴドクローハンマー／153
カーヴドファインインレイソー／70
カーヴプレイン／107
カーカスソー／62,63,64
カーペンターズチズル／118
カーペンターズマレット／156
貝形錐（スプーンビット）／141
解体ハンマー／151,154
回転柄／137
回転錐／141
返し刃鉋／79,87
掻き出し鑿／126
角印籠／104
角印籠面取り鉋／104
角打ち形／113
角雁頭／53
角木槌／156
角銀杏面（底几帳面）／99
角度定規／24
角鑿／125
角箱屋槌／150,151
角面取り鉋／101
掛矢／144,156,157
かじや釘抜き／160
ガタープレイン／106
片口玄能／146,147
片決り鉋／95
片鍔鑿／128
片手掛矢／157
片八角玄能／146,147
カッティングゲージ／41
冠／113

角目／16,26
角目併用／16
角（面）削り鉋／99
金槌／144,148
かね尺／11
鎌切り鑿／127
鎌罫引／36,39
框鑿／119
鎌鑿／125,127
鎌挽き鋸／65
紙決り鉋／110
紙貼り鉋／109,110
紙やすり／131,135
紙やすりホルダー／135
鴨居挽き鋸／64,65
唐紙槌／148,149
ガラス屋金槌／148,150
仮枠木槌／156,157
仮枠槌／151,153
仮枠鋸／69,71
仮枠バール／161
軽子／45
カルマデプスゲージ／22
カワハギの皮／136
雁木やすり／132,133
貫通型／163
雁頭鋸／53
厂胴鋸／61
鉋台／73,74,75
鉋台下端調整用やすり／132,133
鉋台の下端調整用の小型スクレー
　パー／87
鉋身／73,74

キーホールソー／66,67
器械錐／137,138,141
機械作里／93
機械決り鉋／92,93,103
木型錣突き丸鑿／124
木型丸突き鑿／123
木矩／26
木殺し面／144
吉凶尺／17
木槌／144,145,156
木取り用鋸／53,58
木成追入れ鑿／118
木成鑿／122
逆錣鑿／124
逆反り台鉋／79,106,107
キャツパウ／160
キャビネットスクレーパー／86
キャビネットメーカーズハンマー／
　149
キャビネットメーカーズマレット／
　156
キャビネットラスプ／133
キャブリオレイハンマー／155
キャリパゲージ／8,23
曲線挽き用鋸／62,67
曲面削り用鉋／105
錐／137
錐柄／137,138
錐身／137,138
切面（角面）鉋／100
ギルトエッジチズル／119
切れ刃／140
際鉋／79,88

際反り鉋／106
際脇鉋／98
銀杏面（几帳面、貴丁面）／99
銀杏面鉋／99, 100

喰い切り／162
食い切り／162
クイックスクウェア／29
グースネックスクレーパー／106
クーパーズリドルソー／66
釘切り／162
釘締め／159
釘抜き／160
釘抜き付き金槌／150, 152, 154
釘抜きなし金槌／148
釘挽き鋸／69
櫛形決り鉋／92
櫛形鋸／61
組手決り鉋／97
組子面取り鉋／101, 102
クランクドソー／70
クランクネックスクウェアエンド
　チズル／124
クランクトペアリングガウジ／122
クランクトベヴェルドエッジペアリ
　ングチズル／122, 124
クランクトリッピングチズル／129
繰子錐／141
クリックボール／141
クリップ付き直尺／11
グルーヴィングソー／64, 65
車大工用回し挽き鋸／66
グレイジアーズハンマー／148, 150
クローハンマー／151, 152
クロスカットハンドソー／59
クロスピーンハンマー／148

罫書刃／35, 37
罫爪／40, 140
罫引／35
毛引／35
罫引刃／35, 37
罫引針／35, 37
罫引輪刃／35, 37
剣鉋／92, 97
剣錐／139
剣先鉋／92, 97
剣先錐／139
剣先白書／43
ゲンツソー／62, 63, 64
玄翁／144, 146
玄能／144, 146
検歯／49
研磨紙／131
兼用ドライバー／165

コアースラスプ／133
コアボックスプレイン／97
甲穴／74
甲表／114
格子鑿／122
甲丸鎬薄鑿／124
コーヴ／100
コーナーカッティングチズル／125
コーナークリーニングチズル／122,
　125
コーナーチズル／122, 125, 127

コーナーティンバーフレイミングチ
　ズル／125
コーナーハンマー／150
コーナーブレイス／142
コーナリングツール／100
小鉋／81
胡弓錐／141, 143
木口鉋／79, 86
腰鋸／54, 55
木端返し／75
固定定規面取り鉋／99
鏝鋸／70
鏝鑿／122, 124
五徳鉋／98, 99
木の切り槌／156, 157
小鋸／59
小端／73, 114, 130
コピーイングソー／67, 68
木挽き鋸／56, 57
木挽用挽き割り／58
独楽錐／143
込み／114, 130
込み式／113
ゴム柄ドライバー／165
ゴムハンマー／158
コンヴェックスプレイン／106
コンチネンタルパターンクロスピー
　ンハンマー／149
コンバインドモーティスアンドマー
　キングゲージ／41
コンパスソー／66
コンパスプルソー／66, 67
コンパスプレイン／107
コンビネーションスクウェア／29, 44
コンビネーションスコヤ／29
コンベックスルール／7, 10, 13
梱包屋槌／150, 151

さ　行

サーキュラープレイン／107
サーフォーム／132, 134
サイディングボード鋸／69, 71
サイドラベットプレイン／97, 98
竿／15, 16, 24
竿有りプロトラクター／31
逆刃鉋／87
逆目／76
逆目ぼれ／76
先切り金槌／147, 148
先丸鋸／61
曲尺／7, 15
差金／15
指金／15
差鑿／123
匙面／99
サッシュソー／62, 63
サッシュモーティスチズル／116, 120
サドルスクウェア／27
サドルスクウェアーアンドマイター
　／27
実鉋／103
実接ぎ／103
鯖鋸／61
サムネイル／100
鮫皮／136
さらい鑿／117
皿錐（菊錐、菊座錐）／141

三国目／12
サンディングブロック／135
三徳／152, 160
三徳釘締め／160
サンドペーパー／131, 135
三方切り片刃鋸／62
三方刃鎬追入れ鑿／124

仕上げ裏丸鑿／123
仕上げ仕工鉋／83
仕上げ鑿／122
シェイバー／134
四角玄能／146, 147, 149
地金／74, 113
鹿の粉末／136
敷居面取り鉋／105
歯距／50
軸／137, 138
ジグザグルール／12
ジグソー／68
時効硬化合金／7
仕込み勾配／75
歯室／50, 54
下端／75
下端定規／75
下腹槌／147, 148
シックルゲージ／40
シックルチズル／126, 127
自動錐／141, 143
自動ストップ付きノギス／22
鎬薄鑿／124
鎬追入れ鑿／124
鎬形／113
鎬鑿／122, 124
四分一金槌／148, 149
四分市金槌／149
四分一先割れ槌／151, 154
四方錐／138
四方反り台鉋／108
四面錐／138
ジャイアントペアリングチズル／123
斜角定規／24, 30
尺相当目盛コンベックスルール／14
決り鉋／79, 92
ジャックプレイン／82, 83
ジャックラベット／90
シャリ目やすり／132
自由猿頬面取り鉋／101
自由角面鉋／101
自由金／30
自由矩／30
自由几帳面取り鉋／101
自由実鉋／103
十三枚鋸／59, 61
十字ねじ回し／163
十字ねじ回しビット／141
自由定規付面取り鉋／99, 101
自由スコヤ／30
シューラスプ／133
ジュエラーズドリル／142
ジュエラーソー／64
ジョイナーズハンマー／149
ジョイナーズマレット／156
ジョイナーズモーティスチズル／120
ジョインタープレイン／85
定規付き際鉋／88, 91
衝撃緩和皮革／113

索　引　　　203

上仕工鉋／79, 83
上仕工用の長台鉋／85
ショルダープレイン／90
ショルダーラベットプレイン／90
白書／26, 36, 43
白野引／43
シンチズル／122, 123
シンチュウ入り木槌／156
芯挽き／65

スウォードプレイン／97
末／50
透き鑿／122
スキューチズル／122, 125
すくい角／57
すくい挽き／57
スクウェアードエッジ／114, 118
スクライビングソー／68
スクライビングアウル／43
スクラブプレイン／80
スクリュードライバー／163
スクレーパー／87
スクレーパープレイン／86
スクレーパーブレード／86
スクロールソー／68
スコヤ／24
筋交付き斜角定規／32
筋野引／36, 37
筋目／133
スタービードライバー／166
ステアービルダーソー／65
スティールスクウェア／18
ストッパー付き直尺／11
ストップラベットプレイン／88, 90
ストラップ／144
ストレートクローハンマー／153
ストレートピーンハンマー／148
スパイラルプッシュドリル／142
スパウトプレイン／106
スピアーポイントマーキングナイフ
　／43
スピードスクウェア／29
スプリングネイルセット／160
スポークシェイヴ／86, 108
隅打ち金槌／148, 150
隅折り留め鉋／97
隅切り折れ鉋／97
炭切り鋸／69, 72
スミサシ／48
墨差／15, 45, 46, 48
墨指／48
墨芯／48
隅突き底取り鉋／92
隅突き鉋／79, 88
スミツボ／47
墨壺／45, 46
スムーシングプレイン／84
隅丸坊主面取り鉋／105
隅丸豆面取り鉋／105
隅丸面取り鉋／105
隅丸横削り面取り鉋／105
スライディングスクウェア／27
スライディングベベル／30
スライディングルールスクウェア／
　26
スライド式口埋め鉋／83
スライド式鋸／61

ズリ／85
摺鋸／59
摺り合わせ鋸／59
スリーアイドギムリット／138
スリック／123
スリッティングゲージ／42
スワンネックスクレーパー／106
スワンネックチズル／121, 126
スワンネックモーティスチズル／127

製材用鋸／53, 56
製材用やすり／133
背金／58, 62, 69
石膏ボード鋸／69, 71
切削角／50, 75, 76
攻め鉋／88, 91
センターファインディングテープ／
　13, 15
センターポンチ／159
剪定鋸／54, 55
千枚通し／43, 139

造作用鋸／53, 62
ソーガイド／63
ソーストレイトハンマー／155
ソーセッティングハンマー／155
ソーラスプ／134
ソケット式／113
ソケットファーマーガウジ／121
ソケットファーマーチズル／118
ソケットモーティスチズル／120
底さらい（え）鑿／125, 126
底取り鉋／79, 92
外側キャリパゲージ／23
外側用ジョウ／7, 20
外丸鉋／79, 105, 106
外丸反り台鉋／106, 108
外目盛／15, 16
ソフトハンマー／144, 145, 158
反り台鉋／79, 105, 106

た　行

ターニングソー／69
台鉋／73
台切り／56
大工ガガリ／58
大工決り鉋／92
大工用挽き割り／58
台形留め定規／27
台直し鉋／86
台均し鉋／86
鯛丸鋸／61
ダイヤルキャリパ／22
ダイヤルキャリパゲージ／8, 23
ダイヤル付きノギス／20, 22
ダウエルソー／70
ダヴテイルスクウェア／34
ダヴテイルソー／62, 63, 64
ダヴテイルチズル／122, 124
ダヴテイルプレイン／96
打撃ドライバー／164, 167
竹尺／11
竹製折尺／12
竹挽き弦架鋸／72
竹挽き鋸／69, 72
竹弓鋸／72
叩き裏丸鑿／121

叩き壺鑿／122
叩き鑿／113, 116
たたみ尺／12
立鉋／79, 86
タックハンマー／148, 149, 151, 154
立て返し／57
建具屋鑿／119
縦挽き／50
縦挽き鋸／58
縦挽き用鋸／58
縦横斜め挽き用鋸／58, 62
縦横挽き用鋸／58, 59
ダブルエンディドネイルセット／160
ダブルクローハンマー／153
ダブルフープトチズル／113, 118, 119
ダブルブレイディッドマーキングナ
　イフ／43
太柄式自由定規付面取り鉋／101
太柄決り鉋／94
ダボ鋸／69
玉切り用鋸／56
タンアンドグルーヴプレイン／103
段かじや／160
タング／113
短枝（妻手）／15, 24
短穂追入れ鑿／118
単目／133

チェーンソー／53, 55
チズルプレイン／88
チズルラベットプレイン／90
チャンファースポークシェイブ／103
チャンファープレイン／100, 102
中薄鑿／116, 117
中仕工用の長台鉋／83
中仕工鉋／79, 81
中叩き鑿／116, 117
長枝（長手）／15, 24
チョウナ（釿）／73
チョークライン／45, 47, 48
直尺／7, 10
直角兼斜角定規／34
直角兼留め定規／28
直角定規／24, 26

ツーバイフォー定規／27
ツーバイフォーハンマー／151, 154
ツキガンナ（突鏟、推鉋）／73
突き鑿／113, 122, 123
突き回し鋸／66
附け子決り鉋／93
鍔錐／128, 140
鍔鑿／125, 127
壺糸／45
坪錐／139
壺錐／138
壺車／45
壺鑿／116, 122
妻手（短枝）／15, 24
釣掛鋸／68
弦掛け鋸（弦架鋸）／68

T型木槌／156
ディジタルエレクトリックプロトラ
　クター／32
ディジタルキャリパゲージ／8, 23
ディジタルスライディングベベル

／30
ディジタルデプスゲージ／22
ディジタルノギス／20, 22
ディジタルプロトラクター／32
Tスクウェア／27, 44
ティラベットプレイン／98
テーパーゲージ／8, 10, 23
テープメジャー／13
テーブルルール／13
手掛矢／156, 157
手錐／137, 139
デコラ鉋／109, 110
デコラソー／69, 70
出隅側／15
デッドボウハンマー／159
テノンソー／62, 63
デプスゲージ／22
デプスバー／7, 8, 21
デプス形ノギス／20, 22
手曲り鋸／53
手回し錐／138, 139, 142
手回しドライバー／164
手回しビット／139, 140
手揉み錐／138
テレフォンハンマー／148, 149
手轆轤／143
電工ドライバー／165
天然研磨材／136
天刃／50

トウシングプレイン／86, 109, 110
胴透き鋸／63
胴付き鉋／86
導突き鋸／63
胴突き鋸／63
胴付き鋸／62
胴ぶくれ／49
トウマンクロスカットソー／53
胴割／65
とがり金槌／149
木賊／136
止型定規／27
止型スコヤ／28
留め鉋／109
留め定規／24, 27
トライアンドマイタースクウェア／28
ドライウォールソー／71
トライスクウェア／26, 44
ドライバー柄釘抜き／160
トライプレイン／85
ドリルソー／71
ドレッサー／132, 134
トレンチングソー／65
ドロアーロックチズル／126, 128

な　行

90アンド45ディグリースクウェア／28
長棹筋罫引／38
長スリ／85
長台鉋／79, 85
長手（長枝）／15, 24
ナグリ／152
名栗鉋／109, 110
擲面鉋／110
名古屋型箱槌／150, 151

斜め挽き／50
斜め挽き用鋸／58, 61
波目／133
波目やすり／132, 133
南京鉋／105, 108
南蛮錐／140

二本棹筋罫引／38
ニシン槌／150, 152
二段鏝鑿／124
二段読みノギス／22
二丁鎌罫引／39
二丁白書／43
二刀流墨壺／47
二徳鉋／98
二徳／160
二徳釘締め／160
二本向待ち鑿／119
二枚鉋／73

ネイルセット／159
ネイルパンチ／159
ネイルハンマー／151, 152
ネイルプーラー／160, 161
ネイルプーラー／カッター／161
ネイルプライアーズ／160, 161
ネールオートパンチ／159
ねじ錐／138, 140
ネジビタドライバー／165, 166
根隅鈎／65
鼠鋸賀利／64, 65
ねずみ錐／139
ねずみ歯錐／138, 139

ノージングプレイン／105
ノギス／7, 10, 20
ノギス鎌罫引／40
鋸身／49
鋸目やすり／134
鋸やすり／132, 134
ノッチングソー／65
鑿罫引／40

は　行

ハープーンチズル／126
ハーフラウンドファイル／133
バール／160
バールソー／68
ハイアングルプレイン／76
バウソー／60, 69
バウドリル／143
刃裏／74, 75, 114
口金／113, 130
刃口／75
刃口距離／75
箱屋槌／151
刃先／74, 114
刃先角／50, 76, 114
把手／141
パターンメーカーズガウジ／124
パターンメーカーズチズル／124
パターンメーカーズハンマー／149
パターンメーカーズプレイン／97
撥鑿／122, 125
8寸(8分)勾配／75
八角玄能／146, 147, 149
バックソー（Back Saw）／63

バックソー（Buck Saw）／60
刃槌／155
パッドソー／67
バットチズル／116, 119
伐木用鋸／53
バトニングチズル／119
鼻丸鋸／61
羽虫鉋／108
パネルゲージ／38
パネルソー／59
半円錐／140
半叩き鑿／116, 117
ハンドスクレーパー／86
ハンドドリル／141, 142
ハンドル錐／142
万能やすり／134
バンブーペン／48
バンブールール／12
パンプドリル／143
半丸木槌／156
半丸やすり／130, 133

ビード／100
ビードソー／62, 63, 64
ピーリングチズル／126, 129
ピーン／148
挽き抜き用鋸／62, 66
挽き回し鋸／66
ピクチャーフレーマーズハンマー／150
ビスキャッチドライバー／167
ビスブレーカードライバー／168
左利き用ノギス／21
櫃／144
微動送り付きノギス／22
樋布倉／97
比布倉鉋／97
樋布倉鉋／97
標準型ノギス／21
瓢箪面／99
表裏同目／16
平柄三徳金槌／150, 152
平鉋／79, 80
平待追入れ鑿／118
平待丸軸追入鑿／118
平丸追入れ鑿／118
平やすり／130, 133
広鑿／116, 117
ピンサー／161
ヒンジチズル／126, 127
ピンハンマー／148, 149

ファーマーチズル／116, 117, 118, 119
ファイルソー／71
フィッシュテイルチズル／125
フィリスタープレイン／91
フィリスターラベットプレイン／91
フィリップスドライバー／163
風水魯班尺コンベックスルール／14
夫婦蟻鉋／96
フォアプレイン／85
フォーアイドギムリット／138
フォークスタッフプレイン／105
フォーフォールドルール／12
フォールディングスクウェア／28
フォールディングソー／55
フォールディングルール／12

索　引

副尺（ヴァーニヤ）／7, 20
副尺付き鎌罫引／40
複目／133
袋式／113
富士型刃槌／155
舞台玄能／152
舞台屋槌／150, 152
二股向待ち鑿／116, 119
普通型／163
ブッキリ鋸／56, 57
フックルール／10, 12
船大工用笠刃槌／59
船大工用回し挽き鋸／66
舟手玄能／147
船手鋸／59
舟手挽き割り／58
船屋玄能／147
プライバー／161
ブラインドマンズテープ／14
ブラインドマンズルール／12
プラウプレイン／94
ブラケットソー／68
プラスターボードソー／71
プラズチズル／125
プラスチック柄ドライバー／164
プラスチック製墨壺／47
プラスチックノギス／21
プラスチックハンマー／158
プラスチックフェイストハンマー／158
プラスドライバー（十字ねじ回し）／163
フラッシュカッティングソー／70
フラッシュプレイン／88
ブラッドオール／138
フラットスコヤ／16
フラットファイル／133, 134
振り分け歯振／49
プルーニングソー／54, 55
ブルノーズプレイン／90, 91
ブルノーズラベットプレイン／91
ブレイス／141
ブレイステーブル／19, 20
プレイン／134
プレインハンマー／155
フレーミングスクウェア／18, 44
フレーミングチズル／116, 117
フレーミングハンマー／151, 153, 154
フレキシブルソー／54, 55
ブレスドリル／142
フレットソー／67, 68, 69
プレノギス／21
フレンチパターンクロスピーンハンマー／149
フロアーチズル／126, 128
フローリングソー／64, 65
ブロック型サンダー／132, 135
ブロックプレイン／83, 100, 134
プロトラクター／24, 31

ペアリングチズル／122, 123
併用目盛／16
ヘヴィーデューティーサシュモーティスチズル／120
ヘヴィーデューティーモーティスチズル／120
ヘヴィデューティファーマーチズル／118
ベヴェル／30
ベヴェルセッター／31
ベヴェルドエッジ／114, 118
ベヴェルドエッジチズル／118
ベヴェルドエッジペアリングチズル／123
ベヴェルドフレーミングチズル／117
ベヴェルプレート／31
圧し込み／159
ヘッドアングル／76
ヘッド交換ソフトハンマー／159
耗鉋／80
ペンシルゲージ／44
ベンチプレイン／82
ベンチラベットプレイン／90
ベンチルール／11

穂／113, 114, 130, 137
ボアゲージ／23
ホイールライツチズル／121
坊主面（丸面）／99
坊主面鉋／99, 100
棒刀錐／140
ホースラスプ／133
ボードカッター／42
ボード罫引／42
ボードやすり／132, 133
ボルト錐／140
ボールピーンハンマ／148
ポケットルールウイズスライディングフック／11
穂先／130
ポジドライブドライバー／163
柄加工用鋸／62
柄罫引／36, 40
柄鑿／119
柄挽き鋸／62
北海道片口／147
ボックスチズル／126, 129
ポットギムリット／139
ボトムクリーニングチズル／126
堀り鑿／117
ボルスタードライバー／165
本実接ぎ／103
本実平接ぎ／103
本尺／7, 20
本尺目盛／20
本叩き／116, 117
本叩き鑿／116
本突き鑿／123

ま　行

マーキングゲージ／37
マーキングナイフ／43
舞錐／137, 141, 143
マイターサドル／27
マイタースクウェア／27
マイタープレイン／109, 110
マイターボックスソー／61
マイナスドライバー／163
マウスティースギムリット／139
前挽大鋸／57
前挽き鋸／56
曲がり柄錐／137
巻金／26
巻尺／7

マキハダ鑿／125, 128
マグネット付きネイルハンマー／150, 153
曲鎌鑿／127
まち（胴付）／114
マッチングプレイン／104
窓開け鋸／66
窓鋸／53
窓枠決り鉋／93
豆鉋／81
丸印籠／104
丸印籠面／100
丸印籠面取り鉋／104
丸雁頭／53
丸鉋／105
円錐／139
丸玄能／146
マルチアングルスクウェア／30
マルチクローハンマー／153
丸突き鑿／122, 123
丸鑿／121
丸箱屋槌／150, 151, 152
丸目／16
丸やすり／130, 133
マレット／156
回し挽き鋸／66
間渡し鑿／125, 128

みかん箱用釘抜き／160
溝罫引／36, 43
溝挽き用鋸／62, 64
三つ又錐／139
三つ目錐／138, 141
ミニノギス／21
ミニビット／140
耳／74, 114

ムーヴィングフィリスター／91
椋の葉／136
向押し鋸／66
向突き鋸／66
向待ち鑿／116, 119
胸当て式ハンドドリル／142

メートル目盛コンベックスルール／13
夫婦蟻鉋／96
目立て／49, 130, 133
目立てやすり／133
目盛付き内径兼用キャリパ／23
面鉋／99
面取り形／113
面取り鉋／79, 99

モウルディングプレイン／100
モーティスゲージ／40
モーティスチズル／116, 120, 121
木柄ドライバー／164
木ねじビット／140
木工やすり／132, 133
木工用やすり／132
基一決り鉋／93
基市決り鉋／93
元／50
揉み柄／137
揉み錐／138
盛岡型槌／150, 152

銛鑿／125, 126

や　行

やすり／130
やすりかんな／134
奴鑿／117
屋根屋槌／148, 150
やまきち金槌／147, 148
山吉槌／148
ヤリガンナ／73
ヤンキーラチェット／167

ユニットレングスラフターテーブル
　／19
弓錐／137, 143
弓鋸／68

横槌／157
横斜め挽き用鋸／58, 61
横挽き／50
横挽き鋸／53, 62
横挽き用鋸／56, 58, 59
四つ目錐／138

ら　行

ライトウエイトハンマー／149
ラウンダー／109, 110
ラウンディングプレイン／106
ラウンドファイル／133
ラスプ／132, 133
らせん錐／141
ラチェットドライバー／166
ラバーマレット／158
ラフィングプレイン／80
ラフターアングルスクウェア／29
ラフターアンドフレーミングスク
　ウェア／18
ラフタースクウェア／16, 18
ラベットプレイン／89, 90
ラベットブロックプレイン／90
欄間挽き鋸／66

リヴァーシブルゲンツソー／64
リヴァーシブルダウエルソー／70
リヴァースドブレードプレイン／87
リストアーズキャツパウ／160
リッピングチズル／126, 129
リップソー／59
リップハンマー／153
リトラクタブルソー／54, 55, 62
リフラー／132, 133
両口玄能／144, 146
両鏝鑿／124
両鍔鑿／128
両刃槌／155
両刃鋸／49, 59, 60
両刃やすり／133
リングオーガー／140
りんご槌／150, 151

ルータープレイン／95
ルーフィングハンマー／151, 154

レイディアスプレイン／107
レーザーソー／69
レクタンギュラースクレーパー／86
レザーウォッシャー／113

レジスタードモーティスチズル／121
レバーキャップ／74

ローアングルジャックプレイン／88
ローアングルジョインタープレイン
　／88
ローアングルスムーシングプレイン
　／88
ローアングルプレイン／76
ローアングルブロックプレイン／88
轆轤錐／143
六角バール／161
ロックモーティスチズル／126
ロングシンペアリングチズル／123
ロンドンパターンサッシュモーティ
　スチズル／120

わ　行

ワーリントンパターンクロスピーン
　ハンマー／149
ワーリントンハンマー／148, 149
ワイドルール／11
脇鉋／79, 97
脇取り鉋／97
わさび目／133
割罫引／41
ワンマンクロスカットソー／56

謝　辞

　本書は、日本、台湾、ポーランドの4名の編著者が長年温めて来た出版計画が実現したものである。計画と原稿執筆段階において、著者らは日本、中華人民共和国、台湾、欧州で木工具に関する調査を行い、共同で原稿の執筆を行った。

　本書を出版するに当たって、執筆協力者として、琉球大学教育学部教授福田英昭氏、新潟精機社長五十嵐利行氏、岡田金属工業所常務取締役岡田隆夫氏、兼古製作所社長兼古耕一氏、須佐製作所社長須佐直樹氏、中華人民共和国东北林业大学教授陈广元氏、中華人民共和国华南农业大学教授胡伝双氏のご協力を賜った。さらには、日本、中華人民共和国、台湾、欧米諸国の実に多くの方々からのご理解と暖かいご支援を賜った。以上のご協力とご支援なくして本書が完成することはなかった。深甚なる謝意を表する次第である。

　海外の木工具調査では、中華人民共和国の东北林业大学元学長李堅院士、南京林业大学教授关恵元氏、朱南峰氏、木井方社長何文傑氏、何倩珊氏、台湾の嘉義高級工業職業學校教諭古鎮維氏、李昊哲氏、大仁工具行陳瑞華氏、インドネシア共和国のBogor Agricultural University教授Wayan Darmawan氏、イタリア共和国のIVALSA Trees and Timber Institute教授Ario Ceccotti氏、Museo degli Usi e Costumi della Gente Trentinaの Luca Faoro氏、Istituto di Formazione Professionale "Sandro Pertini" Sezione Legno教諭Enrico Biasi氏、ドイツ連邦共和国の元刃物研究所のUwe Volker Münz氏、Berufsorderungszentrum Schlicherum e.V.校長Michael Stork氏、Anett Bechstein氏、Mara Heimann氏、E.C.Emmerich社社長Hans-Jörg Emmerich氏、Kirschen社社長E.Jurgen Schmitt氏にご協力頂いた。また、中南米とアフリカ大陸の木工具事情については、カナダのUniversite Laval教授Roger E. Hernández氏、ガーナ共和国のReynolds Okai博士から多くのご助言を頂いた。日本では、三条市経済部商工課長渡辺一美氏、三条市歴史民族産業資料館館長高須陽介氏、高梨陽子氏、木材・合板博物館館長岡野健氏、三木市立金物資料館館長木下武夫氏から種々ご助言・ご協力を頂いた。

　各章では代表的な木工具の製造工程を紹介した。製造工程の調査では、岡根製作所、新潟精機、小林教具製作所、梨屋、壺静たまき工房、カネジュン、岡田金属工業所、山本鉋製作所、藤田水研所、仁村木工所、柴野刃物製作所、西本水研所、安平木工所、オリエント、岡田磨布工業、関川木工所、石部製作所、須佐製作所、兼古製作所からご協力を頂いた。

　木工具の写真に関しては、基本的には著者達が撮影したが、次の多くの企業などからご協力を賜った。また、写真撮影に際して、サコスタジオの迫文雄氏から種々アドバイスを頂いた。

［第1章：尺度］
　岡根製作所（図1-1、9）、三条市歴史民族産業資料館（図1-3）、新潟精機（図1-2、4、7、8、11、17、18、19、20、29、32、41、44、45、46、47、48、49、50、51）、三木市立金物資料館（図1-12）

［第2章：角度定規］
　小林教具製作所（図2-2、3）、新潟精機（図2-4、12(b)、18、23、34(a)(b)(c)(d)(e)、36、38）、Axminster社（図2-14、34(f)）、Bahco社（図2-19(c)）、Bridge City Tool Works社（図2-44(c)）、E.C.Emmerich社（図2-19(a)）、Fine Tool社（図2-34(b)、36(b)）、General Tools社（図2-30(c)）、

iGAGING社（図2-31）、Joseph Marples社（図2-13(b)、30(b)、41、44(a)）、Lie-Nielsen社（図2-44(d)）、Nobex社（図2-22）、Richard Kell社（図2-44(i)）、Rob Cosman社（図2-44(l)）、Starrett社（図2-24）、Ulmia社（図2-1、13(a)、30(a)、44(b)）、Veritas Tools社（図2-17、44(j)(k)）、Woodjoy Tools社（図2-44(e)(f)(g)）、Woodpeckers社（図2-44(h)）

［第3章：罫引］

柴野刃物製作所（図3-37(a)(b)）、トップマン（図3-36）、梨屋（図3-1、3、24）、平出商店（図3-37(c)）、松井精密工業（図3-20、22）、木井方（中国）（図3-15(b)）、大仁工具行（台湾）（図3-5(a)(b)、12、15(c)(d)(e)、31）、Blue Spruce Toolworks社（図3-8(b)）、Lee Vally & Veritas社（図3-2）、Lie-Nielsen社（図3-13(b)）、Museo degli Usi e Costumi della Gente Trentina（図3-17）、Rob Cosman社（図3-26(b)）、The Best Things社（図3-26(a)、32(c)(d)）、Ulmia社（図3-8(c)、15(i)）、Veritas Tools社（図3-28）

［第4章：墨壺］

壺静たまき工房（図4-1、2、3）、木井方（中国）（図4-6(b)）

［第5章：鋸］

大西工業（図5-96）、岡田金属工業所（図5-9、20、21、26、38、41、54、58、75、76、92(b)、98、99(a)、100、101、102、103）、カネジュン（図5-8、12、28、39、48、69、71、77、92(a)）、トップマン（図5-51、84(a)）、新潟精機（図5-99(b)）、播磨石峰寺（図5-34）、平出商店（図5-56）、三木市立金物資料館（図5-35）、東北林業大学（中国）（図5-72(a)、85）、Axminster社（図5-65、67、81(b)）、Bahco社（図5-61）、Crown Tools社（図5-95）、Dictum社（図5-18(a)）、E.C.Emmerich社（図5-46(b)、73）、Great Neck社（図5-47）、Irwin Tools社（図5-94(b)）、Lee Vally & Veritas社（図5-62）、Lie-Nielsen社（図5-43、64）、Rural King社（図5-52）、Stanley社（図5-60、74(a)、81(a)、94(a)）、Thomas Flinn社（図5-18(b)、29、40、66、97）、Veritas Tools社（図5-63）、Wilhelm Putsch社（図5-29(a)）

［第6章：鉋］

三条市歴史民族産業資料館（図6-152、153、155、170、171、172、212）、高嶋鉋台製作所（図6-19、20、53）、高田製作所（図6-51）、仁村木工所（図6-11、12、14、46、61(a)、95、101、114、119、128）、平出商店（図6-64、67(a)、85、92、93(a)、94、122、130、135、151、154、173(b)、207）、藤田水研所（図6-10）、マルメ商事（図6-97）、三木市立金物資料館（図6-162、166、169）、木材・合板博物館（図6-19）、山本鉋製作所（図6-9）、琉球大学教育学部（図6-167）、木井方（中国）（図6-21、22、35、36、47、68、69、70、71、72、73、86、108、118、126、141、143、156、163、177、181、199、200、206）、大仁工具行（台湾）（図6-25、26、27、37、38、39、40、41、42、48、54、74、75、87、88、96、105、120、125、127、144、157、177、183、188、201、208）、Bahco社（図6-59）、E.C.Emmerich社（図6-15、28、29、32、43、44、76、77、78、79、106、109、121、184、213）、Kunz tools社（図6-45、50、55、57、89、159、190、203、204）、Lie-Nielsen社（図6-16、31、81、82、110、131、164、209）、Museo degli Usi e Costumi della Gente Trentina（図6-215）、The Crown Plane社（図6-178）、Ulmia社（図6-49、52）、Veritas Tools社（図6-62、63、65、66、148）

［第7章：鑿］

三条市歴史民族産業資料館（図7-20）、柴野刃物製作所（図7-6）、西本水研所（図7-7）、安平木工所（図7-8）、木井方（中国）（図7-13(a)、36(b)）、Robert Sorby社（図7-38）

謝　辞

［第8章：やすり］

オリエント(図8-4)、岡田磨布工業(図8-5)、トップマン(図8-11、18)、新潟精機(図8-27)

［第9章：錐］

石部製作所(図9-3)、兼古製作所(図9-6)、キングエース(図9-3)、関川木工所(図9-3)、新潟精機(図9-16、19(a)(d))、廣野産業(図9-3)、マルメ商事(図9-11)、三木市立金物資料館(図9-5、13、22)、Dictum社(図9-17)

［第10章：槌］

I.S.U.house(図10-70、72)、角利製作所(図10-34、35)、兼古製作所(図10-95(c)、97、104)、カネジュン(図10-76)、佐太神社(図10-40)、三条市歴史民族産業資料館(図10-47、103)、渋沢史料館(図10-41)、須佐製作所(図10-1、2、4、5、6、7、11、12、13、15、18、19、20、21、23、24、30、31、42、43、44、45、46、48、49、50、51、59、62、65、67、73、95(a)(b)(d)、96(b)(c)、106)、創建ホーム(図10-63、89、105)、新潟精機(図10-99(b)(c))、マルメ商事(図10-9、29、36、39、74)、木井方(中国)(図10-10、14、16、17、28、52、53、60、61)、大仁工具行(台湾)(図10-8、22)、Axminster社(図10-38)、Veritas Tools社(図10-85(b))

［第11章：十字ねじ回し］

兼古製作所(図11-3、4、5、6、7、8、9、11、12、13、14、15、16、17、20、21)

最終章では、木工具による木材工芸品などの製作を取り上げた。天童将棋駒では天童市商工会議所、天童将棋資料館、会田栄治氏、宮沢武夫氏、笹野一刀彫では戸田寒風氏、江戸折箱では信田喜代子氏、田中俊和氏、雨城楊枝では森光慶氏、高島扇骨では横井真佐雄氏、近江扇子では鈴木久人氏、吉野杉箸では山本晃次良氏、大塔坪杓子では新子光氏、岡山菓子木型では田中武行氏、倉敷竹筆では丸山昌己氏、福山琴では小川賢三氏、府中桐下駄では道田精氏、府中桐箱では高橋譲二氏、戸河内刳物では横畠文夫氏、宮島杓子では宮郷厚樹氏、宮島大杓子では木上勇治氏、宮島木匙では羽山忠氏、丸亀団扇では中田元司氏、博多曲物では柴田玉樹氏、太宰府木鷽では青柳健夫氏、別府黄楊櫛では安藤寿章氏、日向榧碁盤・将棋盤では熊須健一氏、都城木刀では堀之内修氏、堀之内勝己氏にそれぞれ多大なご協力を頂いた。

最後に、広島大学教育学部元学生、下田佑弥君、岡田紘治君、越智彩香君、三ヶ津有志君からの協力に対してお礼を申し上げたい。

編者を代表して　　番匠谷　薫

著者
(50音順、○は編者)

大内　毅	(Ohuchi Takeshi)	福岡教育大学教育学部教授
岡田莉佳子	(Okada Rikako)	(元)広島大学大学院教育学研究科博士前期課程大学院生
サンダク, J. M.	(Sandak, Jakub Michał)	Consiglio Nazionale delle Ricerche Istituto per la valorizzazione del legno e delle specie arboree CNR-IVALSA, ricercatore(イタリア)
○蘇　文清	(Su Wen-Ching)	嘉義大學木質材料與設計學系教授(台湾)
○田中　千秋	(Tanaka Chiaki)	島根大学名誉教授
筒本　隆博	(Tsutsumoto Takahiro)	広島県立総合技術研究所西部工業技術センター次長
董　玉庫	(Dong Yuku)	中国木材(株)管理部開発課課長
永冨　一之	(Nagatomi Kazuyuki)	大阪教育大学教育学部教授
ハイマン, S.	(Heimann, Steffen)	Berufsförderungszentrum Schlicherum e.V., Werkstattmeister und Lehrer(ドイツ)
○番匠谷　薫	(Banshoya Kaoru)	広島大学名誉教授、広島工業大学環境学部教授
○ポランキヴィッツ, B.	(Porankiewicz, Bolesław)	Poznań University of Technology(PUT), doktor habilitowany, gość(ポーランド)

執筆協力者

五十嵐利行	(Igarashi Toshiyuki)	新潟精機(株)社長
岡田　隆夫	(Okada Takao)	(株)岡田金属工業所相談役
兼古　耕一	(Kaneko Koichi)	(株)兼古製作所社長
須佐　直樹	(Susa Naoki)	(株)須佐製作所社長
陈　广元	(Chen Guangyuan)	东北林业大学教授(中国)
福田　英昭	(Fukuda Hideaki)	琉球大学教育学部教授
胡　伝双	(Hu Chuanshuang)	华南农业大学教授(中国)

Illustrated Encyclopedia of Woodworking Hand Tools [2nd edition]
by
Woodworking Hand Tools Research Group

図説　世界の木工具事典【第2版】
ずせつせかいのもっこうぐじてん

発行日	2015 年 3 月 30 日　初版第1刷
	2015 年 11 月 15 日　第2版第1刷
編　集	世界の木工研究会
発行者	宮内　久

〒520-0112　大津市日吉台2丁目16-4
Tel. (077) 577-2677　Fax (077) 577-2688
http://www.kaiseisha-press.ne.jp
郵便振替　01090-1-17991

● Copyright © 2015　●ISBN978-4-86099-319-1　C3552　● Printed in JAPAN
● 乱丁落丁はお取り替えいたします

本書のコピー、スキャン、デジタル化等の無断複製は著作権法上での例外を除き禁じられています。本書を代行業者等の第三者に依頼してスキャンやデジタル化することはたとえ個人や家庭内の利用でも著作権法違反です。

◆ 海青社の本・好評発売中 ◆

木材加工用語辞典
日本木材学会機械加工研究会 編

木材の切削加工に関する分野の用語から当該分野に関連する木質材料・機械・建築・計測・生産・安全などの一般的な用語も収録し、4,700超の用語とその定義を収録。50頁の英語索引も充実。
〔ISBN978-4-86099-229-3/A 5判/326頁/本体 3,200円〕

木力検定① 木を学ぶ100問
井上雅文・東原貴志 編著

木を使うことが環境を守る? 木は呼吸するってどういうこと? 鉄に比べて木は弱そう、大丈夫かなあ? 本書はそのような素朴な疑問について、楽しく問題を解きながら木の正しい知識を学べる100問を厳選して掲載。
〔ISBN978-4-86099-280-4/四六判/123頁/本体 952円〕

木力検定② もっと木を学ぶ100問
井上雅文・東原貴志 編著

好評第1巻の続編。再生可能な資源である木材や木質バイオマスの生産と活用の促進が期待される持続可能な社会の構築に向けて、木の素晴らしさや不思議について"もっと"幅広く学べる100の問いを新たに収録。
〔ISBN978-4-86099-288-0/四六判/123頁/本体 952円〕

木力検定③ 森林・林業を学ぶ100問
立花 敏・久保山裕史・井上雅文・東原貴志 編著

あなたも木ムリエに! 木力検定シリーズ好評第3弾! 森林・林業についてこれだけは知っておきたい100問を厳選収録。「木造住宅を学ぶ」編(第4巻)近日刊行!!「木を学ぶ」編(第1巻・第2巻)も好評発売中!!
〔ISBN978-4-86099-302-3/四六判/124頁/本体 1,000円〕

カラー版 日本有用樹木誌
伊東隆夫・佐野雄三・安部 久・内海泰弘・山口和穂 著

"適材適所"を見て、読んで、楽しめる樹木誌。古来より受け継がれるわが国の「木の文化」を語る上で欠かすことのできない約100種の樹木について、その生態と、材の性質、用途をカラー写真とともに紹介。
〔ISBN978-4-86099-248-4/A 5判/238頁/本体 3,333円〕

シロアリの事典
吉村 剛 他8名共編

シロアリ研究における最新の成果を紹介。野外調査方法から、生理・生態に関する最新の知見、防除対策、セルラーゼ利用、食料利用、教育教材利用など、多岐にわたる項目を掲載。口絵16頁付。
〔ISBN978-4-86099-260-6/A 5判/487頁/本体 4,200円〕

改訂版 木材の塗装
木材塗装研究会 編

日本を代表する木材塗装の研究会による、基礎から応用・実務までの解説書。会では毎年6月に木工塗装入門講座、11月に木材塗装セミナーを企画、開催している。口絵16頁付。
〔ISBN978-4-86099-268-2/A 5判/297頁/本体 3,500円〕

木材接着の科学
作野友康・高谷政広・梅村研二・藤井一郎 編

木材と接着剤の種類や特性から、接着メカニズム、性能評価、LVL・合板といった木質材料の製造方法、施工方法、VOC放散基準などの環境・健康問題、再資源化まで、産官学の各界で活躍中の専門家が解説。
〔ISBN978-4-86099-206-4/A 5判/211頁/本体 2,400円〕

木材のクールな使い方 COOL WOOD JAPAN
日本木材青壮年団体連合会編、井上雅文監修

日本木青連が贈る消費者の目線にたった住宅や建築物に関する木材利用の事例集。おしゃれで、趣があり、やすらぎを感じる「木づかい」の数々をカラーで紹介。木材の見える感性豊かな暮らしを提案。
〔ISBN978-4-86099-281-1/A 4判/99頁/本体 2,381円〕

木育のすすめ
山下晃功・原 知子 著

「木育」は、林野庁の「木づかい運動」、新事業「木育」、また日本木材学会円卓会議の「木づかいのススメ」の提言のように国民運動として大きく広がっている。さまざまなシーンで「木育」を実践する著者が知見と展望を語る。
〔ISBN978-4-86099-238-5/四六判/142頁/本体 1,314円〕

大学の棟梁 木工から木育への道
山下晃功 著

木工を通じた教育活動として国民的な運動となりつつある「木育」。長年にわたり、教育現場で「木育」を実践し、その普及に尽力してきた著者の半生を振り返るととともに、「木育」の未来についても展望する。
〔ISBN978-4-86099-269-9/四六判/198頁/本体 1,600円〕

ものづくり 木のおもしろ実験
作野友康・田中千秋・山下晃功・番匠谷 薫 編

木のものづくりと木の科学をイラストでわかりやすく解説。手軽な実習・実験で楽しみながら木工の技や木の性質について学ぶ。循環型社会の構築に欠かせない資源「木」を体験的に理解できる。木工体験施設も紹介。
〔ISBN978-4-86099-205-7/A 5判/107頁/本体 1,400円〕

木の文化と科学
伊東隆夫 編

研究者・伝統工芸士・仏師・棟梁など木に関わる専門家によって遺跡、仏像彫刻、古建築といった「木の文化」に関わる三つの主要なテーマについて行われた同名のシンポジウムを基に最近の話題を含めて網羅的に編集した。
〔ISBN978-4-86099-225-5/四六判/225頁/本体 1,800円〕

木材科学講座（全12巻）
□は既刊

1	概 論	本体 1,860円 ISBN978-4-906165-59-9
2	組織と材質 第2版	本体 1,845円 ISBN978-4-86099-279-8
3	物 理 第2版	本体 1,845円 ISBN978-4-906165-43-8
4	化 学	本体 1,748円 ISBN978-4-906165-44-5
5	環 境 第2版	本体 1,845円 ISBN978-4-906165-89-6
6	切削加工 第2版	本体 1,840円 ISBN978-4-86099-228-6

7	乾 燥	（続刊）
8	木質資源材料 改訂増補	本体 1,900円 ISBN978-4-906165-80-3
9	木質構造	本体 2,286円 ISBN978-4-906165-71-1
10	バイオマス	（続刊）
11	バイオテクノロジー	本体 1,900円 ISBN978-4-906165-69-8
12	保存・耐久性	本体 1,860円 ISBN978-4-906165-67-4

＊表示価格は本体価格(税別)です。